国家社会科学基金项目"基于空间统计的土壤污染价值损失测度及应用研究"（17BTJ029）

河北省高等学校人文社会科学重点研究基地河北大学资源利用与环境研究中心资助

前　言

　　土壤、大气和水的污染是中国当前面临的三大环境治理问题。土壤污染对农产品质量安全和人居环境构成了严重威胁，开展"净土"行动是推进生态文明建设和维护国家生态安全的重要内容，是推进美丽中国建设的重要途径。

　　土壤环境价值核算是土壤污染科学防治体系建设的前提和基础，基于统计学、环境经济学、土地经济学等领域，从空间统计的角度对土壤污染价值损失测度及应用展开了全面研究。本研究基于多源数据，开拓性地将机器学习、复杂网络等多种方法用于土壤污染空间估算中，拓展了现有土壤污染现状评估及风险评价模型，能够为相关研究提供新数据和新方法，为政府掌握土壤污染空间分布格局提供实证依据；从经济价值损失和生态价值损失两个视角，构建了土壤污染价值损失研究框架，将土壤污染导致的价值损失进行量化测度，丰富了相关研究理论和研究内容，为相关部门精细化土壤污染治理工作提供了实践指导；探索了计划行为理论、条件价值法与结构方程模型相结合的理论应用，为居民支付意愿的定价及影响因素研究发展了新思路；通过网络爬虫技术获取居民对土壤污染网络关注度的微博数据，从主观层面为居民对土壤污染的支付意愿定价研究进行了创新。

　　根据研究内容，提出了融合机器学习与复杂网络，精准识别土壤污染风险；搭建环境大数据平台，提升土壤污染治理能力；构建土壤价值评价体系，维护土壤自然资本；提高土壤污染防范意识，筑牢土壤资源安全体系等对策建议，为完善土壤污染防治理论体系、土壤资源的永续利用提供方法支撑和理论支持。

　　本书是国家社会科学基金"基于空间统计的土壤污染价值损失测度及应用研究（17BTJ029）"项目的研究成果，本书的出版同时得到了白洋淀流域生态保护与京津冀协同创新中心、河北大学资源利用与环境保护研究中心和河北大学"生态保护与区域可持续发展"青年科研创新团队的支持和资助。

本书的成稿参考了大量国内外优秀的著作、教材、文献资料和科研成果。课题组主要成员王甜、谢东辉、顾然、李志红、赵文琪、王荷、梁佳林、崔雪华、马如霞、李滢、刘旭、胡树坤等承担了数据整理、图表制作、资料收集和文字校对等大量工作。

由于笔者的认知和水平局限，本书中难免存在不足和疏漏之处，在结构安排、文字描述和图表表达等方面还有瑕疵和不足，敬请广大读者和同行交流斧正。

目　　录

第一章 绪论

第一节 研究背景、意义及目的

一 研究背景

土壤是食品安全保障的第一道防线，是筑牢健康人居环境的首要基础，保护好土壤环境是推进生态文明建设和维护国家生态安全的重要内容。土壤污染对农产品质量安全和人居环境构成了严重威胁，已经成为制约美丽中国目标实现和影响人民群众生活质量的重要因素，做好土壤污染价值损失科学测度是做好土壤污染防治工作的重要基础。

在各类环境污染问题中，土壤污染因其积累性、不易观察等特点而使人们对其的关注度明显低于大气污染和水污染。工业污染物、化肥农药、生活废弃物等通过各种渠道进入土壤中，导致我国土壤重金属污染问题日益严重。2014 年，国土资源部和环境保护部联合公布的《全国土壤污染状况调查公报》（2014）显示，在实际调查的约 630 万平方千米土地中，全国土壤污染物超标率为 16.1%，约为 100.8 万平方千米，土壤环境状况总体不容乐观。从土地利用类型来看，耕地土壤环境质量尤为令人担忧，重金属点位超标率为 19.4%，每年仅重金属污染的粮食就多达 1200 万吨（陈同斌，2020）。此外，根据国家统计局数据，我国从 1998 年到 2014 年累计发生环境污染与破坏事故或突发环境事件 18768 起，平均每年发生 1100 余起，造成了严重的经济损失。由此可见，严峻的土壤污染问题已经严重危害我国环境质量，并制约我国的社会经济发展。

面对紧迫的土壤污染形势，"十四五"规划明确表示，加强土壤环境保护是推进生态文明建设和维护国家生态安全、粮食安全的重要内容，对于保障人民群众身体健康和美丽中国建设具有重大战略意义。近年来，随着国家对生态环境建设的不断重视，从中央到地方政府纷纷制定土壤污染防治规划，学术界对土壤污染防治的专题研究也不断深入。然而，一方面，由于土壤组成复杂、污染分布不均、污染量大面广，且土壤污染具有隐蔽性、长期性与不可逆性，土壤污染防治任务较为艰巨。我国土壤污染防治基础较为薄弱，已成为影响经济高质量发展的主要因素之一。另一方面，人们对土壤污染价值损失认知严重不足，并且缺乏专门针对土壤污染价值损失进行测度的技术和方法，制约了《土壤污染防治行动计划》（"土十条"）的顺利推进。在此背景下，如何快速识别和掌握区域土壤污染的空间分异特征，如何科学测度土壤污染造成的风险价值损失，如何客观评价居民对土壤污染防治工作的支持意愿，是亟须解决的重要现实问题。对这些问题的有效研究，也是各级政府高效开展土壤污染防治工作的重要前提条件。

本书以土壤污染为研究对象，旨在构建土壤污染价值损失科学测度体系。结合空间插值、机器学习、复杂网络等多种污染评价方法，选取不同尺度研究区域，对其整体土壤污染状况及其空间分异特征进行评价；构建土壤污染价值损失测度指标体系，从生态价值和经济价值两个方面对土壤污染价值损失进行测度；基于调查问卷和网络关注度分析居民对土壤污染防治的支付意愿；结合研究结果，对我国土壤污染防治工作提出相关政策建议，为完善土壤污染防治的理论体系、实证体系提供实证借鉴，为改善土壤环境质量，保障土壤资源的永续利用提供科学支撑。

二 研究意义

（一）理论意义

一方面，土壤污染是当前广受学界关注与研究的热点问题，但现有污染评价方法较为单一，在实际应用中具有一定不足，因此将基于空间统计的多种评价方法结合起来，对土壤污染的空间格局进行深入研究，可以为相关环境污染价值损失研究方法体系及研究成果提供参考。另一方面，土壤污染对人类健康及社会经济产生了潜在威胁，是政府和公众普遍关注的问题，对现有的土壤污染价值损失测度及居民支付意愿定价模型进行补充延伸，能够丰富相关研究理论及研究内容。具体理论意义表现为：一是采用多种方法从不同视角评价了土壤污染，为土壤污染评价提供了更多的理论依据和方法支持；二是构建土壤污染价值损失研究框架，进一步丰富了土壤污染价值损失测度理论体系，为实现土壤污染造成的损失货币化以及土壤污染治理资金效用最大化提供理论依据；三是将投入产出模型引入土壤污染价值损失研究范畴，对投入产出法的应用领域进行了创新；四是拓展了条件价值法（CVM）和计划行为理论（TPB）相结合的应用，对居民支付意愿的分析提供一定的参考；五是引入了网络关注度，从公众意愿的视角深入解释了主观土壤污染与幸福感的关系，为居民支付意愿的定价提供了理论基础。

（二）实践意义

基于空间统计测度土壤污染的空间格局及价值损失，对于保护土壤资源、提升耕地质量、保障粮食安全、补齐生态建设短板起着关键作用，对合理优化农用地空间布局、制定土壤污染治理和保护策略具有重要的参考价值和指导意义。具体实践意义表现为：一是基于多源数据定量评价区域土壤重金属污染特征，为相关部门掌握土壤污染分布格局以及制定高效合理的土壤污染防治政策提供实证依据；二是形成土壤污染价值损失核算体系，为土壤资源资产化研究提供参考，通过识别土壤污染风险程度，为环境审计、环境治理和土壤污染管控提供定量化管理依据和有针对性的决策空间；三是分析居民支付意愿的影响因素，为政府制定差异化政策鼓励全民参与土壤污染治理、呼吁公众发挥其主观能动性提供科学依据；四是引入网络关注度对居民支付意愿进行定价，有利于土壤污染治理中居民参与的成本核算，为完善居民参与的环境补偿机制、科学治理土壤污染提供决策参考。

三　研究目的

本书旨在基于土壤样点数据，结合空间插值、机器学习、复杂网络等多种评价方法，对土壤重金属污染程度进行全方位多角度的评价，更加直观清晰地掌握区域土壤污染的整体污染程度及空间分布特征。在此研究基础上，构建土壤污染价值损失评估分析框架，测度土壤污染导致的生态价值损失和经济价值损失。分析影响居民对土壤污染治理支付意愿的因素，探明不同特征下居民对土壤污染治理支付意愿的异质性，以及对居民改善土壤污染的支付意愿进行定价，为完善我国土壤污染防治体系、改善土壤环境质量提供宏观决策和管理的定量化依据。

第二节　理论基础与文献综述

一　环境污染经济损失测度

（一）理论发展

提及环境污染经济损失评估的相关理论，首先需要说明的是人们对经济增长和环境价值认识的发展。在经济社会发展过程中，人们通常将快速的经济增长作为发展的首选，追求 GDP 增量和增速，尤其是"二战"以后，主张"发展经济学"的学者和政府官员更是将经济增长作为其研究的核心问题。西方乃至全球范围内的大多数国家在为提高人民的生活福利水平而追求经济增长的进程中，忽视了环境价值的重要性。同时，由于发展情况不同，各国对土壤污染治理的关注和实施程度也有所不同。对于那些发展较快的国家，当经济社会发展达到一定水平时，有能力对严重的环境污染进行治理。但是对于那些还未发展起来的国家来说，国贫民弱的状况没有改善，保护环境更是无从谈起。一方面，是由于科学技术、经济理论发展的突破点集中于经济增长，对环境保护缺少关注，且受限于技术和条件，对环境污染治理缺乏更高的重视程度和强劲的理论支撑；另一方面，受限于当时通信技术的约束，以及各国交流的限制，遭受环境污染的国家没有合适的平台去分享相关信息。因此，从多数发达国家的经济社会发展历程来看，均是先注重经济社会发展，待到环境污染和经济增长两者之间矛盾达到顶峰，并对经济社会发展起到制约作用时，才会为解决环境污染问题制定一定的应对政策。由此，学者的研究方向也从单一的经济增长，转变为兼顾经济增长与环境质量，再到环境价值评估和环境污染价值损失评估等相关内容。

20 世纪 80 年代，基于大量的实证研究，学者发现，经济增长与部分环境指标之间的关系并不是简单的单调递减或递增，而表现为典型的倒"U"形曲线，表明随着经济社会的发展，生态环境质量会出现先恶化并在一定时期后出现有所恢复的情况。"环境库兹涅茨曲线"假说的出现，使得人们更加深刻地认识了经济增长和环境质量之间的联系。在全面认识两者之间的关系后，人们开始对传统国民经济核算理论进行反思。传统国民经济核算理论仅仅是从 GDP 层面来定义发展的，导致人们在追求经济 GDP 增长的过程中，基于个人理性思维，首先考虑抑或仅仅考虑的是人类自身利益。由此，人们完全忽视了作为公共物品的环境资源的内在价值，这也正是当前环境资源与人类发展之间矛盾升级以及环境治理困难的根本原因。

"环境价值"这一研究领域，经过近百年的理论发展，从"如何评估"到"价值几何"，并逐渐形成了当前人们对环境价值分类评估的广泛认识。

1890 年，英国经济学家阿尔弗雷德对"消费者剩余"这一概念进行了较为详细和深刻的阐述。此后，经济学家依据这一概念进行了更加深入的研究和拓展。1944 年，杜波伊特在其论文中表达了市政工程的效益中存在一定的"消费者剩余"的观点。而其中的"消费者剩余"似乎是环境资源价值，但对于这一点并没有进一步的相关研究成果加以佐证。

"外部性"的概念被提出以来，经济学界仍没有提出"外部性"严格统一的定义，但这并不影响外部性理论的发展。1920 年左右，庇古在理论梳理的基础上详细探讨了"外部性"问题，分析如何减轻环境污染所带来的负外部性影响，研究结论认为，通过政府征收税款（环境污染者的污染行为税）或给予财政补贴可以衡量环境污染所导致的自然资源的损失，即著名的"庇古税"。然而，魁奈等学者对这一理论持有不同的看法，他们较早地意识到该理论存在一定的局限性。总的来说，"庇古税"的根本内涵在于环境物品"无价值"的观念，这也就使得他们无法充分地认识和理解生态环境所提供的资源的稀缺性及污染产生的资源价值损失。马什（Marsh，1864）在其著作《人与自然》中抨击了"资源无限观"，认为空气、水、土壤和动植物等一切资源，都是自然界为人类提供的珍贵财产，这进一步支持了魁奈等的看法。但是，"庇古税"的支持者则对该理论在解决环境问题的负外部性上保持着坚定的信念，认为工业化所带来的显著经济增长和创新技术的使用完全可以解决自然资源边际收益递减的问题。除了魁奈等经济学家所提出的局限性，"庇古税"在实际操作过程中还可能会遇到其他问题，如环境恶化的成本和收益难以量化和评估。收益和成本在不同的应用环境中存在差异，这也表明了采取不同税率的必要性和复杂性。

随着学者对环境价值观理解的深入，20 世纪初，环境经济学家克尼斯（Kneese，1975）和美国政府都将关注点聚焦于工程项目给环境带来的负面影响。同时，基于"外部性"理论，评估水污染和大气污染所带来的经济损失方面的研究得到了初步应用和发展。

20世纪60年代，蕾切尔·卡逊（Carson，1962）在其著作中提出了"环境保护"的概念。此后，面对部分生物种类逐渐消失的险境，克鲁蒂拉（Krutilla，1967）在《自然保护的再认识》一文中，结合研究成果和现实情况对"自然资源价值"的基本内涵和定义做了详细的阐述。后续研究者将这一概念广泛应用于生态环境价值的经济评估中。随着克鲁蒂拉（1967）和克尼斯（1991）等研究的深入，先后提出了"舒适型资源的经济价值理论"和"物质平衡理论"，并借此探讨资源环境系统具有的经济价值。到了20世纪70年代，经济学家塞尼卡（Seneca，1986）认为，生态环境质量的高低已然成为经济发展快慢的关键性因素。同时期，美国政府聚焦于环境资源经济价值研究课题，在评估环境污染经济损失的方法上做出了很多开创性的尝试。

工业革命之后，在世界范围内，尤其是在西方国家，工业化进程的加速跃进使得环境污染问题的复杂性和难还原性等特点更加突出。严峻的环境污染形势也引起了学者的广泛兴趣，由此催生出众多的相关研究成果。正是有了更深层次的研究和认识，"环境价值论"的观念和理论才逐渐被人们所接受，学者开始从公共物品角度出发，用使用价值和非使用价值来定义环境总价值，并以此构建了初始的环境价值评估体系。虽然该体系在定义评估环境基本价值的范围和界限上还存在一定的缺陷，例如，体系中对环境价值的分类标准没有客观和统一的认识，但这并不能影响该体系在评估环境污染经济损失方面所占据的基础理论地位。

在此后的研究中，主要突出的是"可持续发展"的问题，如本章开头所述，可持续发展意味着经济与环境的发展不仅要满足当代人的需求，更重要的是不损害后代人的利益。面对环境和经济社会发展的矛盾问题，1972年从联合国层面，统一了世界各国政府对人口、资源、环境、发展等问题的认识。20世纪80年代，"可持续发展"概念的提出和《环境和经济综合核算》的出版，成为之后联合国在资产核算体系中增加对环境损失价值进行具体核算的基础。

同时期的中国也开始了对环境污染价值损失方面的研究。20世纪80年代，受联合国相关研究成果和规划的影响，中国学者结合国内的实际情况，提出了部分有关环境污染经济损失的概念，如环境价值、环境破坏、大气污染、水污染等。在梳理国外研究成果的基础上，学者对环境价值核算和环境经济损失估算的理论和方法有了初步的探索。例如，李金昌（1999）在论述环境价值问题的基本背景和前人的研究成果的基础上，认为准确估算环境污染经济损失的核心问题在于对环境价值观及相关理论的确定；边茂新（1987）对环境污染所导致的人体健康损失的计算方法进行了探讨。从实际研究成果上来看，较为全面的环境污染经济损失研究当属 20 世纪 90 年代过孝民、张慧勤等所做的相关研究，其研究成果成为此阶段的经典之作和突出代表。他们将估算中国环境污染经济损失作为主要的研究内容，所采用的方法和研究过程被此后的学者总结并称为"过—张"模型。时至今日，该模型所采用的评估方法、参数选取以及结果表达等内容仍然具有良好的参考价值。此外，一些学者将研究方向扩展至区域范围内的环境污染经济损失评估。例如，颜夕生（1993）以中国江苏省为研究区域，估算了其因环境污染而导致的农业经济损失；张林波等（1997）估算了苏、浙、皖、闽、湘、鄂、赣 7 省因酸沉降所导致的农业损失。

20 世纪 90 年代中期，中国学者对评估环境污染和生态破坏所导致的经济损失的研究成果均呈现出"井喷"趋势，逐渐成为研究领域内的主流。尤其是徐嵩龄、郑易生和夏光等的研究成果，不仅在整体上规范了当时国内对环境污染价值损失计量相关理论和方法的基础认识，还在一定程度上解决了环境污染经济损失估算过程中的指标选取和参数误差等问题。其中，基于对已有理论和研究成果的梳理，徐嵩龄（1997）对评估环境资源经济损失中所涉及的主要概念和方法提出了较为细致的讨论，并对中国环境资源经济损失的研究意义、方法和成果进行了详细的阐述，在此基础上对中国生态资源破坏的经济损失进行量化分析。而在此后的研究中，大多数学者都将研究方向转变为评估方法的应用，但在环境污染评估理论上还未有较为突出的成果。下面就研究方法进行总结。

（二）评估方法进展

国内外学者在研究环境污染尤其是评估大气污染和水污染所造成的经济损失时，涉及的相关方法主要包括三类：

第一，"剂量—反应关系"与"剂量—响应函数"。涉及大气污染与人体健康损失的研究中，常见的方法就是"剂量—反应关系"和"剂量—响应函数"。其中，"剂量—反应关系"是国内研究者常用的方法，

也称"暴露—反应函数",模型可以表示为:

$$LnE = \beta \times (C - C_0) + LnE_o \tag{1-1}$$

式中:C、C_0 分别表示测量浓度值和基底浓度值;E、E_0 分别表示在 C、C_0 两种水平的浓度下身体健康受影响的个体数;β 表示暴露—反应系数,即污染浓度对健康影响的系数。

曹彩虹等(2015)采用"暴露—反应函数"估算了北京市 2003—2013 年雾霾污染导致的社会健康总成本;范凤岩等(2019)通过引入线性对数形式对原有函数模型进行了拓展,并以此研究 2016 年京津冀地区 PM_{10} 影响居民健康所产生的实际损失,结果表明,空气污染所引起的健康经济损失分别为北京市 338.8 亿元、天津市 173.4 亿元、河北省 557.3 亿元。

然而,该模型在实际计算中仍存在参数设置的问题,原因是模型中所使用的参数 β 需要经过一定时期的定点观测才能确定,而且已确定的参数值的适用性还可能因现实条件的变化而变得不再准确。

"剂量—响应函数"是国外研究者所采用的与"剂量—反应关系"完全不同的方法。考威尔等(Cowell et al.,1996)和柯等(Quah et al.,2003)均采用"剂量—响应函数"对研究区域内大气污染经济损失进行货币化研究。李国柱等(2007)认为,"这一函数仍有待在国内获得代表性的实验认可"。

第二,损失—浓度模型。该模型由詹姆斯(James,1984)提出,并将其应用到评价水体因某一污染物影响而产生的经济损失,即:

$$S = KR \tag{1-2}$$

式中:S 为污染物价值损失;K 为水资源价值;R 为污染物的损失率。

詹姆斯(1984)认为,水资源因特定污染物影响而产生的经济损失与这一污染物的浓度有关。具体来说,特定污染物在低剂量浓度时对水资源造成的经济损失表现不明显,当污染物浓度逐渐增加时,所产生的经济损失则表现为急剧增长的趋势。但当污染物浓度增加到一定程度后,对环境造成的经济损失又呈缓慢增长趋势,直至达到污染损失的极限,因而构建了损失—浓度模型。相较于传统方法将各污染物的作用视为等同,采用损失—浓度模型来评价水污染经济损失具有明显优势。在计算污染物综合损失率时,考虑到不同污染物的权重和贡献存在差异,根据样本数据特征对污染物进行赋权，使计算结果更加准确。

　　除了以上介绍的方法，目前环境经济损失评估一般方法总结如表1-1所示。总的来说，可以分为三种：一是基本评估法，代表方法为前面所提到的"过—张模型"；二是综合分析法；三是经验法，相关的基本内涵以及方法的优缺点均在表1-1中体现。

表1-1　　　　　　　　环境经济损失评估的一般方法总结

环境经济损失评估的一般方法	基本评估法（分解求和）	综合分析法	经验法
基本内涵	从结构上分解环境物品价值或服务价值，以适当的方法分别计算，最后加总来表示总损失值	以环境污染主体为一个整体进行评估，仅从污染源或污染结果与经济价值的关系入手，建立损害函数模型计算经济损失	基于前人研究成果，考虑与自身研究内容的适用性，采用相关的数据和参数
代表方法	过—张模型	索洛方程法	成果参照法
优点	1. 通俗、直观、易理解，应用广泛；2. 体系上较为成熟、明确，积累了较多的基本参数选取经验	1. 实用性强，计算较为方便；2. 清晰地表达环境污染程度和经济损失大小之间的关系；3. 整体表达环境价值的损失量，在一定程度上减少了重复和漏算	在缺乏基础数据的情况下，有着较为优秀的表现
缺点	1. 计算可能会出现重复或遗漏；2. 耗费大量人力、物力和时间成本用于基础数据的调研；3. 基于分解情况存在一定的重复和漏算	1. 结果偏低，易忽视环境污染的累积情况；2. 方法本身缺陷，难以评估不同污染源的影响程度	1. 适用评估的范围有限；2. 难以控制误差

二　土壤污染经济损失评估

（一）土壤污染概念的讨论

　　"六五"至"七五"时期，我国开展了对全国土壤环境背景值和土壤环境容量等方面的调查研究，形成了《中国土壤元素背景值》《中华人民共和国土壤环境背景值图集》等重要资料文献。其中，学者对土壤污染的定义或概念提出了不同的见解。从土壤学角度来看，李志洪等（2005）

从"人为"和"有害物质的含量高"两个方面对土壤污染进行了定义；陈怀满（2005）则认为，土壤污染是指人为因素有意或无意地将对人类本身和其他生命体有害的物质施加到土壤中，使其某种成分的含量明显高于原有含量，并引起现存的或潜在的土壤环境质量恶化的现象。这是从"人类活动""污染物流入形式和积累性"和"土壤自净能力"三个方面提出的定义。鉴于土壤污染的复杂性和长期性，英国环境污染皇家委员会（Royal Commission for Environmental Pollution，RCEP）提出，土壤污染是人类在日常活动中向土壤输入了大量物质，使得土壤结构发生变化甚至损伤，最终影响人体健康、社会发展的过程。该定义侧重土壤污染给人类、社会和国家安全带来的影响。还有学者确定了更加详细的土壤污染定义，如夏家淇等（2006）提出，人类活动产生的污染物进入土壤并累积到一定程度，超过土壤的自净能力，引起土壤环境质量恶化，对生物、水体、空气以及人体健康产生危害，就是土壤污染。相对于前几种定义，这种定义更为关注土壤污染导致的健康风险。但只从有害物质危害人体健康的角度出发开展研究，存在一定的片面性。

2019年1月1日开始施行的《中华人民共和国土壤污染防治法》中对土壤污染做出的解释为"土壤污染，是指因人为因素导致某种物质进入陆地表层土壤，引起土壤化学、物理、生物等方面特性的改变，影响土壤功能和有效利用，危害公众健康或者破坏生态环境的现象"。在此定义的基础上，本书提出了以土壤污染所致使的受害主体，即"土壤功能、有效利用、公众健康和生态环境"为具体内容的"危害终端"，并构建了土壤污染价值损失测度指标体系。

（二）土壤污染价值损失相关研究

关于土壤污染价值损失的研究，在少数环境污染经济损失的研究中以及关于土地流失的报道中均有涉及。尽管如此，其所涉及的土壤污染价值损失仅仅是估算土壤污染在农业上的损失，而且所研究的区域多是农田。主要有以下三类：

第一，针对土壤污染原因进行研究。如杨志新等（2007）采用"恢复费用法"和"支付意愿法"分别研究了受地膜污染农田恢复清洁需要的费用以及研究区域受访者对解决地膜污染问题所愿意支付的费用。但是该研究并没有涉及由地膜污染导致的农业损失，在估算内容上有一定的偏差。高奇等（2014）以研究区域土壤中各重金属对损失的贡献率为基础，确定土壤重金属对农田的污染损失率，研究农田复垦后土壤重金属对农作物的影响，估算农田每年因土壤重金属造成的经济损失。但采用该方法进行估算时需要理想的假定，控制其他变量的影响不变，如农药、化肥、水等对复耕农作物产量和质量的影响，这显然是难以做到的。刘静等（2011）运用污染损失率模型，分析了长三角地区张家港市蔬菜地因土壤重金属污染造成的经济损失；王丽智等（2012）使用污染损失率模型估算研究区域内因污水灌溉农田导致的土壤重金属污染经济损失为 339.58 万元。虽然该模型可以有效地反映研究区域整体的重金属污染损失状况，但由于不同研究区域土壤重金属污染的背景值无法统一，不具备可对比的条件，而且在实施过程中忽略了重金属污染的积累性，导致其计算结果存在一定的争议。此外，土壤污染的价值损失测度需要从整体来考虑，而不是仅仅对某个单一原因引起的土壤污染类型进行估算，现有研究大多集中在土壤重金属污染，其他污染类型也应考虑在内。例如杨志新等（2007）采用恢复费用法评估了北京市郊区农膜使用对土壤污染的价值损失，计算公式为：

$$V = S \times T \times P + S \times T \times P \times 23\% \tag{1-3}$$

式中：V 为土壤污染价值损失；S 为京郊地膜使用面积；T 为清除每公顷土壤残膜花费的时间；P 为雇用一个农民工的工时费；23% 为农民清除土壤残膜之后的残留率。由于清理时间 T 是在调查当地居民后的假设值，实际实施过程中存在较大偏差，因此计算的结果值是理想状态的最低值，从而导致计算结果与实际损失值相比偏小。

第二，针对影响范围进行研究。相关研究者专注于土壤污染对农田造成的经济损失。如苏县龙等（2008）从粮食产量和质量下降的直接损失和农田生物多样性降低的间接损失两方面，估算了我国农田土壤污染的环境成本；阮俊华等（2002）将受污染土壤农业损失分为当年评估和后评估，并且建立了土壤由非污染转变为污染的当年农业损失，以及土壤由污染再转变为非污染的农业损失评估程序和方法。但是，由于土壤污染具有滞后性的特点，该方法在实际估算中不容易实现。在吴迪梅等（2004）对河北省农田污水灌溉造成的经济损失研究结论的基础上，李贵春等假设全国农田中度污染时减产 25%，测算出农田污染价值损失为 440.51 亿元。

第三，针对农地退化进行研究。此类研究将土壤污染归于土地退化的范畴。如常影等（2003）在估算 20 世纪末我国农地退化的经济损失时，采用市场价格法来估算全国因耕地污染而造成的粮食减产和粮食污染的价值损失。

由此可见，当前对土壤污染价值损失的研究，无论是由于污水灌溉还是重金属污染导致的损失，多是关注于农产品经济损失。目前，对土壤污染价值损失的研究主要局限在：第一，土壤污染的原因复杂，污染源较多，污染结果交叉，实际操作过程中不易分离出可量化的基本点；第二，土壤污染价值损失理论不够完善，如土壤污染价值损失概念不清晰、土壤污染的负外部性与经济社会发展关系梳理不清等；第三，在土壤污染价值损失研究方法选择上，受限于量化数据的可获得性，缺乏完善的基础数据的统计机制。

综上所述，从人们初步认识到环境质量变化与经济增长之间的关系，到提出环境价值以及环境价值评估的相关理论及方法，再到对土壤自然资本概念的广泛认同，经历了近百年的学术发展。在当前经济社会发展条件、政府和公众对土壤污染危害性的认知下，为了更加深入、透彻地了解土壤污染对土壤功能、生态环境、公众健康和有效利用的具体影响程度，在数据可获得性和方法可行性的基础上，有必要对土壤污染所导致的经济损失进行科学、全面的定量分析。

（三）土壤污染价值损失评估框架

环境资源价值和环境污染价值损失应属一脉相承，对于环境污染价值损失的评估应从环境资源受到污染而产生损失的价值方面来测度。如水污染价值损失应从水资源受到污染而带来的价值损失进行评估，水资源的主要价值体现在其为生态环境和人居环境所提供的功能和服务上，水资源的质量如何则是其价值几何的根本量化指标。由此可以说，评估水资源价值的根本点和出发点在于确定不同水环境的质量和污染程度。同理，对于土壤污染价值损失计量，理论上应该从属于环境污染价值损失这一范畴，应当从污染导致土壤自然资本损失的角度来评估。在理想状态下，土壤污染价值损失理论分析的思路应该是先对受污染土壤进行采样，了解土壤中污染物的构成及危害因子的含量，以土壤自然资本为理论出发点，分析土壤污染所导致的土壤功能的损害，如图1-1中"土壤价值损失"分支下的"供给功能""调节功能""支持功能""文化功能"。同时，需要构建分级土壤功能损失函数和相对应的价值损失函数，通过测算土壤中危害因子含量并结合土壤生态系统自净功能，分析超出土壤自净功能后的土壤功能破坏所带来的价值损失。这一思路无疑是更为科学和准确的，但在实际过程中基本无法达到理想状态，主要有以下原因：一是目前土壤污染数据的可获得性较差，缺乏关键数据的支持，无法保证计量模型的准确性；二是需要多学科交叉（统计学、经济学、数学等）和土壤检测、土壤采样等专业人员以及配套的仪器，这都是顺利实现该思路亟须解决的问题；三是建立分级损失模型是实现这一思路的重点之一，就目前的研究来看，在实践上是一个较大的考验。

因此，基于图1-1中"危害终端"的过渡性思路，本书以土壤污染所致使的受害主体，即土壤功能、公众健康、有效利用和生态环境为危害终端，通过建立土壤污染价值损失测度指标体系，以加总求和的思路对土壤污染的直接经济损失进行合理分解，在数据可获得性和方法可行性的基础上，对相关危害主体的经济损失进行评估。此外，还需要说明的是，本书所研究的是"土壤污染价值损失"计量，从前文总结中可以看出，多数学者在语言描述上倾向于以"环境污染经济损失"为题，在多数情况下，"经济损失"是"价值损失"的最佳体现，由于是对土壤污染价值损失进行经济评估，所以在后文中将土壤污染价值损失分为"直接经济损失"和"间接经济损失"，此语境下二者均是对土壤污染价值损失的描述。

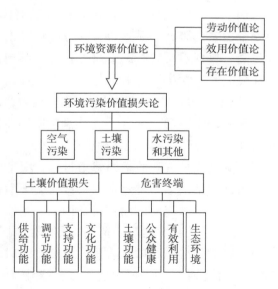

图1-1 土壤污染价值损失理论分析

三 土壤污染感知相关研究

(一) 环境污染对居民幸福感的影响研究

幸福学不否认财富的作用,同时也强调其他宏观经济变量影响的重要性,如政府支出、政府服务质量、城镇化率、失业率等(奚恺元,2011)。在政府收支方面,税收的调节作用能够将部分个人收入转化为公共收入,可以在一定程度上缩小收入差距,减少居民幸福损失。而且,政府提供公共产品和服务可大幅减少居民经济负担,保障居民消费能力,增加医疗卫生支持等,进而增强居民幸福感(黄有光,2008)。除此之外,健康、教育、医疗、社会保障等亲贫性支出,也对促进居民主观幸福感有重要作用(赵新宇、毕一博,2013)。地方政府在民主法治保障、社会公信力等不同方面的举措都会对居民幸福感有不同的影响。吴若冰(2015)提出,在"以人为本"的新型城镇化中,居民的主观幸福感状况侧面反映了社会城镇化的进程,二者存在显著相关性,认为居民的幸福感是政府服务质量最根本的价值追求。樊娜娜(2017)也指出,城镇化与居民的幸福感之间存在倒"U"形关系。除了宏观经济变量,居民的个人特征(如性别、年龄、健康、受教育程度、婚姻等)也是影响主观幸福感的重要因素。霍克斯(Hawkes,2012)认为,成年人的幸福感随时间呈"U"形变化趋势,同时发现男性群体比女性群体更容易焦虑。奥斯瓦尔德(Oswald,1997)以欧洲三个不同国家的普通居民为研究对象,结果显示不管在哪个国家,居民幸福感均与其身体状况密不可分,且与相对收入相关性更高。教育不仅对居民幸福感有直接影响,通过绝对收入、相对收入、社会资本等渠道也会对居民幸福感产生间接影响(杨涛,2018)。还有一些难以量化的变量如家庭关系、家庭压力,以及家庭成员的个体欲望(徐安琪,2012)、工作压力、工作满意度和性格优势(李小秋,2017)等也会在不同程度上对居民幸福感造成影响。

人类生存的宗旨应以获得更高的幸福感为目标,而良好的环境是人类发展进步的基础条件和幸福感的重要来源。目前关于幸福感的研究主要侧重两个方面:一是个体及家庭的内在特征因素,主要包括收入、性别、年龄、教育、婚姻、就业、健康、情绪、住房状况等(Helliwell,2003;官皓,2010;刘军强等,2012;李磊、刘斌,2012;张梁梁、杨俊,2015);二是外部环境因素,如经济增长、宏观经济环境、经济全球化、收入差距和机会不均等、城乡分割、环境质量、财税体制等(罗楚亮，2006；鲁元平、张克中，2010；Easterlin et al.，2012；李树、陈刚，2012；杨志安等，2015；陆杰华、孙晓琳，2017）。而其中环境污染对幸福感的影响研究目前还处于起步阶段，主要分为客观存在的环境污染因素对幸福感的影响与主观环境污染程度对幸福感的影响两大类。

1. 客观环境污染对主观幸福感的影响研究

客观环境污染对主观幸福感的影响研究主要从空气污染、水污染、工业废弃物污染三个维度开展。在空气污染层面，韦尔施（Welsch，2002）首先研究了空气污染与居民幸福感的关系，通过利用 54 个国家空气中的污染物数据，证实空气质量是导致国家间居民幸福感差异的重要原因。在此之后，莱文森（Levinson，2012）、费雷拉等（Ferreira et al.，2013）运用美国、欧洲的空气质量污染数据，研究空气质量对居民幸福感的影响，结果均表明空气污染会显著降低居民幸福感。国内学者的研究成果也证实了此类结论，即空气污染极大地降低了居民的主观幸福感（杨继东、章逸然，2014）。因此，提高空气质量是提升居民主观幸福感的有效途径（Li et al.，2014）。在水污染层面，莱文森（2003）基于 30 个国家的水污染横截面数据，对水污染与主观幸福感之间的关系进行了研究，结果表明二者之间也存在显著负相关关系。在此基础上，黄永明和何凌云（2013）将工业废弃物污染引入环境污染，全面探究环境污染在城市化进程中对主观幸福感的影响。综上所述，目前研究客观环境对主观幸福感影响的成果颇为丰富，但多集中于空气污染和水污染对居民主观幸福感的影响，由于土壤污染存在隐蔽性和滞后性以及数据不易获取的特点，少有研究涉及土壤污染与主观幸福感的关系。

2. 主观环境污染对主观幸福感的影响研究

相较于客观环境污染，主观环境污染对主观幸福感的研究起步较晚。进入新时代，我国经济已由高速发展转向高质量发展，经济发展不再是唯一目标，主观生活质量相关研究越发受到学者的重视，尤其是针对生活满意度与幸福感的研究。生活满意度与幸福感常被作为判断主观生活质量或主观福利水平的指标，被视为用于推断对生活的总体评价的一种认知或判断状态。不同生活领域居民的主观满意度是研究客观生存条件和公共政策对个人福利水平影响关系的重要参数。居民的主观生活质量受到诸多因素影响，如居民对经济发展和人口增长的感知、个人生活阶段、社会债券等。此外，生理及心理健康、自愿工作及个人的社会经济特征等也会影响生活满意度或幸福感。

目前主观环境污染对居民主观幸福感的相关研究，主要从心理和环境行为两方面开展，而且存在两种不同观点。第一个观点是，主观环境污染不会对主观幸福感产生影响，如有学者利用 2003 年中国 30 个城市的数据研究发现，主观空气污染对居民主观幸福感不存在任何影响，得到这种结果可能与 2003 年中国环境问题并不严重以及居民的环境意识薄弱有关（Smyth，2008）。第二个观点是主观环境污染会显著地降低居民主观幸福感（Welsch，2006；Mackerron and Mourato，2009；郑君君，2015；储德银，2017；马晓君，2019；叶林祥，2020），甚至相较于客观环境污染而言主观环境污染更为重要（Mackerron and Mourato，2009；Ferrer-i-Carbonell and Gowdy，2007）。多数研究认可第二个观点，即主观环境污染与居民主观幸福感之间存在负向关系，更好的自然环境会提升居民的主观幸福感（MacKerron，2013）。此后的一些学者较为系统地研究了主观环境污染对我国城市居民主观幸福感的影响（黄永明、何凌云，2013），但并没有细分不同主观污染类型对居民主观幸福感的影响。

综上所述，国内针对环境污染与幸福感相结合的相关研究刚刚兴起，且现有研究多数集中于客观环境污染和幸福感的关系，对主观环境污染与幸福感的相关研究相对匮乏。无论是客观环境污染还是主观环境污染都显著降低了我国居民的幸福感，但不同的污染类型（空气污染、水污染、土壤污染）对幸福感的影响有所不同，目前研究多偏向空气污染和水污染，鲜有研究土壤污染对居民主观幸福感的影响。因此，不同污染类型对居民主观幸福感的影响程度是否有所差异，并未得到较为系统的回答，其中土壤污染和幸福感的关系研究更是缺乏。

（二）环境污染与（网络）关注度研究现状

1. 关注度的发展现状

目前，关于人们对于某件事或物的关注度研究主要集中于旅游业、股市投资、突发事件、政府治理等方面（生延超，2019；胡楠，2021；李梦程，2021；郑思齐，2013），也有一部分研究注重关注度指标体系的构建，但较少研究对环境污染和居民环境关注度之间的关系进行探讨。随着信息技术的普及，公众开始通过报纸、杂志、广播、电视、网络等媒介参与环境污染治理。网民在互联网上搜索信息时产生丰富的数据，这些具有用户行为敏感特征的数据被搜索引擎记录下来，从而能够更加全面客观地度量公众对环境问题的关注程度。因此，国内外的学者开始利用搜索引擎中所记录的公众对于环境相关词汇的搜索量数据，来反映公众重视环境的程度。国内学者对网络舆情的研究已经涉及很多方面，主要集中在舆情监测系统的设计（罗晖霞，2010；项斌，2010；李芸，2014）、舆情指标的构建（徐映梅等，2017；李欣等，2017）、舆情预警（刘毅，2012）以及舆情引导等方面，少有研究从关注度的角度研究环境污染对居民幸福感的影响。

2. 环境污染（网络）关注度的研究现状

随着人们对美好生活要求的不断提升，居民对环境污染的关注度也不断提高，环境污染关注度领域目前已经成为研究热点。卡恩和科琴（Kahn and Kotchen，2011）、郑思齐（2013）基于谷歌搜索引擎中有关环境污染类词频搜索量构建公众对环境治理诉求的指标，实证发现公众对环境质量的诉求有助于改善城市环境治理。徐圆（2014）运用百度指数上的"环境保护"一词的搜索量数据反映公众的环境关注度以及中国公众环境诉求，结果表明公众环境污染关注度能够有效推动地方政府更加关注环境治理问题，可以通过环境治理投资等方式来改善城市的环境污染状况。我国环境污染形势日趋严峻已成为学术界与政策制定者的共识，但不同污染类型关注度却差异较大，多数研究仍主要集中于空气污染，如苏晓红等（2017）、李欣（2017）基于百度搜索指数，用公众对雾霾、环境污染等关键字的搜索指数来代表公众对雾霾的关注，并与PM2.5浓度数值进行回归分析，证明了公众对雾霾的关注度和雾霾污染的程度有密切关系，同时将正式环境规制和非正式环境规制区别开来，认为非正式环境规制在缓解雾霾污染问题上发挥着更大的作用。土壤污染因其隐蔽性、滞后性等特点而导致居民对其关注度显著低于空气污染和水污染，因此对于土壤污染，多数是从土壤污染的重金属污染源和修复补偿方面进行研究，而关于土壤污染关注度的研究尚少。

综上所述，环境污染关注度已经成为反映公众环境关心、衡量居民对环境污染的认识程度、体现居民生活幸福感的重要指标。所谓公众环境关心是指公众对环境产品需求和偏好的反映，或者说，公众环境关心程度越高则对环境公共品的偏好越大（史亚东，2022）。环境污染关注度相关研究，多是从空气污染的视角探讨环境污染关注度对居民生活幸福感的影响。由于土壤污染的滞后性，同时不易被人体感知，其关注度明显低于空气污染和水污染，由此导致土壤污染关注度与居民幸福感关系的研究不够深入。土壤污染作为环境污染的一种，能够影响居民幸福感。那么，土壤污染对居民幸福感的影响程度有多大？在保持幸福效用不变的前提下，土壤污染对我们造成的价值损失有多大？面对改善和治理土壤污染所需成本的区域异质性，具有不同消费偏好的居民支付意愿是否存在差异？这些问题都亟须进一步研究和解决。

（三）居民支付意愿的定价方法

环境效益货币化是环境政策制定和环境收费的前提。近年来，环境价值评估问题更多地向环境价值补偿方向上发展，学者倾向于通过测算环境污染价值来研究环境污染补偿机制，当前对环境污染的价值评估尚在摸索阶段。对环境污染价值进行测度的方法主要有特征价格法、条件价值法和生活满意度法。

1. 特征价格法

特征价格法是一种间接的环境评估方法，通过比较不同环境质量地区的房屋商品价格来测度潜在的环境价值，具体方法是利用实际市场上的房地产价格进行回归，分离出居民对环境质量改善的支付意愿（Rosen，1974）。该方法优点在于数据较为客观，避免了假设支付意愿与真实支付意愿之间的偏差，因而在国内外得到广泛应用。如金（Kim，2003）、格林斯顿和蔡（Greenstone and Chay，2005）、卢钦格（Luechinger，2009）等学者均采用特征价格法测算了所在国家居民为减少污染物而愿意多支付的住房价格。在国内，以陈永伟、陈立中（2012）为代表的学者，通过采用特征价格法对青岛市的商品房交易数据进行研究，来测算购买者对于空气质量改善的边际支付意愿，从而估计清洁空气的价值。但该方法的缺点在于需要完善的市场条件作为支撑，应用时会遇到相关变量和独立变量的计量、数据资料的获取以及总资产价值变化与支付意愿的不吻合的问题，当迁移成本和住房交易价格很高时，极有可能造成对环境价值的低估。

2. 条件价值法（CVM）

条件价值法属于间接假设的方法，基于"意向偏好"观点。由于环境缺少市场交易，所以很难找到环境对经济影响的实际数据，也无法通过其他方式与市场价格建立联系。此时可以考虑以能够间接反映环境价值的商品作为研究对象，通过直接询问被调查者愿意为了某种特定环境支付多少金额，或者如果要放弃这些服务而想要得到的补偿金额，从而评估环境价值。

尽管条件价值法在国内的应用在时间上略有滞后，但由于 CVM 极强的可操作性被广泛应用于环境污染损失的评估之中。如曹建华和王红英等（2005）利用 CVM 对森林资源的环境价值进行了研究，并对此方法确定的 WTP 进行了有效性分析；刘亚萍等（2015）利用问卷调查方法，测算北部湾居民对保护北部湾滨海生态环境的最大支付意愿（WTP）和所能接受的最小赔偿意愿（WTA）；郭巧玲等（2016）、屈小娥（2012）均使用 CVM 测算煤炭开采地区环境破坏的损失价值，并且分析了影响当地居民支付意愿的因素。

实践证明，CVM 对问卷设计、调查程序和样本选择有严格的要求和限制，使该方法的应用结果具有有效性和可靠性。但是，消费者的支付意愿是假设的而非实际支付行为，在可操作性强的同时也意味着较强的可操纵性。因此，在实际操作过程中人为主观因素较大，若被调查者并不熟悉假设的条件，面对调查者的诱导性提问，或者对提问出于某种动机进行策略性回答，都极有可能造成不准确的调查结论。

3. 生活满意度法（LSA）

伊斯特林（Easterlin，1974）首次提出生活满意度法，该方法被大量应用于研究失业、通货膨胀、GDP 增长、居民收入等宏观或微观经济变量与居民效用（主观幸福感）之间的关系。与传统环境价值评估方法相比，生活满意度法并不要求均衡的市场和充分的市场交易信息，不仅能够避免条件价值法或者意愿价值法所需假设带来的影响，也不要求被调查对象对调查问题具有深刻的认识，从而避免策略性回答或者调查者的刻意引导，故而生活满意度法无论是从适用范围还是评估结果稳健性来看，都是一种较为可靠的以非市场商品替代进行的环境价值评估方法，在国际上被广泛接受。

生活满意度法作为一种权威的环境价值测量方法，现有研究多数使用客观的环境污染数据，对居民改善环境质量的支付意愿进行定价。其中针对环境污染定价方面的研究，多偏向于研究空气污染给人们带来的价值损失，对居民改善空气质量的意愿进行量化定价，如韦尔施（2006）、莱文森（2012）、库纳多（Cunado，2013）、陈永伟（2013）、许志华（2018）使用生活满意度法，从居民主观幸福感出发，结合客观空气污染数据，根据居民的收入测算出居民为改善单位空气污染所愿支付的货币代价。基于该研究思路，杨继东（2014）对不同人群的边际支付意愿进行了异质性分析，测算出空气中 NO_2 浓度每降低 1 微克/立方米，居民的平均支付意愿为 1125 元。但是，当下对主观环境污染进行定价的研究相对较少。黄永明（2013）、郑君君（2015）、储德银（2017）、马晓君（2019）、叶林祥（2020）运用微观调查数据深入分析了主观环境污染对居民幸福感的影响，在维持居民幸福感不变的情况下，并未对居民为改善主观空气污染所愿意支付的货币进行测算。

通过上述总结发现，生活满意度法相较于特征价格法和条件价值法，所需的假设条件更少，且结果更加具有说服力，因此更广泛地被国内外学者应用。土壤污染也是环境污染的一种，因其不易被感知的特点和数据的难获取性，关注度明显低于空气污染。此外，土壤污染造成的损失难以测算，因此在运用生活满意度法时，国内学者多数是从客观的视角解决空气污染定价问题，鲜有研究对土壤污染造成的经济损失进行测算。另外，学者多是将国家现有的统计调查数据与客观污染统计数据相匹配，从而对空气污染进行定价，数据比较单一、不够全面。

通过梳理国内外的相关文献可以发现，关于主观幸福感在不同领域的研究较为深入，为后续研究提供了重要的方法论基础和丰富的实证研究结论。但目前国内针对环境污染与幸福感相结合的相关研究多数集中于客观空气污染对幸福感的影响，缺乏对土壤污染和幸福感的关系研究。而网络关注度与环境污染的相关研究，主要侧重于分析网络关注度是否有助于国家治理环境污染，很少有学者根据网络关注度将环境污染进行货币化，探讨其经济损失。在环境污染定价方面，多数学者基于现有的国家调查数据库（CGSS/CEFP/CLDS），探讨在保持居民幸福效应不变的条件下，居民为改善空气污染所愿意支付的货币代价，例如杨继东、章逸然（2014）考虑到中国城市层面空气污染的差异，研究了不同区域空气污染对居民主观幸福感的影响，并对不同居民改善空气环境的支付意愿进行测算。因此，目前研究存在以下不足：（1）在环境污染和居民幸福感方面，研究多聚焦于空气污染对居民幸福感的影响，忽视了土壤污染对居民幸福感造成的影响。（2）现有研究数据多采用调查数据，随着数据挖掘技术的成熟，微博爬虫成为新的数据来源，但在研究土壤污染关注度对居民幸福感的影响以及居民改善土壤污染的支付意愿上，数据的全面性和准确性仍有不足。（3）尽管生活满意度法已成为主流的环境污染定价法，但少有学者运用生活满意度法从主观的角度研究土壤污染对居民生活造成的价值损失。因此，本书以居民为改善土壤污染所愿意支付代价的异质性为实证研究对象，从微观层面上讨论居民的土壤污染治理支付意愿，依据网络关注度数据对居民的支付意愿进行定价研究。

第三节　相关概念的界定

一　土壤危害终端

土壤危害终端，表示土壤污染所影响的或威胁到的最终端口。根据《中华人民共和国土壤污染防治法》中对土壤污染的定义，研究认为对土壤污染价值损失的测度范围应该从危害终端中去界定，即土壤功能、公众健康、生态环境和有效利用，以此来建立初步的土壤污染价值损失测度指标体系，结合德尔菲法的客观性和实用性来对指标进行选取，形成最终的土壤污染价值损失测度指标体系。

二　土壤污染网络关注度

随着环境污染带来的社会问题与日俱增，环境治理难度越来越大，人们认识到改善环境需要公众的关注和行动。网民在互联网上搜索信息的过程中产生了丰富的数据，带有环境敏感特征的用户搜索行为也被搜索引擎以数据的形式记录下来，它们能更加全面、客观地度量公众对环境问题的关注程度。许多学者认为，公众环境关心的测度必须建立在对环境关心内涵和外延清晰界定的基础上。以邓拉普（Dunlap，2002）为代表的学者认为，从字义上可以将环境关心分为两个部分：一是"环境"部分，反映的是环境关心的实质性内容，由研究者选定一系列或特定的环境话题来考察；二是"关心"部分，它体现的是环境关心的表达方式，可以由研究者为探究公众态度所采用的特定方式来反映。

因此，本书为量化土壤污染关注度，将土壤污染关注度分为土壤污染来源、土壤污染危害、土壤污染防治三个关注指数，并选用白色污染、化肥农药使用量、工业废水排放、地下水污染、重金属污染、食品健康等16个公众比较熟知的与土壤污染高度相关的关键词作为基础指标。具体来说，土壤污染来源分类指标包括白色污染、化肥农药使用量、工业废水排放、地下水污染、重金属污染；土壤污染危害分类指标包括食品健康、粮食安全、健康状况、土壤污染、空气污染、水污染；土壤污染防治分类指标包括土壤污染防治法、土壤保护法、土壤环境监测、土壤治理、土壤修复。本书通过熵权法确定各基础指标的权重并进行求和，得到土壤污染网络关注度，用于反映居民对土壤污染风险的主观感知，进而了解土壤污染程度。

三 土壤污染价值损失

对于土壤污染的真实内涵，除了要认识它的产生机理，更重要的是需要清楚地认识到它所能影响的范围。通常情况下，土壤污染的产生，其本质原因是有害物质的积累程度远远超出了其本身的自净能力。过高的有害物质含量会使得土壤本身的结构发生改变、内部成分以及主要功能弱化或消失。土壤污染的危害首先表现在农作物的质量上，有害物质通过饮水和食物链富集到人体中，会引发癌症等疾病，给人们带来极大的健康威胁，同时也威胁人居环境和社会环境的稳定发展。因此，土壤污染所导致的土壤自然资本受损价值可从土壤功能损失以及土壤污染影响两方面来测度。

土壤生态系统得以正常循环基于健康的土壤存在供给功能、调节功能、支持功能、文化功能等重要功能。当土壤污染问题存在时，某一区域的土壤功能必然遭受破坏，比如供给功能，包括食物、木材和纤维供给功能以及原材料供给功能。土壤污染的存在会使得该区域农作物减产甚至颗粒无收，并且农作物中还可能含有大量重金属等污染物，导致农作物质量下降，影响农田续耕能力和农业可持续发展。木材与纤维的供给也会随着微生物群落活动的影响，导致植物的非正常生长，难以保证农业生产与林业发展的供应，这对农业与林业会造成较大的经济损失。此外，土壤污染使得作为原材料的土壤无法进行出售，也属于经济损失。那么，从理论上来看，土壤污染价值损失，应该是对土壤功能遭受破坏或失衡而产生的相关价值损失，价值损失是土壤功能受损的最佳体现，也由此提出了研究问题——土壤污染价值损失计量。

从危害终端的角度即环境层面、社会层面和经济层面看待土壤污染经济损失，相对应的经济损失主体则是环境资源、政府和公民以及种植业。同时，将土壤污染价值损失划分为直接经济损失和间接经济损失两个方面。其中，直接经济损失表示因土壤污染导致的经济、社会、环境等方面的直接损失；间接经济损失表示土壤污染对某一产业的深度影响，以及由于产业间关联效应所导致的对其他行业的影响，如种植业、林业、水产养殖业。图1-2表明土壤污染价值损失分析逻辑。

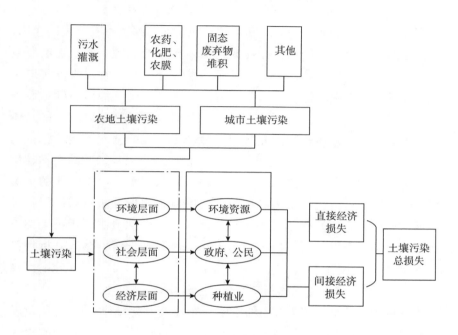

图1-2　土壤污染价值损失分析

第四节　研究对象及内容

一　研究对象

本书以土壤资源利用中由于过度使用和不当使用所造成的土壤污染价值损失为研究对象，通过土壤直接经济损失、间接经济损失、居民支付意愿等测度土壤污染导致的社会福利损失。

二　研究内容

土壤污染价值损失测度是一个包括从生态环境破坏的物质影响评估到货币价值衡量的全过程。因此，本书基于对土壤环境现状的客观分析，首先确认污染损失影响，研究其空间分布特征及变化规律；其次对污染损失货币化；最后结合土壤污染防治政策，为治理土壤污染提供依据和参考。

（一）土壤污染环境基线厘定、样点布设及污染不确定性

密集的工农业活动在经济的快速发展过程中发挥了不可替代的作用，随之而来的土壤环境污染与损害便成为亟须解决的问题，测定土壤环境污染程度成为土壤污染防治的重要基础。本部分以河北省黄骅市实地采样数据为基础，就土壤污染环境基线厘定、样点布设及污染不确定性进行研究。具体而言：（1）以现有经验方法和研究区域（黄骅市）的具体地形、地貌为基础，多角度探究厘定环境损害基线的合理方法，包括用样本的平均值±2倍标准差求得基线范围、普通最小二乘回归法、标准化方法以及稳健回归方法等；（2）通过上述方法求得黄骅市重金属的土壤环境损害基线，以最优结果为参比值，利用地累积指数法对其进行土壤重金属污染评价；（3）使用反距离权重法和克里金插值法分析污染的不确定性，并基于序贯高斯模拟污染的不确定性和基于污染概率分析污染的不确定性。

（二）土壤污染的空间格局研究

本部分主要估算土壤重金属的空间分布及其变化规律。（1）以黄骅市实地采集的539个样点重金属元素含量、Landsat8卫星多光谱遥感影像以及经纬度为数据基础，分别基于支持向量回归和遗传算法优化的误差反向传播神经网络构建了土壤重金属元素含量估算模型；（2）从遥感影像中提取60万余条多光谱数据，结合经纬度信息对黄骅市全域的土壤重金属含量进行估算，进一步探讨土地利用方式与重金属元素的空间分布规律、土地利用方式与重金属元素的局部空间分布规律等；（3）对比分析地统计学方法和构建的两种重金属含量估算模型的结果。

（三）土壤污染经济价值损失与生态价值损失评估

本部分基于经济价值损失评估模型与生态价值损失评估模型测度土壤污染健康损害，考察其空间分布特征。（1）以河北省黄骅市为例，基于经济价值损失评估模型与生态价值损失评估模型，分别评估黄骅市不同重金属污染物产生的经济价值损失与生态价值损失。（2）结合黄骅市土壤污染的分布情况，运用改进的污染损失模型测算其土壤重金属污染程度，根据测算结果划分不同采样地区的污染等级，并对其造成的经济

损失状况进行了估算。（3）利用 Hakanson 潜在生态风险评估法对黄骅市不同重金属污染物的潜在生态风险展开评估，同时基于 Costanza 生态价值损失理论构建生态价值损失评估模型，将黄骅市土壤重金属污染的生态价值损失货币化。

（四）土壤污染价值损失计量研究

本部分以河北省为研究区域，主要量化土壤污染的直接经济损失，并在此基础上估算土壤污染造成的间接经济损失。（1）基于可持续发展、自然资本、环境资源价值等理论，初步建立土壤污染价值损失测度指标体系；（2）依据德尔菲法优化土壤污染价值损失测度指标体系；（3）基于优化后的指标体系测算维度，结合"过—张"模型，利用《河北农村统计年鉴》《河北省环境状况公报》《河北经济年鉴》等数据估算土壤污染在经济、社会、环境三个层面的直接经济损失；（4）基于 2017 年河北省的投入产出表（42 部门），采用投入产出模型估算土壤污染间接经济损失；（5）综合分析土壤污染导致的总经济损失、部门损失差异性等。

（五）居民参与土壤污染治理的支付意愿定价研究

本部分对居民改善土壤污染的支付意愿进行定价。（1）从土壤污染网络关注度对幸福感的影响、收入对幸福感的影响、土壤污染网络关注度及收入对幸福感的影响三个方面分析居民改善污染支付意愿的定价机制；（2）使用 Python 3.72 从污染源头、污染危害、污染防治三个层面，爬取与土壤污染高度相关的 16 个关键词的搜索数据，根据熵权法对 16 个关键词赋予权重，构造了土壤污染的网络关注度指标；（3）基于网络爬虫方法获取与土壤污染相关的微博数据（内容、时间、点赞数、评论数），并匹配 CGSS2017 中国综合调查数据（个人幸福感、个人特征、家庭特征）以及《中国统计年鉴》中的省级特征数据，采用有序 Probit 模型对土壤污染的网络关注度、居民家庭人均收入和主观幸福感进行拟合，得出土壤污染的网络关注度、居民家庭人均收入和主观幸福感三者的回归结果；（4）依据回归结果，采用生活满意度方法，得出保持幸福效用不变时，土壤污染网络关注度和居民家庭人均收入之间的边际替代率，即求出居民改善土壤污染的支付意愿的价格。

第五节 研究方法

综合运用空间分层抽样、克里格抽样等空间抽样与统计推断方法，大数据挖掘等方法和技术，以及重要的社会调查数据库，保障课题数据的获取。利用德尔菲法、熵权法等方法科学建立评价指标体系。采用"过—张"模型、基于有序 Probit 估计的生活满意度法、BP 神经网络的基本结构等评估了土壤污染健康损害及其空间分布、土壤污染价值损失、土壤污染治理的支付意愿、土壤污染治理的支付定价等，具体方法如下。

一 数据收集主要方法

（一）文献分析

通过多种途径如中国知网（CNKI）、WOS 数据库、中经网数据库等，在研读大量国内外相关文献的基础上，对国内外关于环境污染价值损失评估等领域的应用研究进行梳理和分类，深入研究其中涉及评价土壤污染价值损失方面的相关文献，吸收并借鉴已有的优秀研究成果。同时，结合统计计量方法，根据较为成熟的研究方法和成果进行变量选择、问卷设计以及模型构建。

（二）卫星多光谱遥感影像数据

基于机器学习与复杂网络，在分析土壤污染空间格局过程中，采用了卫星多光谱遥感影像数据。自 1972 年 7 月 23 日以来，美国 NASA 已发射 7 颗陆地卫星（Landsat）［原地球资源技术卫星（ERTS）］。第八颗陆地卫星 Landsat8 于 2013 年 2 月 11 日发射升空，经过 100 天测试运行后开始获取影像。该卫星具有波段多、分辨率高和大面积周期性观测的优点，但是重复周期长，易受到气候天气的干扰。另外，卫星 Landsat8 可以实现以每 16 天为一周期的全球性覆盖。

黄骅市 Landsat8 多光谱数据从美国地质调查局下载，该地区所对应的 Path 号和 Row 号分别为 112 和 33。考虑到冬季植被干扰较少，更有利于卫星对于土壤属性的观测，选取数据区间为 2013 年 11 月。通常，太阳辐射穿过大气层会通过特定的方式入射到地面表层物体，然后反射回到传感器。因为会受到大气中气溶胶、地面地形以及物体相邻的地物等影响，所以 Landsat8 卫星获取的原始遥感影像中包含大气、物体表层以及太阳等信息。这样在实验中想要得到目标物体的光谱属性信息，则需要将物体的反射属性从大气等信息中提取出来。因此，需要对原始遥感影像进行辐射校正。

（三）数据爬虫

使用 Python 3.72 对微博进行爬虫获取土壤污染的相关数据，首先利用 Selenium 模拟人工登录，之后设置数据时间，搜索"白色污染""化肥农药使用量""工业废水排放""地下水污染""重金属污染""食品健康""粮食安全""健康状况""土壤污染"等 16 个与土壤污染相关的关键词，爬取了 34 个省级地区的相关微博内容、时间、评论以及点赞数量，共获取 110243 条有效数据。

（四）社会调查数据库

在研究居民支付意愿定价时，研究数据来自 2017 年中国综合社会调查（CGSS2017）。该社会调查由中国人民大学中国调查与数据中心负责具体执行，参与 2015 年实地调查的合作单位包括了全国各地 25 所高校和科研院所。该项目是中国最早的全国性、综合性和持续性的学术研究项目。依据研究目的，采用 CGSS2015 数据进行实证研究，原因如下：CGSS2015 数据中数据样本较大，并且涉及范围较广。样本数据中有除海南省、新疆维吾尔自治区及西藏自治区及港澳台地区之外的 28 个省级地区，整理的有效样本数量有 11000 余份，即便研究过程中将未达标的数据去除，可使用的样本数量也足够研究证明，因而模型构建所需的数据具有全面性，且具有一定的说服力。

二 指标体系主要构建方法

（一）德尔菲法

利用德尔菲法设计和优化土壤污染价值损失测度指标体系的步骤如下：首先，设计专家咨询问卷。问卷包括 3 个部分：（1）问卷说明，包括调查目的、实施方法、完成时间、调查背景和填表说明等；（2）专家基本信息调查，包括年龄、性别、最终学历、研究方向、职称等；（3）土壤污染价值损失测度指标评估，考虑到目前与土壤污染价值损失测度相关的文献较少，对于计量土壤污染价值损失还没有较为全面的研究，所以每个维度和指标在 Likert 五级量表的基础上，采用九级量表。其次，将编制好的第一轮专家咨询问卷以电子问卷的形式发送到各成员的微信号和电子邮箱中，并约定好问卷回收的时间，由专家组成员本人填写。统一回收后由小组成员对问卷结果进行汇总、整理、分析和集中讨论，对维度和指标的增加或删改以及设问的表达方式进行总结和修改，并进行第二轮专家咨询。最后，综合第一轮、第二轮咨询结果，依据专家对各维度和指标的重要性评分，计算重要性评分和离散系数，拟删除专家对于某一指标重要性评分在 7 分以下，或离散系数（V）>0.3 的指标。同时，结合专家所提出来的删除、增加、修改指标的意见反馈，经混合小组讨论后确定指标及维度。

（二）BP 神经网络

基于遗传算法优化的 BP 神经网络方法，对土壤重金属污染风险进行评价。在生物学中，神经元细胞由细胞体、树突和轴突组成，其功能主要为处理并传导信息，其中树突将汇集的冲动收集并通过轴突传导至其他神经元。当部分神经元受到刺激时，会将这种神经冲动通过神经递质传递给相连的神经元，如果相连神经元接收到的神经冲动超过一定的阈值，就会激活并产生神经递质并传递给与之相连的神经元。大量简单的神经元之间通过连接共同组成了密集的神经网络——一种可以进行复杂学习的系统。因此，神经网络是由具有适应性的简单单元组成的广泛并行互连的网络，它的组织能够模拟生物神经系统对真实世界做出的交互反应。在机器学习领域，神经网络与大量算法的结合得到了广泛的应用。

（三）熵权法

熵权法是一种客观全面的赋值方法，运用熵的思想，根据各项指标观测值所提供的信息的大小来确定指标权重，衡量指标的重要性。对于某项指标，熵的值越大，代表指标所具有的信息越大，指标的信息效用越大；熵的值越小，代表携带的信息越少，指标的信息效用越小。这种方法能够有效消除主观评价方法中个人对分类指标权重计算的主观性，评价结果更加精确。因此，本书使用 Python 3.72 从污染源头、污染危害、污染防治三个层面爬取与土壤污染高度相关的 16 个关键词的搜索数据，采用熵权法对 16 个关键词赋予权重，构造了土壤污染的网络关注度指标。

三　价值损失测度方法

（一）"过—张"模型

所谓"过—张"模型，是对过孝民等在 1990 年所发表的论文《我国环境污染造成的经济损失估算》中评估环境污染经济损失时所使用的思路和方法的总结，是后续研究者对他们在国内该领域开篇之作认同的表现。该模型在估算方法、数据分析、结果表达等多项内容上都具有很高的学术水平和参考价值，主体思路是对环境污染所导致的受害主体的经济损失先分类、后加总。在一级层面，将环境污染分为大气污染、水污染、固体废物和农药污染四部分；在二级层面，将大气环境污染和水污染的损失分解为个体的损失，如人体健康、农作物等。分别对每一项的经济损失进行计算之后，汇总成为环境污染经济损失。"过—张"模型的经典之处，不仅仅在于其是国内环境污染经济损失评估的开山之作，更重要的是时至今日，这种方法和思路并不过时。而且，其在计算过程中使用的方法和参数，例如修正的人力资本法和大气污染、水污染对人体健康损失计算所选取的参数，仍然是环境价值损失评估领域可以参考的内容。虽然该模型有着经典之处，但部分学者认为其主题思路在分解不同指标时，存在的"重叠效应"，需要更加严密的梳理和论证。在本书中，基于"过—张"模型的主体思路，即分解求和，通过构建土壤污染价值损失指标体系，对土壤污染的危害终端的经济损失进行估算。

（二）基于有序 Probit 估计的生活满意度法

针对有序的主观幸福感数据，采用有序 Probit 模型对土壤污染网络关注度、居民家庭人均收入和主观幸福感进行拟合，得出土壤污染网络关注度、居民家庭人均收入和主观幸福感三者的回归结果。依据有序 Probit 估计的回归结果，采用生活满意度法，得出保持幸福效用不变时，土壤污染网络关注度和居民家庭人均收入之间的边际替代率，即求出居民为改善土壤污染愿意支付的价格。

第二章 土壤污染损害基线厘定及不确定性

第一节 数据来源与样点统计分析

一 数据来源

（一）实测样点数据

根据黄骅市的土地利用现状、土壤类型的空间分布、区域经济社会发展差异等特点，以系统性、代表性和典型性为原则，共布设 678 个样点，每个单元的控制面积不超过 1 平方千米。在土壤类型及地形条件复杂的地类中，加大样点布设密度。采样时同步调查和登记耕作制度和产能信息。按照国家《土壤环境质量标准》（GB 15618—2018）指定的四分法委托第三方采集土样和测试。检测项目包括有机质含量、碱解氮含量、有效磷含量、速效钾含量、土壤 pH（土壤酸碱度）、As（砷）、Hg（汞）、Cu（铜）、Zn（锌）、Ni（镍）、Pb（铅）、Cd（镉）、Cr（铬）含量等。

（二）调查问卷和爬虫数据

为分析居民对土壤污染治理的态度、现状、风险认知及支付意愿，设计了调查问卷，问卷包含 7 大模块 42 个问题，问卷发放 600 份，回收有效问卷 561 份。通过 Python 3.72 对微博土壤污染相关信息进行爬虫，搜索"白色污染""化肥农药使用量""工业废水排放""地下水污染""重金属污染""食品健康""粮食安全""健康状况""土壤污染"等 16 个与土壤污染相关的关键词，爬取 28 个省级地区居民的微博内容、时间、评论及点赞数量，共获取 110243 条有效数据。

（三）统计和文献数据

本研究主要以河北省投入产出表（42 部门）作为基础数据，对土壤污染间接经济损失进行计算，其他数据来自《河北省环境状况公报》《河北农村统计年鉴》《中国人口和就业统计年鉴》《河北经济年鉴》以及《河北省预算执行情况和预算草案的报告》等相关统计年鉴和公开文献资料；河北省土壤中重金属含量表征数据主要参考王元仲等（2006）、柴立立等（2019）学者的成果。为探究土壤污染对居民幸福感的影响，根据爬虫数据和土壤污染价值损失测度的特点，选取2017年中国人民大学中国调查与数据中心对28个省级地区居民进行的综合调查数据（CGSS2017）。

二 样点统计分析

黄骅市位于河北省东南部，是沧州市代管的县级市，黄骅市总面积约1544平方千米，下辖3个街道4个镇6个乡，其区位如图2-1所示。根

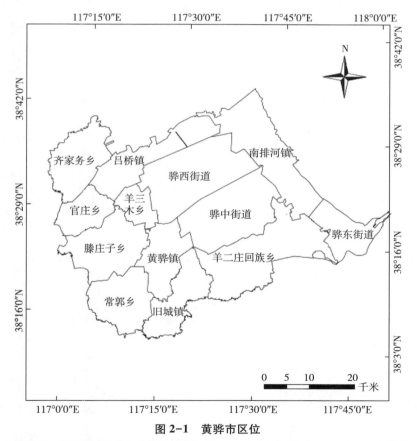

图2-1 黄骅市区位

资料来源：河北省地理信息公共服务平台，http：//hebei. tianditu. gov. cn/bzdt。审图号：冀S（2022）005号。

据黄骅市土地利用状况，2017 年在全市均匀布置了 539 个样点，用于采集 Ni、Pb、Cr、Hg、Cd、As、Cu、Zn 八种重金属元素的含量。采样位置利用 GPS 定位记录经纬度，其中南排河镇 30 个，齐家务乡 33 个，吕桥镇 43 个，骅西街道 70 个，官庄乡 25 个，羊三木乡 17 个，骅中街道 67 个，腾庄子乡 50 个，羊二庄回族乡 70 个，黄骅镇 36 个，骅东街道 26 个，旧城镇 37 个，常郭乡 35 个。

根据在黄骅市的实地采样数据，八种重金属含量的基本统计特征如表 2-1 所示。可以得出，黄骅市土壤重金属含量的均值都在一级标准之内。但每种重金属均存在超标现象。尤其是 As 的超标率达到了 7.05%，这表明部分土壤中重金属元素含量较高。Pb、Hg、Zn 的标准差最大，意味着数据离散程度较强。Pb、Cd、Cu 三种重金属含量的均值大于河北省的背景值，而其他重金属含量的均值均小于背景值，说明在黄骅市 Pb、Cd、Cu 受人类活动的影响较大。

表 2-1 样点统计特征

元素	Cu（ug/g）	Zn（ug/g）	Ni（ug/g）	Pb（ug/g）	Hg（ng/g）	Cd（ug/g）	Cr（ug/g）	As（ug/g）
一级标准（≤）	35.00	100.00	40.00	35.00	150.00	0.20	90.00	15.00
二级标准（≤）	100.00	300.00	60.00	350.00	1000.00	0.60	250.00	25.00
三级标准（≤）	400.00	500.00	200.00	500.00	1500.00	1.00	300.00	40.00
背景值	21.80	78.40	34.10	21.50	40.00	0.09	68.30	13.60
平均值	23.47	74.11	29.55	24.31	27.82	0.15	67.11	11.69
中位数	22.70	72.80	29.10	22.60	240.00	0.15	65.4	11.30
标准差	4.86	10.82	4.83	30.10	17.60	0.04	9.30	2.10
最大值	45.90	137.30	47.40	718.40	270.00	0.96	118.00	19.60
最小值	13.60	49.40	18.30	15.60	7.00	0.08	43.20	7.20
超一级标准率（%）	2.41	1.48	2.60	0.37	0.37	3.34	1.48	7.05

注：一级标准为保护区域自然生态，维持自然背景的土壤环境质量的限制值；二级标准为保障农业生产，维护人体健康的土壤限制值；三级标准为保障农林业生产和植物正常生长的土壤临界值。由于 Hg 元素含量相对较低，此处以 ng/g 作为衡量单位。

资料来源：《中华人民共和国国家标准土壤环境质量标准》。

第二节　土壤环境损害基线厘定

一　研究方法

密集的工农业活动在经济的快速发展过程中发挥了不可替代的作用，随之而来的土壤环境污染与损害便成为亟须解决的问题。因此，测定土壤环境污染程度并提出相应的对策建议成为土壤污染防治的重中之重。本书基于黄骅市的重金属含量实地采样数据，以现有的经验方法和黄骅市的具体地形地貌为基础，从多角度探究厘定环境损害基线的合理方法，包括用样本的平均值法、普通最小二乘回归法、标准化方法以及稳健回归方法，求得黄骅市重金属的土壤环境损害基线，然后以最优结果作为参比值，利用地累积指数法对其进行土壤重金属污染评价，以期为政策的制定提供依据。

（一）土壤环境损害基线的概念

1. 基线

基线对于鉴定评估土壤环境损害有着极其重要的作用，它是判断是否发生环境损害的依据，也是确认损害程度和衡量资源恢复程度的主要指标。各个国家对土壤环境损害基线有不同的认识。例如，美国的《综合环境反应、赔偿和责任法（CERCLA）》（也称《超级基金法》）认为，基线是指自然资源在未发生损害的前提下存在的状态。美国土地管理局（BLM）认为，基线是指在研究区域未发生石油排放或有害物质释放的状态。而我国提出，基线是指在评估区域内未出现生态破坏或环境污染行为时生态环境及其生态系统服务的状态或水平。虽然对基线的定义有不同的表述，但背后的本质均是将基线定义为损害未发生时生态环境系统的状态。

2. 背景值

土壤环境损害背景值指在不受人类活动影响的情况下，土壤中重金属元素的含量。然而，人类活动的不确定性使背景值的测算比较困难。因此，部分学者通常将低于基线值的部分作为背景值。

3. 元素丰度

元素丰度指各重金属元素在土壤环境中的平均分布量。在测定某一地区化学元素的富集（贫化）情况时，经常将该指标作为标准与土壤中的元素实际含量进行对比。在这一过程中，该区域内的元素丰度充当的也是一种土壤环境损害基线，但是使用测算的元素丰度数据作为基线值，并不能反映人类活动对研究区域元素含量的影响。因此，要想充分认识到人类活动在土壤污染过程中的情况，首先需要确定土壤环境损害基线。

4. 容量

土壤环境的容量指在确定环境单元和确定时限内，既不会影响农产品产量，又不会影响生物学质量以及环境质量时，土壤能容纳污染物的最大符合量。土壤环境的容量与基线值及背景值的关系不大，无法作为土壤环境污染的标准。

5. 标准值

土壤环境损害标准值，是依据国家手段制定的防止土壤污染、保护人体健康和生态安全下土壤中污染物的容许含量值，带有一定程度的强制性。我国在开展大量土壤环境标准工作的同时，也制定了多个土壤环境标准，在 1995 年就颁布了《土壤环境质量标准》（GB 15618—1995），并具体细分三级标准数据。标准的颁布为确定土壤环境损害基线提供了重要数据和参考值，但由于各地区地质环境、人类活动存在差异，因此用统一的国家标准代替土壤环境损害基线值可能会使得到的结果与现实情况存在偏差。

从以上基线以及相关概念可以得出，确定土壤环境损害基线是十分必要的，它不仅能提供土壤环境的目前状态，而且可以作为将来环境扰动（包括自然扰动和人为扰动）的对比标准或尺度。因此，研究厘定基线值的方法具有现实意义，可以为土壤调查研究工作提供借鉴。

（二）土壤环境损害基线厘定的方法

确定土壤环境损害基线的方法可以归纳为历史数据法、参考点位法、环境标准法及模型推算法。每个方法都存在优点和不足，需要根据实际情况选择适当的方法确定基线值。

1. 历史数据法

历史数据法是指以研究区域未发生损害事件之前的状态为参照，使用该状态下的各重金属的含量或相关数据作为基线值。该方法的优点是得到的数据可以直接作为评估区域历史状态的资料，提供研究区域的背景信息。但研究区域的历史数据通常很难获得，并且参差不齐的数据质量使得历史数据很难直接作为基线值。

2. 参考点位法

参考点位法是指寻找一处与研究区域地质条件类似且未受到损害的区域作为对照，利用该区域的历史数据或实时数据作为基线值。该方法一般在历史数据缺失时采用，但使用参考区域数据确定土壤污染水平仍面临着不足。首先，在现实中几乎不存在同时满足受到相同干扰影响且未发生损害的参考区域。其次，任何场地终究会存在差异，而我们无法分辨产生差异的原因是来自相同的干扰因素还是其他因素。最后，利用单一的参考区域无法准确反映真实情况。

3. 环境标准法

环境标准法是指参照国家或地方颁布的环境标准评估区域损害状况，取环境标准中的适用基准值作为基线水平，从而通过考察实际数据偏离标准值的程度来衡量污染程度。通过该方法确定基线最为简便，但环境标准具有时效性且环境标准种类繁多，因此，需要根据具体情况考虑是否采用该方法。

4. 模型推断法

模型推断法是指通过大量数据构建污染元素含量与生物量或其他指标的基线预测模型，以揭示未发生人类污染损害行为时生态环境应有的组成和状态。该方法使用的前提是模型必须具有可靠的科学逻辑支撑，随着国家基础数据的不断完善及科学理论的不断前进，该类方法在确定基线过程中，适用的范围越来越大。

二　土壤环境损害基线计算与测度

首先，采用平均值法计算黄骅市土壤环境损害基线范围。平均值法是指用观测值的平均值±2倍标准差计算得到基线范围，计算结果如表2-2所示。由于数据的不稳定性导致下限出现了负数时，用0表示。可以发现，Zn、Pb、Cr的基线上限的值很大，且由于Pb的标准差较大，使其基线下限值达到了0。为了更加合理地计算基线，本书将使用多种方法对黄骅市重金属含量的基线值进行计算。

表 2-2　　　　　　　　　　　平均值法基线范围

元素	均值	标准差	基线下限	基线上限
Cu（ug/g）	23.47	4.86	13.75	33.19
Zn（ug/g）	74.11	10.82	52.47	95.75

元素	均值	标准差	基线下限	基线上限
Ni（ug/g）	29.55	4.83	19.89	39.21
Pb（ug/g）	24.31	30.10	0.00	84.51
Hg（ng/g）	27.82	17.60	0.00	63.02
Cd（ug/g）	0.15	0.04	0.07	0.23
Cr（ug/g）	67.11	9.30	48.51	85.71
As（ug/g）	11.69	2.10	7.49	15.89

资料来源：Excel 统计输出。

（一）回归分析法确定土壤环境损害基线

在本书中，选择某种土壤重金属含量作为参考元素，并将其作为自变量，其他金属元素作为因变量，建立两者之间的回归方程，并通过确定污染元素的平均预测值来确定土壤环境损害基线。回归分析法常用于分析变量之间的相互关系，在土壤环境损害基线的计算中也被广泛使用。最小二乘回归法是常用的方法之一，其主要思想是使样本数据与拟合直线上对应的估计值的残差平方和最小。

1. 参考元素的选择

采用最小二乘回归法确定土壤环境损害基线时，参考元素即标准化元素的选取是十分关键的。相关性是选择回归变量的重要指标，一般而言，自变量与因变量间的相关性越高，则拟合程度越好，计算的基线值越准确。因此，在参考元素的选择上，必须选择与因变量相关性较大的元素作为参考元素。本节采用 Pearson 相关系数、Spearman 相关系数两种方法测算各重金属之间的相关性，以此来确定最合适的参考元素。

在统计学中，Pearson 相关系数一般用来衡量两个变量之间的相关程度，其取值范围为 [-1, 1]。相关系数的绝对值越大，说明线性相关性越强，相关系数小于 0 代表变量间为负相关，大于 0 代表变量间为正相关，等于 0 意味着不存在线性关系。Pearson 相关系数的计算方法为式（2-1）。

$$\Gamma(X, Y) = \frac{\sum_{i=1}^{n}(x_i - \bar{x})(y_i - \bar{y})}{\sqrt{\sum_{i=1}^{n}(x_i - \bar{x})^2 \sum_{i=1}^{n}(y_i - \bar{y})^2}} \tag{2-1}$$

式中，X 和 Y 为随机变量，其取值为(x_1, y_1)，(x_2, y_2)，…，(x_n, y_n)，$\Gamma(X, Y)$ 为随机变量 X 和 Y 之间的 Pearson 相关系数。

8 种重金属间的 Pearson 相关系数结果如表 2-3 所示。可以得出，Cu 和 Ni 元素与其余元素间的相关系数值较大，且化学性质不活泼，可考虑作为参考元素。

表 2-3　　　　　污染元素与参考元素之间的 Pearson 相关系数

元素	Cu	Zn	Ni	Pb	Hg	Cd	Cr	As
Cu	1.000							
Zn	0.842	1.000						
Ni	0.868	0.842	1.000					
Pb	0.138	0.098	0.194	1.000				
Hg	0.220	0.257	0.201	0.612	1.000			
Cd	0.395	0.414	0.411	0.832	0.640	1.000		
Cr	0.893	0.817	0.873	0.012	0.092	0.266	1.000	
As	0.719	0.682	0.751	0.007	0.121	0.278	0.695	1.000

资料来源：SPSS18.0 统计输出。

通过 Spearman 相关系数作进一步验证。Spearman 相关系数，是度量两个变量之间依赖性的指标。它能够表明独立变量 X 和依赖变量 Y 之间的相关方向。如果当 X 增加时，Y 趋向于增加，则 Spearman 相关系数为正；如果当 X 增加时，Y 趋向于减少，则 Spearman 相关系数为负；当 X 增加时 Y 没有任何趋向性，则 Spearman 相关系数为零。当 X 和 Y 越来越接近完全相关时，Spearman 相关系数会在绝对值上增加。黄骅市 8 种重金属元素之间的 Spearman 相关系数结果见表 2-4。

表 2-4　　　　　污染元素与参考元素之间的 Spearman 相关系数

元素	Cu	Zn	Ni	Pb	Hg	Cd	Cr	As
Cu	1.000							
Zn	0.901	1.000						
Ni	0.892	0.882	1.000					
Pb	0.777	0.847	0.789	1.000				
Hg	0.396	0.473	0.301	0.442	1.000			

续表

元素	Cu	Zn	Ni	Pb	Hg	Cd	Cr	As
Cd	0.571	0.648	0.504	0.577	0.531	1.000		
Cr	0.908	0.896	0.915	0.768	0.312	0.506	1.000	
As	0.704	0.686	0.703	0.626	0.357	0.519	0.676	1.000

资料来源：SPSS18.0 统计输出。

由 Spearman 相关系数可以看出，依然是 Ni 和 Cu 元素与其余元素间的相关系数较大。首先，结合 Pearson 相关系数可知，Cu 对 Pb 的相关系数小，如果设定 Cu 作为参考元素，则对 Pb 的基线厘定误差较大，不准确。其次，根据化学性质可知，Ni 元素具有高度磨光和抗腐蚀的化学特质。综合考虑，选择 Ni 元素作为研究区土壤损害基线值的参考元素。最后，将 Ni 元素的国家一级标准（40ug/g）作为该元素的土壤环境损害基线值，以 Ni 元素作为自变量进行最小二乘回归，用于计算其他元素的基线值。

2. 普通最小二乘回归结果分析

根据前文分析，选取 Ni 元素为自变量，以其余 7 种元素作为因变量分别建立一元线性回归模型。设有 n 个样品（x_i，y_i），其中 $i=1$，2，$\cdots$，n，x_i 和 y_i 分别是选定的参考元素 X 在 n 个样品中的实测含量和污染元素 Y 的实测含量。建立回归模型见式（2-2），其中 β_0 和 β_1 是回归参数。

$$Y=\beta_0+\beta_1X+\varepsilon \tag{2-2}$$

通过普通最小二乘回归计算的各个元素的土壤环境损害基线值的结果见表 2-5。其中，每种元素的回归系数 β_1 均在 5% 的显著性水平下显著，而 Pb 元素和 Hg 元素的回归常数 β_0 的 P 值都大于 0.05，均未通过显著性检验。

表 2-5　　　　　普通最小二乘回归结果及显著性检验 P 值

元素	模型	P 值		基线值（单位）
		回归常数 β_0	回归系数 β_1	
Cu	Cu = -2.357+0.874Ni	0.000	0.000	23.470 ug/g
Zn	Zn = 18.282+1.889Ni	0.000	0.000	74.102 ug/g

续表

元素	模型	P 值		基线值（单位）
		回归常数 β_0	回归系数 β_1	
Pb	Pb = −11.419+1.209Ni	0.149	0.000	24.307 ug/g
Hg	Hg = 6.178+0.732Ni	0.181	0.000	27.809 ng/g
Cd	Cd = 0.045+0.004Ni	0.000	0.000	0.163 ug/g
Cr	Cr = 17.394+1.682Ni	0.000	0.000	67.100 ug/g
As	As = 2.023+0.327Ni	0.000	0.000	11.686 ug/g

资料来源：SPSS18.0 统计输出。

3. 变换后线性回归分析

利用 Box-Cox 变换对原始线性回归作进一步改进。该变换的主要特点是引入一个参数，通过数据本身估计该参数进而确定应采取的数据变换形式。Box-Cox 变换的一般形式为式（2-3）。

$$Y^{(\lambda)} = \frac{Y^{\lambda} - 1}{\lambda}, \ \lambda \neq 0 \qquad (2-3)$$

式中，$Y^{(\lambda)}$ 为经 Box-Cox 变换后得到的新变量，Y 为原始连续因变量，λ 是一个待定变换参数，该参数的估计方法有最大似然估计法和 Bayes 方法两种。此处采用最大似然估计法确定 λ。

Box-Cox 变换方法可以归纳为 3 个主要步骤：首先，通过给定一系列 λ 值（一般取值范围为 [−2, 2]），分别计算残差平方和，并且两个相邻 λ 值的间隔要尽量小。其次，找出能使残差平方和最小，同时满足对数似然函数最大的 λ 值，使得其最大限度上满足建立多元回归模型所需假设条件。最后，将得到的 λ 值代入式（2-3），即可得到我们需要的变换后的回归因变量 $Y^{(\lambda)}$。此时，基线模型就变为式（2-4）。各土壤重金属实测含量进行 Box-Cox 变换选取的 λ 值见表 2-6。

$$Y^{(\lambda)} = aX + b \qquad (2-4)$$

表 2-6　　　　　　　各元素 Box-Cox 变换选取的 λ 值

元素	Cu	Zn	Pb	Hg	Cd	Cr	As
λ 值	−0.237	−0.654	−1.413	−0.559	−0.785	−0.540	−0.288

资料来源：Stata 统计输出。

根据 Box-Cox 变换选取的 λ 值,以 Ni 元素为自变量,其余元素经过变换的数据 $Y^{(\lambda)}$ 为因变量,分别建立一元一次线性方程。将求得的值代入 $Y^{(\lambda)} = \dfrac{Y^\lambda - 1}{\lambda}$,得到的 Y 值即所需的各个元素的土壤环境损害基线,结果见表 2-7。根据回归结果可以得出,经 Box-Cox 变换后建立的回归模型中,回归常数 β_0 和回归系数 β_1 对应的 P 值均小于 0.01,即在 1% 的显著性水平下通过显著性检验,拟合效果较好。为了检验 Box-Cox 变换的效果,需要通过残差分析来进一步对比。

表 2-7　　　　　　　　变换后回归模型、P 值及基线值结果

元素	模型	P 值		基线值/（单位）
		回归常数 β_0	回归系数 β_1	
Cu	$Cu^{-0.237} = 0.5969 - 0.00404Ni$	0.003	0.000	22.941 ug/g
Zn	$Zn^{-0.654} = 0.0897 - 0.00098Ni$	0.000	0.000	72.642 ug/g
Pb	$Pb^{-1.413} = 4.3733 + 0.00049Ni$	0.000	0.000	23.198 ug/g
Hg	$Hg^{-0.559} = 0.2383 - 0.00234Ni$	0.000	0.000	24.132 ng/g
Cd	$Cd^{-0.785} = 6.3132 - 0.06343Ni$	0.000	0.000	0.149 ug/g
Cr	$Cr^{-0.54} = 0.1441 - 0.00135Ni$	0.000	0.000	65.873 ug/g
As	$As^{-0.288} = 0.6052 - 0.00372Ni$	0.000	0.000	11.463 ug/g

残差是指实际观测值 Y 和模型回归预测值 $\hat{Y}$ 之间的差,一般表示为 $e = Y - \hat{Y}$,以反映用估计的回归方程去预测 Y 而引起的误差。标准化残差是残差除以其标准差后得到的数值,用 Ze 表示。第 i 个观察值的标准化残差表示为式(2-5),其中 S_e 是残差的标准差的估计值。

$$Ze_i = \frac{e_i}{S_e} = \frac{Y_i - \hat{Y}_i}{S_e} \tag{2-5}$$

此处对黄骅市除 Ni 以外的 7 种土壤重金属经过 Box-Cox 变换的数据做残差分析,结果见图 2-2。可以发现,经过变换后的数据的标准化残差主要随机地分布在 [-2, 2],且没有呈现出明显趋势。因此,在数据经过 Box-Cox 变换的基础上,利用建立的回归模型计算土壤环境损害基线是可行的。

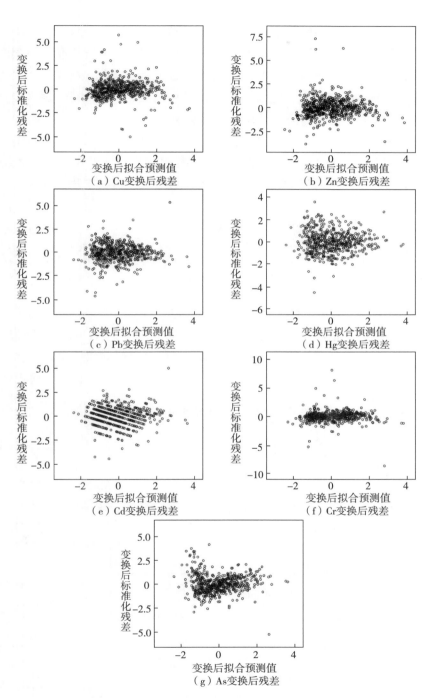

图 2-2　污染元素含量变换后的标准化残差

（二）标准化方法确定土壤环境损害基线

为了消除或降低原始数据中可能存在的某些重金属异常值对计算结果的影响，此处采用标准化方法对其结果做进一步优化。标准化方法是在最小二乘回归的基础上使结果更加接近真实值的一种方法，其关键在于对参考元素的确定，前文已经确定选择 Ni 作为参考元素。

1. 标准化方法概述及结果分析

标准化方法的基本原理是将某种相对稳定的惰性元素作为参考元素，建立参考元素与损害基线研究对象元素之间的线性回归方程，如式（2-6）所示。

$$Y_{基}^{(\lambda)} = \beta_0 + \beta_1 x_{基} \tag{2-6}$$

式中，β_0 为截距项，β_1 为回归系数，$Y_{基}^{(\lambda)} = \dfrac{Y_{基}^{\lambda} - 1}{\lambda}$ 为 Box-Cox 变换处理后的数据，$x_{基}$ 为参考元素的原始观测数据。

对根据式（2-6）建立的每个回归方程进行 95% 置信水平的统计检验，并将落在置信区间外的样品作为离群样品进行剔除，置信区间内的样品代表未受人类污染的样品。通过统计分析及数据处理获得参数 β_0 和 β_1，根据研究区土壤惰性元素 Ni 的平均含量，得到 $Y_{基}^{(\lambda)}$ 的平均预测值，将其代入 $Y_{基}^{(\lambda)} = \dfrac{Y_{基}^{\lambda} - 1}{\lambda}$，得到的 $Y_{基}$ 就是需要的污染元素的土壤环境损害基线值。污染元素与参考元素散点图及 95% 置信区间见图 2-3，基线样品个数、基线模型及基线值计算结果见表 2-8。

表 2-8　　　　标准化方法的土壤环境损害基线模型和基线值

元素	基线样品个数	模型	基线值（单位）
Cu	61	$Cu^{-0.237} = 0.5962 - 0.00405Ni$	22.819 ug/g
Zn	60	$Zn^{-0.654} = 0.0896 - 0.00098Ni$	72.646 ug/g
Pb	60	$Pb^{-1.413} = 0.0222 - 0.00035Ni$	23.071 ug/g
Hg	58	$Hg^{-0.559} = 0.2403 - 0.0024Ni$	23.960 ng/g
Cd	56	$Cd^{-0.785} = 6.3616 - 0.0651Ni$	0.150 ug/g
Cr	81	$Cr^{-0.54} = 0.1441 - 0.00135Ni$	65.873 ug/g
As	59	$As^{-0.288} = 0.6069 - 0.00377Ni$	11.452 ug/g

资料来源：SPSS18.0 统计输出。

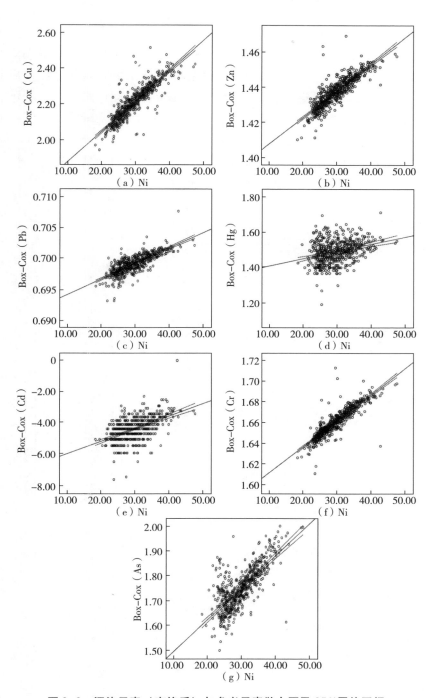

图 2-3　污染元素（变换后）与参考元素散点图及 95％置信区间

2. 残差分析

根据上述回归结果，标准化方法中基线模型的标准化残差，如图 2-4 所示。可以得出，经过标准化方法处理后的污染元素的标准化残差基本分布在 [−2，2]，数据没有明显趋势，且不存在标准化残差较大的异常点，说明回归方程的拟合效果较好。

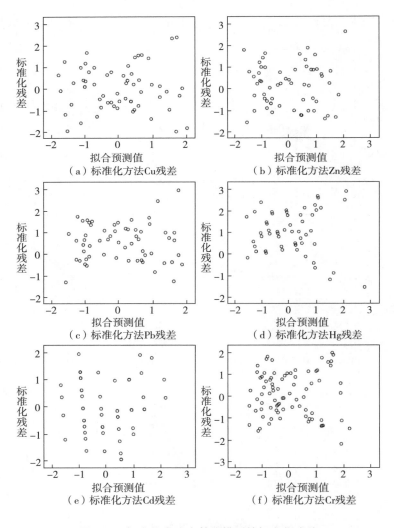

图 2-4　标准化方法中基线模型的标准化残差

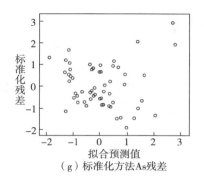

（g）标准化方法As残差

图2-4　标准化方法中基线模型的标准化残差（续）

（三）稳健回归方法确定土壤环境损害基线

将原始数据进行 Box-Cox 变换会弱化异常值的影响，可以使得最小二乘回归法和标准化方法的计算结果更接近于真实值。通过稳健回归的方法处理异常数据，也可以达到同样的目的。因此，进一步使用稳健回归方法计算黄骅市除 Ni 以外的 7 种土壤重金属元素的土壤环境损害基线。

1. 稳健回归概述

稳健统计方法的基本思想是通过对数据进行迭代式的加权，并对异常值点或分布曲线上较缓的尾部赋予较小的权重，以削弱这些点对统计的影响。但稳健统计方法的优点是对偏离统计假设的情况不是特别敏感，细小的偏离不影响方法的性能，中等的偏离也不会导致错误的结果。此处以多元线性回归为例说明稳健回归的做法。多元线性回归方程如式（2-7）所示。

$$Y_i = \sum_{j=0}^{m} x_{ij}\beta_j + r_i, \quad (i, j = 1, \cdots, n) \tag{2-7}$$

式中，m 表示选取的惰性元素的种数，x_{ij} 表示第 i 个样品中的第 j 种惰性元素含量的观测值，Y_i 表示某个样品中污染元素含量的观测值，β_j 表示每一种惰性元素的回归系数。

最小二乘回归法的基本思想是残差平方和最小，即 $\min\sum_{i=1}^{n}r_i^2$，但这种解是不稳健的。稳健回归的基本思想是用某种函数 $\rho(x_i)$ 代替 r_i^2，再求 $\min\sum_{i=0}^{n}\rho(r_i)$，建立加权线性回归方程。其基本形式如式（2-8）至式（2-10）所示。其中，w_i 表示权重，Ψ 由 Huber 估计决定，$H=1.345$ 是错误调整常数，$s = med\{|r_i - med\{r\}|\}$ 是残差 $y_i - \hat{y_i}$ 的稳健估计，s 是剩余

尺度的估计，即当数据的尺度扩大 a 倍时，估计的尺度也相应地扩大 a 倍。由于权重 w_i 的计算需要剩余 r_i 及其尺度 s，而 r_i 及 s 的计算又需要回归系数，所以估计过程必须进行迭代计算。每一次迭代包括以下步骤：用上次迭代所估计出的回归系数求剩余及其尺度；用式（2-8）求各点的权重；求模型（2-9）的最小二乘解，得出新的回归系数估计值，即各个污染元素的土壤环境损害基线。

$$W_i y_i = \sum_{j=1}^{m} w_i x_{ij} b_j + r_i \tag{2-8}$$

$$W_i^2 = \frac{\Psi\left(\dfrac{r_i}{s}\right)}{\dfrac{r_i}{s}} \tag{2-9}$$

$$\Psi(t) = \begin{cases} t, & |t| < H \\ H \cdot sign(t), & |t| \geqslant H \end{cases} \tag{2-10}$$

2. 回归结果分析

由稳健回归方法得到的黄骅市 7 种土壤重金属元素的基线模型和环境损害基线结果如表 2-9 所示。可以发现，Zn 和 Cr 元素的基线值大，分别达到了 73.735ug/kg 和 66.977ug/kg。Cd 元素的基线值最小，只有 0.152ug/kg。

表 2-9　　　　　　　　稳健回归方法确定的土壤环境损害基线

元素	基线模型	基线值（单位）
Cu	Cu = -2.613+0.88Ni	23.314ug/kg
Zn	Zn = 17.160+1.914Ni	73.735ug/kg
Pb	Pb = 8.532+0.489Ni	22.989ug/kg
Hg	Hg = 6.696+0.623Ni	25.101ug/kg
Cd	Cd = 0.068+0.003Ni	0.152ug/kg
Cr	Cr = 16.531+1.707Ni	66.977ug/kg
As	As = 1.235+0.350Ni	11.567ug/g

资料来源：SPSS18.0 统计输出。

3. 残差分析

为了检验稳健回归的效果，对其回归结果进行残差分析，得到的残差如图 2-5 所示。对比图 2-4 中标准化方法模型的残差及图 2-5 中稳健回归方法模型的残差可以得出，标准化方法的残差中点的分布比稳健回归方法点的分布更加均匀，且不呈现明显的趋势。因此，标准化方法得到的土壤环境损害基线的结果更加合理，取其结果作为黄骅市土壤重金属元素的损害基线，并作为土壤环境损害基线应用的参比值。

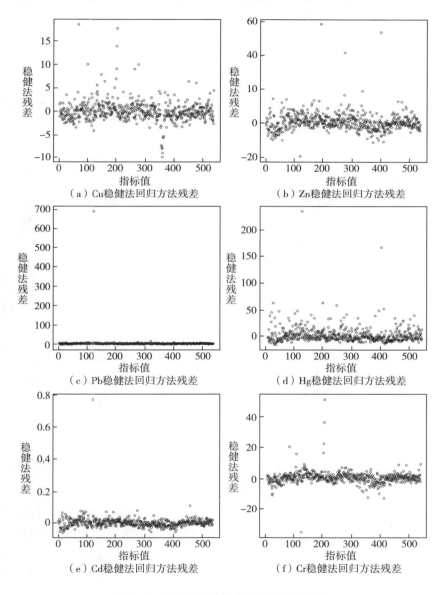

图 2-5　稳健回归方法中基线模型的残差

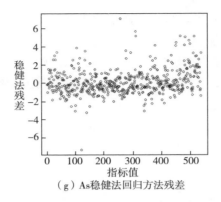

（g）As稳健法回归方法残差

图 2-5   稳健回归方法中基线模型的残差（续）

（四）地累积指数法评价土壤重金属污染

相比其他评价方法，地累积指数法不仅考虑到人为活动的影响，也考虑到了背景值与自然地质过程导致的差异，具有科学、直观的优点。地累积指数法（Muller，1969）是广泛用于研究沉积物中重金属污染程度的定量指标，计算方法如式（2-11）所示。

$$I_{geo} = \log_2\left(\frac{C_Y}{kB_Y}\right) \qquad\qquad (2-11)$$

式中，I_{geo} 表示污染程度指数；C_Y 表示样品中元素 Y 的浓度；k 表示修正指数，一般为 1.5，用于校正背景差异；B_Y 表示元素 Y 的土壤环境损害基线值。

地累积指数分级标准如表 2-10 所示，黄骅市土壤 8 种重金属元素的地累积指数在各污染级别中的样品个数见表 2-11。可以得出，Cu 元素有 14 个样本处于"无污染—中污染"等级上，约占总样本数的 2.6%，其余样本均为无污染；Zn 元素只有两个样本存在轻度污染；对 Ni 元素而言，不存在污染样本；Pb 元素存在 1 个样本处于"重污染—极重污染"等级上，污染较为严重；Hg 元素有 88 个样本处于"无污染—中污染"等级上，约占总样本数的 16.3%，6 个样本处于中污染，2 个样本在中污染—重污染，虽然不存在极重污染样本，但是存在污染的样本数量较多，须引起重视；Cd 元素存在 1 个"中污染—重污染"等级的样本；Cr 和 As 元素情况比较相似，均只存在少数"无污染—中污染"等级的样本。总体而言，黄骅市 8 种土壤重金属元素中，除 Ni 元素整体都是无污染以

表 2-10　　　　　　　　地累积指数污染评价标准

地累积指数 I_{geo}	地累积指数分级	污染程度
$\geqslant 5$	6	极重污染
$4 \leqslant I_{geo} < 5$	5	重污染—极重污染
$3 \leqslant I_{geo} < 4$	4	重污染
$2 \leqslant I_{geo} < 3$	3	中污染—重污染
$1 \leqslant I_{geo} < 2$	2	中污染
$0 \leqslant I_{geo} < 1$	1	无污染—中污染
< 0	0	无污染

资料来源：Müller G，"Index of Geoaccumulationin Sediments of the Rhine River"，*Geojournal*，1969，Vol. 2，No. 3，pp. 108-118.

表 2-11　　　　　　地累积指数大小各级别的样品个数统计

元素	污染级别						
	0	1	2	3	4	5	6
Cu	525	14	0	0	0	0	0
Zn	537	2	0	0	0	0	0
Ni	539	0	0	0	0	0	0
Pb	536	2	0	0	0	1	0
Hg	443	88	6	2	0	0	0
Cd	531	7	0	1	0	0	0
Cr	536	3	0	0	0	0	0
As	526	13	0	0	0	0	0

资料来源：Excel 统计输出。

外，其余大多元素都存在较小概率的"无污染—中污染"情况，其中 Pb 和 Hg 污染较为严重。

第三节　土壤污染不确定性分析

为探索土壤污染的不确定性，本节基于黄骅市土壤重金属含量实地采样数据，对 Ni、Pb 及 Cr 三种典型重金属展开研究。首先，分别使用反距离权重法、普通克里金插值法以及基于遗传算法的普通克里金插值法对黄骅市土壤中的 Ni、Pb 及 Cr 的含量进行空间插值预测。其次，采用序贯高斯模拟方法对黄骅市重金属含量的空间分布进行预测，并将结果与普通克里金插值方法进行对比，以探讨两种方法下预测结果的异同。最后，本节基于土壤重金属的划定阈值，通过单因子污染指数法和内梅罗综合污染指数法对八种重金属的污染状况进行评价，并使用指示克里金插值法对土壤重金属的超标概率进行了范围划定。

一　研究方法

（一）遗传算法基本原理

遗传算法的基本思想源于生物界中的进化理论，在一个群体的进化过程中，适应环境的个体将继续生存，否则将会被自然界淘汰。自然选择在此过程中发挥了重要作用，一个种群中的每个个体对自然界的适应程度决定了其能否生存，而其适应程度最终取决于自身染色体中的基因编码。遗传算法可以将实际问题转化成编码，形成具有实际意义的染色体，再通过迭代模拟选择、交叉和变异等过程，进而产生符合目标的个体。相比来说，遗传算法具有良好的全局搜索的能力以及高效的搜索效率，能够在全局范围内得到求解参数的最优解。

在遗传算法中，将每组数据通过编码形成基因，每组基因的组合为染色体。每组携带着基因信息的完整染色体被称为个体。每个个体的适应度可以通过基因信息和适应度函数计算出来。包含大量个体的组合形成群体，其中个体的数量即该种群的规模。遗传算法参数估计主要包括生成初始群体、计算适应度、选择、交叉和变异等步骤。

首先，需要生成初始群体。即通过随机的方式生成 n 组基因编码，每一组基因编码为一条染色体，因此 n 组基因编码代表一个有 n 个个体的种群，此群体即第一代群体。

其次，计算适应度。通过每个染色体携带的 h 基因信息来计算每个个体的适应度，即对该个体适应环境的程度进行衡量。在运用遗传算法拟合半变异函数的值时，球状模型和指数模型的目标函数如式（2-12）和式（2-13）所示。

$$f_{1i} = \sum |r(h) - r_1^*(h)| \tag{2-12}$$

$$f_{2i} = \sum |r(h) - r_2^*(h)| \tag{2-13}$$

式中，f_{1i} 和 f_{2i} 分别为球状模型和指数模型与半变异函数之间的残差绝对值之和，i 代表种群中的每一个个体。遗传算法在此处的目标是求得残差绝对值之和的最小值，所以相应的球状模型和指数模型的适应度函数分别为式（2-14）和式（2-15）。

$$Z_1 = \frac{1}{f_{1i}} \tag{2-14}$$

$$Z_2 = \frac{1}{f_{2i}} \tag{2-15}$$

再次，进行选择操作。通过将群体中的适应度较高的个体选出来繁衍下一代，其基本准则是适应度较高的个体有更大的概率繁衍下一代。因此，选择过程体现出了"物竞天择，适者生存"的自然选择法则。通过式（2-16）和式（2-17）为每一个个体分配概率值，并采用"随机遍历采样"作为选择函数。

$$P_{1i} = \frac{1}{\sum f_{1i}} \tag{2-16}$$

$$P_{2i} = \frac{1}{\sum f_{2i}} \tag{2-17}$$

最后，进行交叉和变异操作。一方面，在选择出适应度高的个体后，通过基因的重组产生下一代个体，这个过程即交叉。交叉会将前一代的基因遗传到下一代。另一方面，由于在自然界中，种群进化往往伴随变异，所以在群体中随机选择一个个体，并以一定的概率改变其中的基因。相对于交叉操作，变异的概率较低。

（二）序贯高斯模拟基本原理

序贯高斯模拟方法以贝叶斯理论为基础，其主要原理是根据现有数据计算待模拟点值的条件概率分布，从该分布中随机取值作为模拟现实。每得出一个模拟值，就把它连同原始数据和此前得到的模拟数据一起作为条件数据，进入下一点的模拟。序贯高斯模拟方法的基本步骤包括：对研究区内规则网格随机建立一条经过每一个节点的路径；对于每一个网格节点，基于变异函数，利用克里金方程组求取邻域内原始数据和已模拟数据的均值和方差；利用克里金均值和方差建立高斯条件累积分布函数；从高斯条件累积分布函数中获取一个随机值，作为该网格节点的模拟值，并将这个模拟值引入条件数据集进行随机路径上其他网格节点的模拟计算；重复上述计算，直至所有的点都完成模拟。

从理论层面来比较，克里金插值是以估值结果的无偏性和最优特性为限制条件，计算已知数据在估算未知点数值时的最优权重，通过加权求和得到估值结果。而序贯高斯条件模拟作为随机模拟，其模拟起始位置、访问路径都是随机的，这种随机性使得每一次模拟在某一位置的取值都可能不同。理论上每次模拟结果的均值、方差、协方差、变异函数均与原始数据一致，保持了原始输入数据的统计特征。此外，克里金插值方法根据的是已知数据在一个位置所能得到的最优估值结果，因此其取值不会发生变化，获得的土壤重金属污染的空间分布只有一个确定性的结果，而序贯高斯模拟通过多次运行，在每一个位置产生多个服从高斯分布的模拟结果，具备了以概率论为基础的不确定性分析能力。

（三）指示克里金法基本原理

指示克里金法的原理是通过对连续数据变量进行阈值变换将其转换为二进制数据。首先，设定某一临界值，高于该临界值的数值被赋予 1，低于该临界值的被赋予 0。其次，根据转换后得到的 0—1 数据集拟合计算相应的半方差函数模型。对于区域 D 的土壤重金属污染值，设定阈值 z，则在 $x \in D$ 处通过指示函数（2-18）将其转化为指示变量。最后，在给定的阈值 z 下，记 $Z(x) \geq z$ 的累积概率值为式（2-19）。令指示函数 $I(x; z)$ 的期望值等于它出现的累积分布概率，即式（2-20）。当步长为 h 时，指示函数理论变异函数值计算公式为式（2-21）。

$$I(x; z) = \begin{cases} 1 & Z(x) \geq z \\ 0 & Z(x) < z \end{cases} \tag{2-18}$$

$$F(z) = Prob\big[I(x; z) = 1\big] \tag{2-19}$$

$$E\{I(x; z)\} = 1 \times F(z) + 0 \times \big[1 - F(z)\big] = F(x; z) \tag{2-20}$$

$$\Gamma(h; z) = \frac{1}{2}E\{\big[I(x+h; z) - I(x; z)\big]^2\} \tag{2-21}$$

由指示变异函数可知，能够通过普通克里金插值法得到的未知点的 $I(x; z)$ 值，即 $Z(x) \geq z$ 在该点出现的概率。指示克里金法的计算公式为式（2-22）。式中，F^* 是待估点 x 处的指示变量估计值，$I(x_\alpha; z_k)$ 是在 x_α 处经过二值转换后得到的结果，$\lambda_\alpha(z_k)$ 为 $I(x_\alpha; z_k)$ 获得的权重，n 为用于估算 x 处的观测样本数目。基于此，得到 $Z(x) \geq z$ 的空间概率分布。

$$F^*(x; z_k) = \sum_{\alpha=1}^{n} \lambda_\alpha(z_k) I(x_\alpha; z_k) \tag{2-22}$$

二　基于不同空间插值模型的污染不确定性分析

土壤中重金属污染的分布通常具有高度的空间异质性。在基于土壤样点数据对某一区域土壤重金属污染的分布进行预测和空间分析时，空间插值模型得到了广泛的应用。然而，不同的空间插值方法在界定污染范围和污染程度上都存在一定的差异，不同插值方法及同一插值方法中不同参数的设置均会导致预测结果的不确定性。在实际应用中，并不存在一种能够精确预测不同地区污染特征的空间插值方法。因此，在面对特定区域及已知样点数据时，对不同空间插值方法的预测结果进行不确定性分析，选择最合适的空间分布预测模型，对土壤重金属污染的界定具有重要意义。

本研究主要使用反距离权重法和克里金插值法对黄骅市土壤重金属污染预测的不确定性进行分析。具体而言，分别使用反距离权重法、普通克里金插值法以及基于遗传算法的普通克里金插值法对黄骅市土壤中的 Ni、Pb 及 Cr 三种典型重金属元素进行空间插值预测。此外，为研究模型参数对污染预测结果的影响，将反距离权重法的距离加权系数分别设置为 1、2、3、4 进行插值预测。首先，基于 GS+9.0 软件，导入样点坐标值和重金属含量值，对数据进行重建。其次，进入反距离权重插值模块，进行插值参数设置，包括插值范围的设置、验证方法的选择、权重数值的确定以及搜索范围的设置等。最后，完成反距离权重插值，输出交叉验证结果及插值预测结果。使用交叉验证评价不同插值方法及同一插值方法中不同参数设置下的预测精度。

(一) 不同加权系数的反距离权重法

通过 GS+9.0 软件中的交叉验证分析，对黄骅市土壤中 Ni、Pb、Cr 元素的反距离权重法的插值结果进行精度比较，结果如表 2-12 所示。其中回归系数表示预测值对实测值的影响参数，越接近 1 说明预测效果越好；SE 为回归系数的标准差，标准差越小，说明回归系数的可信度越高；R^2 表示决定系数，决定系数越大，预测精度越高。一方面，距离加权系数的选择对于反距离权重法的预测结果影响较大。Ni、Pb、Cr 三种元素分别在加权系数为 3、2、4 时的决定系数最大，预测精度相对更高；另一方面，比较不同元素的反距离权重法的插值结果表明，Ni 元素的预测精度最高，决定系数在 0.632—0.637，Cr 元素的预测精度小于 Ni 元素，决定系数在 0.553—0.564，相对来说，Pb 元素在使用反距离权重法进行插值时预测精度较低，决定系数在 0. 418—0. 426。

表 2-12   反距离权重法交叉验证结果

元素名称	参数设置	回归系数	SE	R^2
Ni 元素	加权系数 = 2	1. 042	0. 034	0. 632
	加权系数 = 3	1. 020	0. 033	0. 637
	加权系数 = 4	0. 996	0. 033	0. 635
Pb 元素	加权系数 = 1	1. 015	0. 051	0. 422
	加权系数 = 2	0. 987	0. 049	0. 426
	加权系数 = 3	0. 944	0. 048	0. 418
Cr 元素	加权系数 = 2	1. 035	0. 040	0. 553
	加权系数 = 3	1. 013	0. 039	0. 562
	加权系数 = 4	0. 990	0. 038	0. 564

    交叉验证结果如图 2-6 所示，横坐标和纵坐标分别表示每个样点的
预测值和实测值，拟合的虚线与实线越接近，则表明预测效果越好。Ni、
Pb、Cr 三种元素在使用反距离权重法进行插值时，各样点大多聚集在虚
线周围，代表预测值的虚线与代表实测值的实线重合度较高。

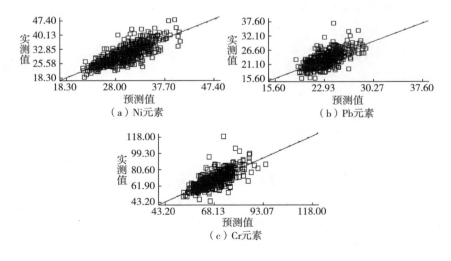

图 2-6　反距离权重法交叉验证结果

（二）不同拟合模型的普通克里金插值法

由于普通克里金插值法的前提要求插值要素满足正态分布或近似正态分布，而研究区域土壤中的 Ni、Pb、Cr 元素均为对数正态分布，因此在使用普通克里金插值法和基于遗传算法的普通克里金插值法时，首先将数据进行对数变换处理。与反距离权重法不同，普通克里金插值法需要根据检验结果选择合适的半变异函数拟合模型，进而设置插值参数。

Ni、Pb、Cr 三种元素的半变异函数模型拟合参数和精度评价结果如表 2-13 所示，对应的拟合效果如图 2-7 所示。对比四种半变异函数理论模型的拟合参数可知，不同的半变异函数模型拟合得出的参数差距较大，而使用普通克里金插值法进行预测的精确程度与基台值 C、变程 A 及块金值 C_0 这三个参数密切相关。对于 Ni 元素，指数模型和球状模型的决定系数最大，而球状模型的残差相比指数模型更小；对于 Pb 元素，同样是指数模型和球状模型的决定系数最大，而指数模型残差最小；对于 Cr 元素，指数模型的决定系数最大、残差最小。综合各模型拟合结果来看，Ni 元素的半变异函数最优拟合模型为球状模型，Pb 元素和 Cr 元素的最优拟合模型为指数模型。

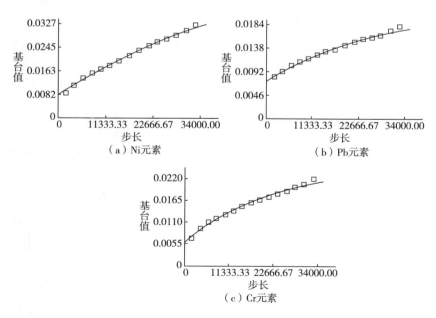

图 2-7　半变异函数模型拟合效果

表 2-13　　　　　　　　半变异函数模型拟合结果比较

元素名称	理论模型	A	C_0	$C+C_0$	RSS	R^2
Ni 元素	线性模型	32831.7	0.008830	0.032791	6.938E-06	0.991
	指数模型	101520	0.006300	0.046500	5.581E-06	0.993
	球状模型	45700	0.007790	0.034280	5.211E-06	0.993
	高斯模型	35316.5	0.010900	0.032600	1.745E-05	0.976
Pb 元素	线性模型	32832	0.008454	0.018352	2.238E-06	0.982
	指数模型	78330	0.007260	0.021520	2.024E-06	0.984
	球状模型	41920	0.007990	0.018280	2.095E-06	0.984
	高斯模型	36580.9	0.009260	0.018620	5.037E-06	0.961
Cr 元素	线性模型	32831.7	0.007985	0.022160	6.390E-06	0.976
	指数模型	72360	0.006030	0.025960	3.526E-06	0.987
	球状模型	40160	0.007160	0.021720	4.457E-06	0.983
	高斯模型	32164.2	0.008960	0.021220	1.099E-05	0.958

（三）基于遗传算法的普通克里金插值法

普通克里金插值法预测结果的精确度与半变异函数拟合的参数十分相关。通常来说，半变异函数的参数可以通过 GS+9.0 等软件进行自动拟合，而随着人工智能的不断发展，智能算法在参数拟合中得到了广泛应用。遗传算法作为一种自适应随机搜索算法，具有全局收敛性和并行性，能够使得拟合模型的参数估计具有简便可操作性。本研究以遗传算法理论为基础，在确定半变异函数最优拟合模型的基础上，利用其在全局范围内求取最优解的优势，重新定义参数 C、a、C_0 的最优取值，并与 GS+9.0 自动拟合下的普通克里金插值法进行比较。基于遗传算法的普通克里金插值法在实际操作中包含多个步骤。具体而言，首先，基于 MATLAB 平台，手动输入步长 h，对重金属含量进行半变异函数拟合，通过散点的拟合值选择待估参数 C、a、C_0 的取值范围。其次，将待估参数的取值范围输入到遗传算法程序中，将种群大小设置为 1000、遗传代数设置为 500、交叉概率设置为 0.7、变异概率设置为 0.01，经过初始化待估参数染色体种群、评价种群适应度函数、选择、交叉、变异算子及判断收敛结束条件后，通过解码最优染色体得到参数估计值。最后，将参数估计值输入 GS+9.0 软件的半变异函数模型中，进行普通克里金插值，得到最终预测结果。

使用球状模型和遗传算法对 Ni 元素进行半变异函数的拟合。参数寻优过程如图 2-8 所示，其中横坐标表示遗传迭代的次数，纵坐标分别表示 C、a、C_0 的参数值演化。从图中可以看出，在最初几代群体中最优参数值波动较为剧烈，随着迭代次数的增加，最优参数值逐步趋于平稳，最终收敛于一个具有最佳适应度的个体。Ni 元素在通过遗传算法对半变异函数进行拟合后，对应参数的最优解分别为 $C = 0.03688$、$a = 69352.83$、$C_0 = 0.00827$。

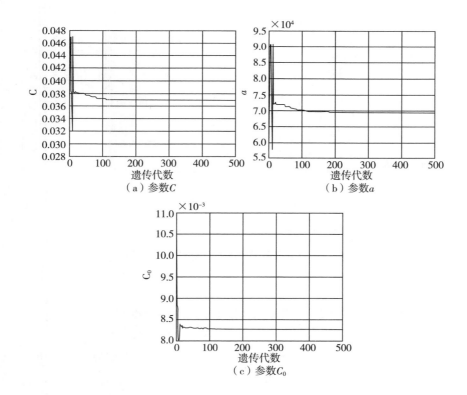

图 2-8　Ni 元素遗传算法参数寻优过程

使用指数模型和遗传算法对 Pb 元素和 Cr 元素进行半变异函数的拟合。分别得到其参数 C、a、C_0 的最优解，参数寻优过程分别如图 2-9、图 2-10 所示。在不断的迭代过程中，两种元素的参数最终均收敛于最优参数。遗传算法下 Pb 元素的最优参数 C、a、C_0 分别为 0.02750、69881.83333、0.00789，Cr 分别为 0.02793、43446.33333、0.00676。基于指数模型理论可知，Pb 元素和 Cr 元素通过遗传算法得到的最优变程需要通过关系式 $A = 3a$ 进一步计算得到。

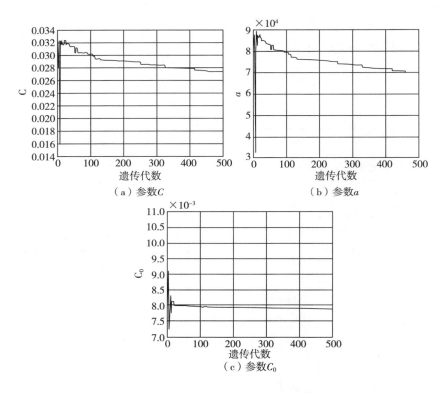

（a）参数C （b）参数a

（c）参数C_0

图 2-9 Pb 元素遗传算法参数寻优过程

将遗传算法拟合出的最优参数值输入 GS+ 软件的半变异函数模型中，进行不同方法下的半变异函数拟合精度对比。GS+ 自动拟合与遗传算法拟合的参数及精度评价结果如表 2-14 所示。一方面，两种方法的参数值不同。相同步长下通过遗传算法迭代得到的最优参数值比 GS+ 自动拟合得到的参数值更大。另一方面，两种方法的拟合精度不同。首先，对于 Ni 元素来说，GS+ 自动拟合和遗传算法拟合结果的决定系数都是 0.993，而遗传算法拟合结果的残差相对较小，但两者的残差结果十分接近，因此

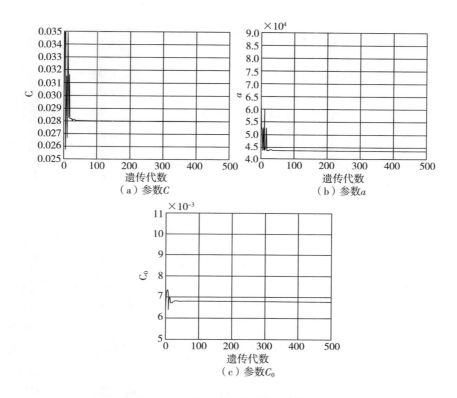

图 2-10　Cr 元素遗传算法参数寻优过程

可以认为遗传算法对 Ni 元素的拟合结果精度较高，且与 GS+自动拟合结果精度近似相同。其次，对于 Pb 元素来说，遗传算法拟合结果的决定系数为 0.988，大于 GS+自动拟合结果的决定系数 0.984，拟合结果的残差也表明遗传算法拟合结果的精度较高。最后，对于 Cr 元素来说，两种方法拟合结果的决定系数和残差同样显示出遗传算法拟合结果精度相对较高。总体而言，Ni、Pb、Cr 三种元素拟合结果均显示遗传算法拟合得到的结果精度更高，在一定程度上降低了半变异函数模型拟合的不确定性。这主要是因为用遗传算法进行拟合时，主要原理为求得半变异函数模型目标函数中残差绝对值之和的最小值，拟合结果对此原理进行了证实。

表 2-14　　　　　　　　GS+自动拟合与遗传算法拟合结果比较

元素名称	拟合方法	a	C_0	$C+C_0$	RSS	R^2
Ni 元素	GS+9.0 自动拟合	45700	0.007790	0.034280	5.211E-06	0.993
	遗传算法拟合	69352.83	0.008271	0.045153	5.156E-06	0.993
Pb 元素	GS+9.0 自动拟合	78330	0.007260	0.021520	2.024E-06	0.984
	遗传算法拟合	209645.5	0.007893	0.035394	1.605E-06	0.988
Cr 元素	GS+9.0 自动拟合	72360	0.006030	0.025960	3.526E-06	0.987
	遗传算法拟合	130339	0.006759	0.034691	3.177E-06	0.988

（四）不同空间插值方法预测精度比较

基于半变异函数的拟合结果，在 GS+软件中进行克里金插值，并与反距离权重法的交叉验证结果进行比较，精度评价结果如表 2-15 所示。一方面，从决定系数来看，Ni、Pb、Cr 三种元素的交叉验证结果均显示反距离权重法精度最低，普通克里金插值法精度较高。另一方面，对比 GS+自动拟合的普通克里金插值法和基于遗传算法拟合的普通克里金插值法结果。GS+自动拟合下的普通克里金插值法的预测精度较高，但两种方法拟合结果精度差距较小，因此可以认为通过引入遗传算法对拟合参数的估计，能够在一定程度上验证 GS+在半变异函数参数拟合，进而进行普通克里金插值的拟合精度。从操作方面来说，遗传算法需要基于 MAT-LAB 平台在设定程序中手动设置待估参数范围，通过迭代得到参数最优估计，增加了步骤的烦琐性。而 GS+软件能够自动选择最优半变异函数理论模型，自动设置最优拟合参数，并迅速实现半变异函数拟合、普通克里金插值整个流程，具有快速、高效、操作简便的优点。

表 2-15　　　　　　　　插值方法交叉验证结果比较

元素名称	插值方法	回归系数	标准差	R^2
Ni 元素	反距离权重法	1.020	0.034	0.637
	普通克里金插值法	1.045	0.034	0.640
	基于遗传算法的普通克里金插值法	1.047	0.034	0.637
Pb 元素	反距离权重法	0.987	0.049	0.426
	普通克里金插值法	0.969	0.049	0.426
	基于遗传算法的普通克里金插值法	0.981	0.049	0.426

续表

元素名称	插值方法	回归系数	标准差	R^2
	反距离权重法	0.990	0.038	0.564
Cr 元素	普通克里金插值法	1.008	0.038	0.571
	基于遗传算法的普通克里金插值法	1.017	0.038	0.568

（五）不同插值模型污染不确定性分析

通过不同空间插值方法对黄骅市土壤重金属含量预测范围的不确定性进行分析。GS+9.0 软件包含较为全面的地统计学程序，ArcGIS10.2 软件在 Geostatistical Analyst 地统计分析工具中提供了一系列探索性数据分析功能及空间插值方法。因此，基于 GS+9.0 和 ArcGIS 10.2 软件分别对研究区域土壤的 Ni 元素、Pb 元素和 Cr 元素重金属污染进行空间插值分析。对同一元素的污染空间分布对比可以发现，空间插值模型的选择对重金属含量预测结果的影响较大。就同一种插值方法而言，不同软件的插值结果也不同。

1. Ni 元素

使用两种软件进行反距离权重法预测的 Ni 元素含量如图 2-11 所示。通过对比可以得出，两种软件预测出的重金属含量分布大致相同。Ni 元素含量为黄骅市的北部及东部地区含量较高，西南部含量较低。

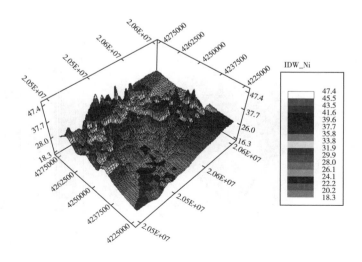

图 2-11　Ni 元素反距离权重法插值结果

　　Ni 元素普通克里金法插值预测结果如图 2-12 所示。相对于反距离权重法而言，普通克里金插值法的预测结果更加平滑。这主要是由于普通克里金插值法以重金属含量的空间结构特征为基础，通过确定样点对估值点的影响权重，给出对样本的总体最优无偏估计，因此在插值过程中会丢失局部极大值和极小值信息，造成一定的平滑效应。从插值结果可以得出，Ni 元素含量较高的区域主要位于吕桥镇、骅中街道以及南排河镇。从反距离权重法插值结果能够发现，吕桥镇存在 Ni 元素重金属污染的极大值，黄骅镇和旧城镇存在 Ni 元素污染的极小值区域，而普通克里金插值结果则没有体现出极值信息，说明普通克里金插值法存在局部极大值低估和局部极小值高估的问题。从两种插值方法预测结果的空间差异来看，不确定性比较大的区域主要是介于高污染和低污染区域间的过渡区域。

　　2. Pb 元素

　　Pb 元素的反距离权重法及普通克里金法插值法的预测结果分别如图 2-13 和图 2-14 所示。可以得出，GS+9.0 软件在进行预测时保留了重金属含量的局部峰值，但对于污染区域的预测存在较明显的高值区域和低值区域低估的情况。从含量分布情况来看，黄骅市土壤中的 Pb 元素含量较高的地区主要分布在北部，其中吕桥镇、南排河镇、骅西街道、骅中街道的污染数值最高，常郭乡、旧城镇的污染数值最低。

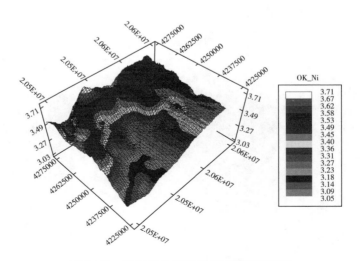

图 2-12　Ni 元素普通克里金插值法的结果

3. Cr 元素

Cr 元素的反距离权重法及普通克里金插值法的预测结果分别如图 2-15 和图 2-16 所示。黄骅市土壤中 Cr 元素含量较高的区域主要分布于吕桥镇、羊三木乡以及骅中街道。相对来说，普通克里金插值法对吕桥镇和羊三木乡的污染高值区域平滑效应较强，不确定性较大的区域同样位于高污染区域和低污染区域间的过渡区域。

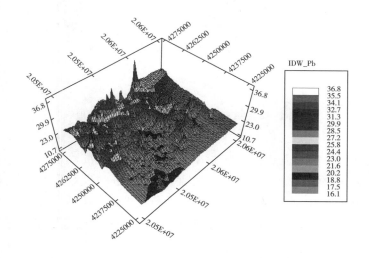

图 2-13　Pb 元素反距离权重法插值结果

总体来说，土壤重金属含量在不同的空间插值方法、同一插值方法的不同参数以及不同软件下的预测结果中具有较大差异性。一方面，反距离权重法在样点处的预测值与实测值相等，并保留了土壤重金属空间分布的局部极大值和极小值信息，但不同加权系数对插值精度影响较大，因此插值精度相对较小。普通克里金插值法以重金属含量的空间结构特征为基础，对于整体区域的空间分布具有良好的预测效果，预测精度较高，但在不同半变异函数模型及参数的确定上具有一定的不确定性，且在插值效果的局部极值体现上产生了较强的平滑效应。

另一方面，对比 GS+9.0 和 ArcGIS 10.2 的地统计分析工具，在进行半变异函数拟合方面，GS+9.0 在操作上更加简洁、高效，能够自动选择最优理论模型及拟合参数，而 ArcGIS 10.2 在进行半变异函数的拟合时需要人为选择拟合模型，且无法调整拟合参数。在插值结果的可视化呈现

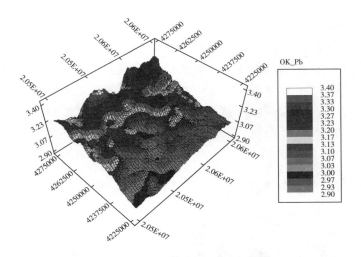

图 2-14　Pb 元素普通克里金插值法的结果

方面来看，GS+9.0 输出的 3D 预测范围图形能够更准确地判断区域内土壤重金属高污染值的突变性，但输出图形无法进一步对预测参数进行分析。而 ArcGIS 10.2 能够通过叠加区域的行政图层更细致地测度污染预测值，同时能够将插值结果转换为栅格数据，通过污染范围的数值界定，对污染区域的划分进行数学计算。

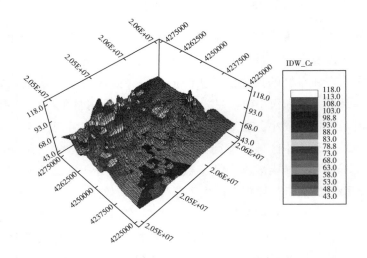

图 2-15　Cr 元素反距离权重法插值结果

三　基于序贯高斯模拟的污染不确定性分析

通过比较不同插值方法下黄骅市土壤重金属污染的评估结果，可以发现普通克里金插值法比反距离权重法精度更高。然而，克里金插值会对结果产生较强的平滑效应，在极值区域和整体空间结构的体现上存在很大的局限性。相较之下，随机模拟方法能够克服这种平滑效应，将数据作为一个整体，模拟出接近真实的空间分布。序贯高斯模拟作为随机模拟方法中的典型方法，能够体现出土壤重金属污染在空间分布上的全局随机变异特征。因此，本研究采用序贯高斯模拟条件方法对黄骅市重金属含量的空间分布进行预测，并将结果与普通克里金插值方法进行对比，以探讨两种方法下预测结果的异同。

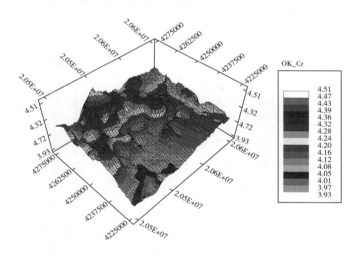

图 2-16　Cr 元素普通克里金插值法的结果

（一）序贯高斯模拟空间分布预测

以 Ni 元素为例，对 539 个样点进行 100 次序贯高斯模拟，并与普通克里金插值法得出的预测结果进行比较。为保持预测条件的一致性，均使用 ArcGIS 10.2 软件进行实现。其中，在进行序贯高斯模拟时，输入地统计图层必须是普通克里金插值后的结果。由于序贯高斯模拟要求输入数据服从标准正态分布，因此在进行普通克里金插值时需要对数据进行正态得分变换，同时进行去聚处理以及趋势移除使得输入数据能准确表示采样总体。经过正态得分变换、去聚及趋势移除后，Ni 元素数据的密度直方图和正态 QQ 图如图 2-17 所示。可以发现处理后的数据密度曲线接近正态分布函数，且 QQ 图呈现比较明显的直线形式，达到了序贯高斯模拟的数据输入要求。

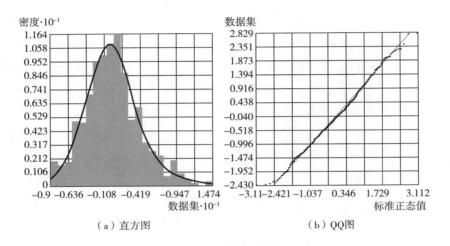

（a）直方图　　　　　　　　（b）QQ图

图 2-17　Ni 元素密度直方图和正态 QQ 图

抽取第 1、50、100 次序贯模拟结果（SGS1、SGS50、SGS100），将栅格数据提取到样点上，同样将普通克里金插值结果提取到的样点和 Ni 元素污染实测值共同输入 SPSS 18.0 软件中进行统计描述，其统计特征如表 2-16 所示。可以得出，与污染实测数据比较，普通克里金插值后的土壤重金属污染数据（OK）取值区间缩小，标准差由 4.826 降至 3.943，偏度和峰度也有大幅改变。而从三次序贯高斯模拟的统计数据可以发现，随机模拟的结果最大值和最小值都与实测数据近似相同，取值区间几乎没有改变，数据的标准差与实测值相差 0.002，平均值、偏度和峰度也与原始数据几乎一致。因此，统计特征的比较说明序贯高斯模拟能够更好地保持原始数据的分布特征，还原原始数据的波动性，而克里金插值的平滑效应使其预测结果取值区间缩小，方差降低。

表 2-16　　普通克里金插值和序贯高斯模拟数据统计特征比较

	平均值	标准差	最大值	最小值	偏度	峰度
实测值	29.553	4.826	47.400	18.300	0.588	0.059
OK	29.554	3.943	42.350	20.330	0.313	−0.351

续表

	平均值	标准差	最大值	最小值	偏度	峰度
SGS1	29.553	4.828	47.410	18.310	0.589	0.059
SGS50	29.553	4.828	47.410	18.310	0.589	0.059
SGS100	29.553	4.828	47.410	18.310	0.589	0.059

从两种方法得到数据的直方图也可以发现这种区别，图 2−18 中（a）为实测数据分布的直方图；（b）为普通克里金插值得到的数据分布直方图；（c）为序贯高斯模拟得到的数据分布直方图。其中，普通克里金插值在不同数值的频数分布上更加趋于平缓，平滑效应使得样点的数值呈现出向中值靠拢的趋势，左右两侧极值的分布不显著。相较之下，

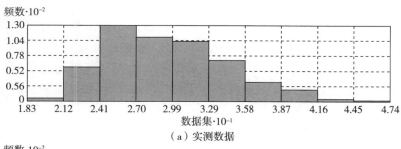

（a）实测数据

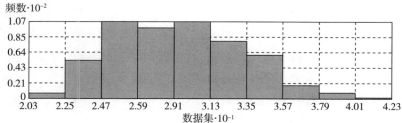

（b）普通克里金插值数据

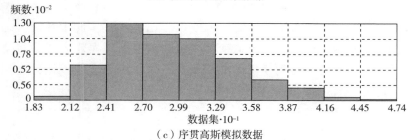

（c）序贯高斯模拟数据

图 2−18 实测数据普通克里金插值和序贯高斯模拟数据分布直方图

序贯高斯模拟的数据分布直方图与原始数据分布直方图几乎完全相同，数据的分布明显具有左偏的特征，在 2.41—2.7 区间内数据分布频数最大，进而向右逐步减小。说明在数据的频数上较好地保持了原始数据的统计特征，能够再现土壤重金属污染的空间分布结构。

抽取第 100 次序贯高斯模拟的单次结果，与 100 次模拟平均值、标准差的生成结果进行可视化展示，并和普通克里金插值的预测结果进行对比。首先，可以发现序贯高斯模拟和普通克里金插值在土壤重金属污染的空间分布特征上十分相似，都表现为北部吕桥镇、东部南排河镇以及中部骅中街道的 Ni 元素污染情况较为严重，西南部常郭乡、黄骅镇和旧城镇污染情况相对较轻。其次，普通克里金插值结果具有明显的平滑效应，造成了值域范围缩小的情况。在污染值较高的样点周围，污染数值被高估，而低值周围区域的污染值则被低估，在预测结果的表现上形成了较强的不确定性。相对来说，序贯高斯模拟依据原始数据的统计特征进行模拟得到的结果更具优势，模拟值的方差与原始数据的方差相等，克服了普通克里金插值在平滑效应上的缺点。最后，序贯高斯模拟的结果比普通克里金插值的结果增加了许多细节，分辨率显著提高，且在空间结构信息的对应上更加丰富。

100 次序贯高斯模拟的均值取值范围为 18.31—47.50，与普通克里金插值得到的预测范围具有相似的区间，在图像的表现上也具有一定的平滑效应。相比普通克里金插值结果来说，100 次序贯高斯模拟在重金属污染的空间特征分布上具有更好的表现。此外，根据分析结果可知，在 100 次序贯高斯模拟标准差的分布中样点标准差为 0，距离样点较近的区域标准差较小，而位于样点较稀疏及研究区边缘的区域标准差较大。

（二）序贯高斯模拟估测误差分析

序贯高斯模拟借助 Monto-Carlo 方法，根据原始数据遵循的概率密度函数进行求解，因而在样点处的模拟数值理论上与其实测值相等。通过原始数据集的拆分能够达到模拟精度要求的测度，其实现方式为将全部样点划分为两部分，使用模拟子要素集进行多次序贯高斯模拟，在测试子要素集的位置上产生与其实测值不同的模拟结果，从而具备了精度评价的条件。为定量验证不同方法的预测效果，采用均方根误差对预测结果的精度进行测度，其值越小，预测的准确性越高。具体计算方法如式（2-23）所示。式中，$Z(x_i)$ 和 $Z^*(x_i)$ 分别是实测值和预测值，n 为检验样本数目。

$$RMSE = \sqrt{\frac{1}{n}\sum_{i=1}^{n}\left[Z(x_i) - Z^*(x_i)\right]^2} \tag{2-23}$$

通过地统计工具中的"子集要素"功能，分别以 20%、30%、40%、50% 和 60% 的比例将原始数据划分为模拟子要素集和验证子要素集。将模拟子要素集作为条件数值进行 100 次序贯模拟实验，提取栅格上的数值到验证子要素集上。基于 100 次模拟结果平均值和污染实测值之间的差值，计算不同子集划分比例下模拟结果的均方根误差，结果如表 2-17 所示。

表 2-17 子集划分比例误差比较

	总样本数	模拟子要素集样本数	验证子要素集样本数	均方根误差
20%模拟集	539	108	431	3.723
30%模拟集	539	162	377	3.221
40%模拟集	539	216	323	3.338
50%模拟集	539	270	269	3.116
60%模拟集	539	323	216	3.288

根据均方根误差的结果，在不同子集划分比例的实验中，以 50% 的比例进行划分时模拟的误差最小。因此，以 50% 作为比例对原始数据进行划分，其中 270 个样点作为模拟要素集，输入到地统计工具中执行序贯高斯模拟，其余 269 个样点则作为验证数据集用于模拟精度的验证。

同样使用模拟子要素集对 Ni 元素进行普通克里金插值（OK），抽取序贯高斯模拟的第 1、50、100 次模拟（SGS1、SGS50、SGS100）作为单次实现结果。相对于全样本数据来说，样点减少使得普通克里金插值法得到的预测结果平滑效应更为明显。与此相比，序贯高斯模拟结果表现出更为丰富的空间结构信息，能更好地解释研究区土壤重金属的局部空间突变特征。此外，序贯高斯模拟的单次结果在空间分布趋势上具有一定的一致性，但每次模拟结果在具体位置的取值却具有明显的不同，充分体现了模拟的随机性。

为进一步对两种方法得到结果的精确程度进行定量判断，分别将结果提取至验证子要素集，采用均方根误差指标对结果的准确性进行度量。

表 2-18 展示了验证子要素集 4 次预测结果的统计特征及精度验证结果。其中，普通克里金插值法预测结果的最大值为 39.330，远小于原始数据最大值 47.400，最小值为 21.230，大于原始数据最小值 18.300，标准差相较原始数据的偏离程度为 26.92%，表现出了较强的平滑效应。SGS1、SGS50、SGS100 这 3 个单次序贯高斯模拟的统计数据与原始数据更为接近，且随着模拟次数的增加，模拟结果与原始数据的相似度不断提高。在结果的精度方面，普通克里金插值结果的均方根误差为 3.067，而三次序贯高斯模拟的均方根误差分别为 4.453、4.312、4.255，随着模拟次数的增加，模拟结果的精度逐渐提高，但均大于普通克里金插值法的预测误差。这说明普通克里金插值的预测结果比序贯高斯模拟的精度更高，单次序贯高斯模拟得到的随机估测结果并不是唯一的最优值，这一点与普通克里金插值的唯一无偏估计结果有所不同。

表 2-18 普通克里金插值和单次序贯高斯模拟

	平均值	标准差	最大值	最小值	均方根误差
实测值	29.553	4.826	47.400	18.300	—
OK	29.571	3.527	39.330	21.230	3.067
SGS1	29.584	5.022	46.870	19.060	4.453
SGS50	29.490	4.562	43.790	18.200	4.312
SGS100	29.513	4.897	51.210	19.530	4.255

综上所述，通过对比不同方法下黄骅市土壤重金属污染空间预测的结果可以发现，并不存在任何一种预测方法适合所有情况，在进行实际研究时应根据具体情况选择最合适的方法进行分析。在研究区域的土壤重金属污染变化不大时，可以采用普通克里金插值法进行预测，操作简单便捷，预测结果的精度较高。若污染数据具备区域性的突变趋势，采用序贯高斯模拟得到的预测结果能够更真实地反映实测数据的统计特征，在污染值较为极端的区域能够更好地表达局部变异，从而获取较为可靠的土壤重金属含量空间分布。

四 基于污染概率的不确定性分析

通过反距离权重法、普通克里金插值法以及序贯高斯模拟法能够对黄骅市土壤中单个重金属含量的空间分布进行预测。为了更准确地了解土壤重金属的污染程度，需要对综合污染状况进行评价，划定土壤重金属的污染范围。基于土壤重金属的划定阈值，通过单因子污染指数法和内梅罗综合污染指数法对 8 种重金属的污染状况进行评价，并使用指示克里金插值法对土壤重金属的超标概率进行了范围划定。

（一）土壤重金属污染指数评价

1. 污染划分阈值

在使用污染指数对 As、Cd、Cr、Cu、Hg、Ni、Pb、Zn 这 8 种土壤重金属造成的污染程度评价时，首先需要确定合理的划分阈值。阈值的选择方法会因不同研究目的及数据特征而不同，但基本标准为充分依据样本数据的统计分布特征，使得样本数据在阈值的划分下能够均匀分布且更好地体现研究特性。根据研究目的，采用土壤重金属污染实测值的均值加标准差作为评价标准，用于对土壤污染进行测度。每种重金属的统计特征与阈值如表 2-19 所示。

表 2-19　　　　　　　不同重金属统计特征及阈值对比

元素	范围	均值	阈值
As	7.2—19.6	11.690	13.600
Cd	0.08—0.27	0.153	0.090
Cr	43.2—118	67.111	68.300
Cu	13.6—45.9	23.466	21.800
Hg	0.01—0.27	0.028	0.040
Ni	18.3—47.4	29.553	34.100
Pb	15.6—37.6	23.028	21.500
Zn	49.4—137.3	74.109	78.400

2. 单因子污染指数评价

单因子污染指数评价是指将研究因子的实测数据与评价标准进行比值，得到一个无量纲的指标，并根据指标大小对土壤重金属污染程度进行分级评价。单因子污染指数的计算方法如式（2-24）所示。此处将污染阈值作为评价标准，将重金属实测值与阈值进行对比，得到单因子污染指数，以确定每种土壤重金属的污染水平。

$$P_i = \frac{C_i}{S_i} \tag{2-24}$$

式中，P_i 为土壤中重金属 i 的单因子污染指数，C_i 为土壤中重金属 i 的污染实测值，S_i 为重金属 i 的评价标准含量值。

依据如表 2-20 所示的分级标准，将 539 个样点各重金属的单因子污染指数进行分级统计。各指数的描述性统计和分级统计结果如表 2-21 所示。根据各重金属元素单因子污染指数的描述性统计分析结果可以得出：一方面，Hg 元素的单因子污染指数平均值为 0.70，处于安全水平；As、Cr、Ni、Zn 元素的平均值分别为 0.86、0.98、0.87、0.95，处于警戒水平；Cd、Cu 和 Pb 元素的平均值分别为 1.70、1.08、1.07，达到了轻度污染水平。另一方面，从最大值来看，As、Cr、Ni、Pb、Zn 元素的单因子污染指数最大值的取值在 1.0—2.0，属于轻度污染水平，而 Cd 元素的最大值为 3.00，达到了中度污染水平。

表 2-20　　　　　　　　　　污染指数分级标准

等级	污染指数	评价等级
1	p≤0.7	安全
2	0.7<p≤1.0	警戒
3	1.0<p≤2.0	轻度污染
4	2.0<p≤3.0	中度污染
5	p>3.0	重度污染

表 2-21　　　　　　　　　土壤重金属单因子污染指数评价结果

项目	As	Cd	Cr	Cu	Hg	Ni	Pb	Zn
样点总数	539	539	539	539	539	539	539	539
均值	0.86	1.70	0.98	1.08	0.70	0.87	1.07	0.95
最大值	1.44	3.00	1.73	2.11	6.75	1.39	1.75	1.75
标准差	0.16	0.29	0.14	0.22	0.44	0.14	0.14	0.14
安全	13.54%	0.00%	0.37%	0.74%	67.53%	9.83%	0.00%	0.74%
警戒	70.69%	0.37%	59.37%	42.12%	20.96%	72.73%	35.44%	68.83%
轻度污染	15.77%	88.68%	40.26%	56.96%	10.76%	17.44%	64.56%	30.43%
中度污染	0.00%	10.95%	0.00%	0.19%	0.37%	0.00%	0.00%	0.00%
重度污染	0.00%	0.00%	0.00%	0.00%	0.37%	0.00%	0.00%	0.00%

根据不同污染指数分级所计算的样点比例（见表 2-21），Hg 元素的样点主要处于安全水平，其样点比例为 67.53%，20.96% 的样点处于警戒水平，10.76% 的样点为轻度污染水平。As、Cr、Ni、Zn 元素的样点主要位于警戒水平，分别有 70.69%、59.37%、72.73%、68.83% 的样点属于该级别。Cd、Cu、Pb 元素的样点主要位于轻度污染水平，其中 Cd 元素的占比最高，为 88.68%，Cu、Pb 元素的占比分别为 56.96% 和 64.56%。在中度污染水平上，Cd 元素在 8 种重金属元素中占比最高，为 10.95%，除此以外，Cu 元素和 Hg 元素分别有 1 个和 2 个样点达到了中度污染水平。在重度污染水平上，仅有 2 个样点的 Hg 元素达到重度污染水平。综上所述，黄骅市 8 种土壤重金属均出现了不同程度的污染，其中 Hg 元素污染程度最轻，Cd 元素污染程度相对最为严重，其次为 Pb 元素和 Cu 元素的污染程度较重。

3. 综合污染指数评价

在各重金属的单因子污染指数的基础上，采用内梅罗综合指数作为黄骅市重金属综合污染情况的评价指标，如式（2-25）所示。式中，p 为内梅罗综合污染指数，p_{imax} 为各重金属单因子污染指数的最大值，$\overline{p_i}$ 为各重金属单因子污染指数的平均值，由 $\overline{p_i} = \dfrac{1}{n}\sum_{i=1}^{n} p_i$ 计算得出。

$$P = \sqrt{\frac{(p_{imax})^2 + (\overline{p_i})^2}{2}} \qquad (2\text{-}25)$$

如表 2-20 所示的污染指数分级标准对内梅罗指数进行等级划分，描述性统计和分级统计结果如表 2-22 所示。可以得出，黄骅市土壤重金属综合污染指数的平均值为 1.42，处于轻度污染水平，而最大值为 4.94，达到了重度污染水平。处于轻度污染水平的样点比例为 97.77%，还有 0.56%、1.30% 和 0.37% 的样点分别处于警戒水平、中度污染水平和重度污染水平。因此，黄骅市的污染程度以轻度污染为主，虽然处于严重污染的样点数目相对较少，但 539 个样点中也没有样点处于安全水平，这需要及时采取措施防止污染的进一步恶化。

（二）综合土壤重金属污染概率分析

基于单因子污染指数和内梅罗综合污染指数评价结果（见表 2-22），使用指示克里金法对综合指数评价结果进行空间插值，以划定黄骅市土壤

表 2-22　　　　　　　　内梅罗综合污染指数评价结果

项目	统计结果
样点总数	539
均值	1.42
最大值	4.94
标准差	0.28
安全	0.00%
警戒	0.56%
轻度污染	97.77%
中度污染	1.30%
重度污染	0.37%

重金属的污染范围。基于阈值的空间概率分布进行土壤重金属污染的不确定性分析。基于内梅罗综合污染指数，将阈值设定为 1，在 ArcGIS 10.2 中进行指示克里金插值。样点的污染概率分布如图 2-19 所示，横坐标表示内梅罗综合污染指数，纵坐标表示污染概率，灰色实线表示设定的污染划分阈值。可以得出，大部分样点的污染概率在 0—30%，超过污染阈值的样本量较少。

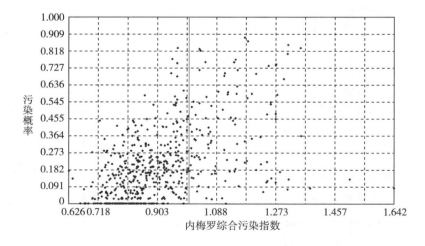

图 2-19　指示克里金法样点污染概率划分

　　分析黄骅市土壤重金属污染的概率分布可以得出，有较多的区域综合污染概率值大于 0.47，主要分布在北部及东部区域，面临较大的土壤重金属综合污染风险。其中，污染概率大于 0.66 的区域主要集中于吕桥镇中部、骅西街道北部和骅中街道中部，其主要原因可能是吕桥镇和骅中街道中部都为工业聚集区，包括石油化工等高污染工业企业，对周围土壤造成了重金属污染。同时土壤重金属含量的累积会通过地下水和河流等方式向周围进行扩散，因此高污染概率区域周边的地区也存在较高的土壤重金属污染风险。此外，污染概率较低的区域主要分布在黄骅市西南部，包括黄骅镇、常郭乡、旧城镇，这些区域距离重工业聚集区较远，受重金属污染的影响相对较小。

　　为深入了解黄骅市土壤重金属综合污染的空间分布特点，将指示克里金法的概率预测结果转化为矢量数据，基于 ArcGIS 平台，将不同污染概率下的污染状况单独提取并计算其污染面积。从整体上看，污染面积占比最高的概率区间为 0.33—0.47，占总面积的 14.24%（见表 2-23）。结合综合污染概率分布图可以发现，该概率区间对应的主要是高污染向低污染过渡的区域，其不确定性表现较为强烈。此外，污染概率小于 1% 的区域占总面积的 13.67%，说明黄骅市土壤中重金属元素污染概率较高的区域较少，但几乎未污染的区域所占比例也相对较低。观察不同概率时的污染面积占总面积的累计比例可以发现，概率小于 16% 的范围占总面积的 46.27%，即近一半面积的综合污染概率在 16% 以下。

表 2-23　　　　　　　　　不同污染概率的面积统计

污染概率	污染面积/平方千米	占总面积比例/%	占总面积累计比例/%
0—0.01	578.26	13.67	13.67
0.01—0.04	267.06	6.31	19.98
0.04—0.06	152.16	3.60	23.58
0.06—0.10	433.32	10.24	33.82
0.10—0.16	526.71	12.45	46.27
0.16—0.23	512.18	12.11	58.38
0.23—0.33	565.79	13.38	71.76
0.33—0.47	602.51	14.24	86.00
0.47—0.66	465.31	11.00	97.00
0.66—0.93	126.75	3.00	100.00

综合以上结果来看，基于单因子污染指数法和内梅罗综合污染指数法进行的指示克里金插值能够从概率角度对污染元素的空间分布进行研究，在设定阈值的基础之上，得到综合污染的概率分布图，更容易确定多种土壤重金属污染元素下研究区域中受污染较为严重的重点区域。同时，指示克里金法原理上是通过对样点数据的指示转换来计算污染的概率分布的，对原始数据的分布类型没有要求，因而可以有效规避样点数据中部分异常值的影响，在一定程度上避免了部分平滑效应。此外，对各概率区间的污染分布面积进行计算，能够对污染程度是否超标在概率程度上进行定量测度，有助于对整个区域的污染面积和污染程度进行统计和判断。然而，污染指数法及指示克里金法对于污染阈值的选择依赖程度较高，不同的污染阈值对污染范围的确定影响较大。在实际的污染评价过程中，污染阈值的选择包含了较强的主观性，给整体污染范围预测及污染面积估算的精度带来了很大的不确定性。

第四节 小结

本章基于在黄骅市实地采样的 539 个样点数据，以 Cu、Zn、Ni、Pb、Hg、Cd、Cr 和 As 元素为研究对象，对土壤重金属污染环境损害基线以及污染的不确定性进行了分析。

（1）使用多种方法计算了黄骅市的土壤重金属污染环境损害基线。包括线性回归、经过 Box-Cox 变换的线性回归、标准化方法以及稳健加权回归方法。对比标准化方法及稳健回归方法得到的残差图，认为标准化方法的结果比稳健方法更合理。标准化方法的结果表明，Cu、Zn、Ni、Pb、Hg、Cd、Cr 和 As 的基线值分别为 22.819ug/g、72.646ug/g、40ug/g、23.071ug/g、23.96ng/g、0.15ug/g、65.873ug/g 和 11.452ug/g。将标准化方法得到的各元素的基线值作为参比值，用地累积指数法计算重金属元素地累积指数大小，结果表明 Pb 元素污染较为严重。

（2）比较土壤重金属污染在不同预测方法、不同范围划定等方面的不确定性。一方面，分别使用反距离权重法和普通克里金插值法对黄骅市土壤中 Ni、Pb、Cr 元素的污染状况进行预测，对预测结果进行精度比较，并引入遗传算法对普通克里金插值法的预测精度进行验证，发现普通克里金插值法相较反距离权重法来说精度更高。然而，普通克里金插值法会对结果产生较强的平滑效应且局部细节不明显，因此以 Ni 元素为例采用序贯高斯模拟方法对空间分布特征进行模拟，预测结果显示空间结构信息更为丰富，更能反映实测数据的统计特征。另一方面，基于土壤重金属污染的划定阈值，通过单因子污染指数法和内梅罗综合污染指数法对 8 种重金属的污染状况进行综合评价，并使用指示克里金插值法对黄骅市土壤重金属污染的超标概率进行了范围划定，结果表明北部及东部区域污染概率较大，西南部区域受重金属污染的概率相对较小。

第三章　土壤污染的空间格局与样点布设

为了降低土壤重金属含量测算时的投入和消耗，基于黄骅市的重金属含量实地采样数据，对土壤重金属调查采样数目布设与优化展开研究。本部分首先基于探索性空间数据分析，采用空间分析方法去掉全局异常值点后，对 8 种土壤重金属元素做正态分布检验。基于全局趋势分析展示了 8 种土壤重金属元素在不同方向上的变化趋势，并探索了每种元素的集聚程度全局空间自相关和局部空间自相关性；其次是确定了最优采样数量，在总体样本的基础上使用地统计学分析工具随机生成不同数量的样点，比较随机采样的样本与总体样本的差异性，结合估计精度为每种重金属选择最佳采样数目。

第一节　研究方法

一　空间分析的异常值识别

（一）半变异函数

半变异函数分析是空间分析中常用的异常值判断方法之一，主要包括半变异函数求解和采用理论模型拟合。半变异函数的计算方法如式（3-1）所示。

$$\Gamma^*(h) = \frac{1}{2N(h)} \sum_{i=1}^{N(h)} \left[Z(x_i) - Z(x_i + h) \right]^2 \tag{3-1}$$

式中，$\Gamma^*(h)$ 代表两个样点之间的间距为 h 时的半变异函数值，$N(h)$ 代表两个样点之间的间距为 h 时存在的样点对数，$Z(x_i)$ 和 $Z(x_i+h)$ 分别代表区域化变量在 x_i 和 x_i+h 处的观测值。

图 3-1 为半变异函数的图像，基本参数包括基台值、块金值和变程。随间距变大逐渐趋于稳定的半变异函数值就是基台值，它代表研究区域

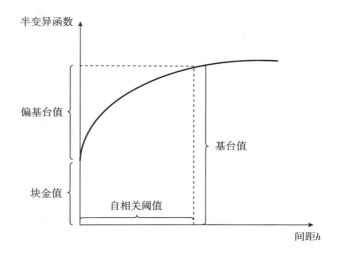

图 3-1　半变异函数

资料来源：刘莎：《空间数据与时空数据的分析方法及比较》，长安大学，硕士学位论文，2015 年，第 18 页。

内的总体变异程度。当两样点之间间距为 0 时的半变异函数值为块金值，它代表不受人为影响，只存在随机影响时的变异程度。随着两个样点之间的距离越来越大，半变异函数值也在不断变大，半变异函数值将趋于稳定时的最大距离为变程，它代表变异函数达到基台值时的间距。

在半变异函数分析中，理论模型的拟合是十分重要的。半变异函数拟合理论模型可以分为三大类，包括基台值模型、无基台值模型和孔穴效应模型。基台值模型最为常用，如球状模型、指数模型、高斯模型等。在进行克里金插值之前，通常需要使用这三种模型进行拟合，对各模型的结果进行比较分析，并根据平均标准差、平均误差等误差判断指标选出最优的拟合模型进行插值。

（二）半变异函数云图

半变异函数云图是空间分析中常用的异常值判断方法。首先，在理论层面，地理位置上距离越近的事物相似的可能性就越大，半变异函数值就越小，而当地理位置上相近的事物半变异函数值较大时，则说明存在异常值的可能性较大。其次，不同类型的异常值有不同的判断方法。全局异常点是在所有的样本中较为明显的极大值和极小值，在半变异函数云图中表现为有明显分层的上层样点对。局部异常值通常表现为在较短距离有较大的半变异函数值的样点对。最后，可以在半变异函数云图中通过异常值图像判断异常值。如果出现了明显的分层现象，则说明可能存在异常值，且分层数越多意味着存在的异常值就越多。

二 探索性空间数据分析

空间自相关是指同一变量在不同空间位置上的相关性，常用于检验具有空间位置的某要素的观测值是否显著地与其相邻空间点上的观测值相关联。空间自相关的内涵主要有三个方面，包括空间自相关的理论基础、空间自相关的分类以及空间自相关的研究方法。

（一）空间自相关的理论基础

空间自相关的理论基础为地理学第一定律和地理学第二定律。地理学第一定律是指在地理位置上越相近的事物相似的可能性就越大。地理学第二定律描述地理位置上相近的事物在空间上是集聚分布还是分散分布，而相似的事物在地理上集聚的现象就是空间自相关。

（二）空间自相关的分类

空间自相关的分类包括两个方面。一方面，空间自相关根据空间数据的相似性强弱可以分为正空间自相关和负空间自相关。正空间自相关说明相似的事物在地理位置上趋于集聚分布，而负空间自相关说明相似的事物在地理位置上趋于离散分布。另一方面，空间自相关根据识别区域的全面性分为全局空间自相关和局部空间自相关。全局空间自相关强调的是整个研究区域内位置上相近的事物在空间上的分布特征，无法说明研究区域内局部是否存在集聚现象，而局部空间自相关能够清晰地反映出研究区域内局部的空间分布特征。

（三）空间自相关的研究方法

空间自相关的研究方法包括 Moran'I、Geary C、Getis-Ord Gi* 等。本书采用 Moran'I 分析全局空间自相关。Getis-Ord Gi* 能在局部尺度上定性判定空间热点或冷点区域，并在此基础上增加了置信概率的计算，从而可以定量计算空间自相关分布规律。因此，采用此方法分析局部空间自相关。Moran'I 和 Getis-Ord Gi* 的计算方法分别为式（3-2）和式（3-3），检验统计量 $Z(I)$ 和 $Z(G_i^*)$ 分别为式（3-6）和式（3-7）。式中，I 为 Moran'I，G_i^* 为 Getis-Ord Gi*，n 代表样点数目，z_i 和 z_j 分别代表样点 i 和 j 的属性值，$\bar{z}$ 代表属性值的平均值，w_{ij} 为空间权重矩阵值。在显著的情况下，若 Z 值大于 0，则代表有正向的空间自相关性，也就是说相似的事物在地理位置上接近于集聚分布。若 Z 值小于 0 代表有负向的空间自相关性，也即相似的事物在地理位置上接近于离散分布。对于 Getis-Ord Gi* 方法来说，高值集聚分布区域属于热点区域，低值集聚分布区域属于冷点区域。

$$I = \frac{n}{\sum_i (z_i - \bar{z})^2} \frac{\sum_i \sum_j w_{ij}(z_i - \bar{z})(z_j - \bar{z})}{\sum_i \sum_j w_{ij}} \tag{3-2}$$

$$G_i^* = \frac{\sum_{j=1}^n w_{ij} x_j - \bar{x} \sum_{j=1}^n w_{ij}}{s\sqrt{\dfrac{\left[n \sum_{j=1}^n w_{ij}^2 - (\sum_{j=1}^n w_{ij})^2\right]^2}{n-1}}} \tag{3-3}$$

$$S = \sqrt{\frac{\sum_j x_j^2}{n} - (\bar{x})^2} \tag{3-4}$$

$$\overline{X} = \frac{\sum_j x_j}{n} \tag{3-5}$$

$$Z(I) = \frac{I - E(I)}{\sqrt{Var(I)}} \tag{3-6}$$

$$Z(G_i^*) = \frac{G_i^* - E(G_i^*)}{\sqrt{Var(G_i^*)}} \tag{3-7}$$

三 空间插值方法及精度评价指标

空间插值方法主要有两种，包括确定性插值方法和地统计插值方法。确定性插值方法包括反距离权重法、径向基函数法等，而地统计插值方法主要是指克里金插值法。因此，此处采用反距离权重法、径向基函数法和克里金插值法对各种土壤重金属污染进行分析。

（一）反距离权重法

反距离权重法（IDW）［见式（3-8）］是土壤污染空间分布预测中常用的确定性插值方法，它以插值点与邻近样点间的距离为权重预测插值结果。反距离权重法假设样点对预测结果的影响随着邻近样点离插值点距离的增加而减少，那么距离插值点较近的样点将被赋予较大的权重，待插值点的值即其邻近范围内所有样点实测值的距离加权平均值。预测点周围各样点的权重的计算方法为式（3-9）。

$$Z^*(x_0) = \sum_{i=1}^{n} \lambda_i z(x_i) \tag{3-8}$$

$$\Lambda_i = \frac{d_{i0}^{-p}}{\sum_{i=1}^{n} d_{i0}^{-p}}, \quad \sum_{i=1}^{n} \lambda_i = 1 \tag{3-9}$$

式中，$z^*(x_0)$ 为点 x_0 处的预测值，$z(x_i)$ 为点 x_i 处的样点实测值，n 是预测点周围样点的数目，λ_i 为分配给每个样点的权重。d_{i0} 为预测点 x_0 与每一个样点 x_i 间的距离，p 表示该样点对预测值的影响程度。

（二）径向基函数法

径向基函数法（RBF）并不是指单独的一种插值估计方法，而是一系列精确插值方法的组合，主要是适用于不断变化的曲面。径向基函数法的本质是采用试验设计理论对指定的样点集合进行试验，通过构造全局近似表达式来代替被研究对象所隐含的响应值与设计变量间的关联关系，从而预测非样点响应值的方法。规则样条函数法是全局近似表达式中的一种，它的优点是保留了局部地形的细微特征，生成一个平滑、渐变的拟合曲面，具有较好的保凸性和逼真性。因此，本书采用规则样条函数进行预测，其计算公式为：

$$Z(x_0) = \sum_{i=1}^{N} \lambda_{i0} R(d_{i0}) + T(x, y) \tag{3-10}$$

式中，$Z(x_0)$ 表示预测点 x_0 的土壤重金属元素含量的估计值，N 为预测点周围参与预测的样点的数量，λ_{i0} 为线性方程组求解确定的系数，d_{i0} 为预测点 x_0 到已知样点 x_i 的距离，x 和 y 是区域内的横坐标和纵坐标，$R(d_{i0})$ 是以 d_{i0} 为自变量的方程式，$T(x, y)$ 是以 x 和 y 为自变量的线性方程组。

（三）普通克里金法

普通克里金法是基于地统计理论的插值方法，其主要原理是以变异函数理论和结构分析为基础，对区域化变量进行无偏最优估计。普通克里金插值法（OK）是克里金插值方法中常用的方法之一，它与反距离权重法都是对局部进行估计的方法，且两者的线性预测值 $z^*(x_0)$ 的计算方法相同，如式（3-11）所示。与反距离权重法不同的是，普通克里金插值法在权重系数的确定方面不仅考虑了距离，还通过半变异函数的确定考虑了已知样点和预测点的空间方位关系。当区域化变量满足二阶平稳性和本征假设时，半变异函数的计算方法为式（3-12）。

$$Z^*(x_0) = \sum_{i=1}^{n} \lambda_i z(x_i) \tag{3-11}$$

$$\Gamma^*(h) = \frac{1}{2N(h)} \sum_{i=1}^{N(h)} \left[z(x_i) - z(x_i + h) \right]^2 \tag{3-12}$$

式中，h 为步长，$N(h)$ 为距离等于 h 的样点的对数，$z(x_i)$ 和 $z(x_i + h)$ 分别为区域化变量 $z(x)$ 在位置 x_i 和 $x_i + h$ 处的实测值。

选择半变异函数拟合模型后，即可执行半变异函数的拟合过程。常用的拟合模型有线性模型、指数模型、球类模型和高斯模型，不同模型在拟合过程中反映了区域化变量的结构性和随机性，选择最优的拟合模型有利于提高插值的精度。常用的指数模型和球状模型的公式分别为式（3-13）和式（3-14）。

$$\Gamma(h) = \begin{cases} 0 & h=0 \\ C_0+C\left[1-e^{-\frac{h}{a}}\right] & h>0 \end{cases} \tag{3-13}$$

$$\Gamma(h) = \begin{cases} 0 & h=0 \\ C_0+C\left[\dfrac{3h}{2A}-\dfrac{h^3}{2A^3}\right] & 0<h\leq A \\ C_0+C & h>A \end{cases} \tag{3-14}$$

式中，C_0 为块金值，C_0+C 为基台值，C 为拱高，A 为变程，a 为指数模型在原点处的切线和基台值相交时所对应的步长，且 $3a$ 约等于变程 A。

（四）不同插值方法精度评价

为了对预测值的准确性进行分析，采用交叉验证法进行精度评价。交叉验证法假设部分样点的值未知，并用其他样点的值来估算，然后根据样点的实际测量值与估算值的误差大小来评价不同方法的精度。交叉验证法常用的指标有平均误差（ME）、平均绝对误差（MAE）和均方根误差（RMSE），误差越接近于 0 则说明模型精度越高。上述指标的计算方法为式（3-15）至式（3-17）。

$$ME = \frac{1}{n} \sum_{i=1}^{n} \left[z(x_i) - z'(x_i) \right] \tag{3-15}$$

$$MAE = \frac{1}{n} \sum_{i=1}^{n} |z(x_i) - z'(x_i)| \tag{3-16}$$

$$RMSE = \sqrt{\frac{1}{n} \sum_{i=1}^{n} [z(x_i) - z'(x_i)]^2} \tag{3-17}$$

式中，$z(x_i)$ 代表预测值，$z'(x_i)$ 代表采样值。

第二节　土壤污染的空间格局分析

研究最优采样数目最关键的一部分是分析重金属的空间特征。根据黄骅市的样点数据，使用探索性空间数据分析方法从以下五个方面对重金属的空间特征进行分析，即异常值识别、正态性检验、全局趋势分析、全局空间自相关分析以及局部空间自相关分析。

一　异常值识别

土壤重金属全局异常值的识别，首先需要查看半变异函数云图中是否存在分层现象，若存在分层现象则需要进一步识别。图 3-2 为元素半变异函数云图。一方面，Pb 元素、Hg 元素和 Cd 元素的半变异函数云图的特征相似，都呈现出明显的分层现象，说明可能存在全局异常值。但 Pb 元素和 Cd 元素都只有一个分层现象，而 Hg 元素出现两个分层现象。经过进一步识别发现，Pb 元素和 Cd 元素都分别存在一个全局异常值，其编号均为 1450，而 Hg 元素存在两个全局异常值，编号分别是 1450 和 2537。因此，将编号为 1450 和 2537 的样点剔除。另一方面，Cr 元素、As 元素、Zn 元素、Cu 元素和 Ni 元素半变异函数云图的特征相似，都没有出现明显的分层现象，说明可能不存在全局异常值。经过进一步识别后发现确实不存在全局异常点。因此，不需要去除样点。综上所述，编号为 1450 和 2537 的样点数据为全局异常值，因此将这两个样点去除。

二　正态性检验

数据满足正态分布是使用空间插值方法的前提，因此需要对剔除掉异常值之后的数据进行正态性检验。对 8 种土壤重金属采取直方图的方法检测其正态分布性，结果显示所有重金属都不服从正态分布，因此对 8 种重金属的观测值取对数。图 3-3 为剔除异常值后的数据经过对数转换后的频数分布直方图。可以发现，在剔除了异常值和取对数之后，8 种重金属的偏度接近于 0，峰度接近于 3，近似服从正态分布，可以进行之后的插值预测分析。

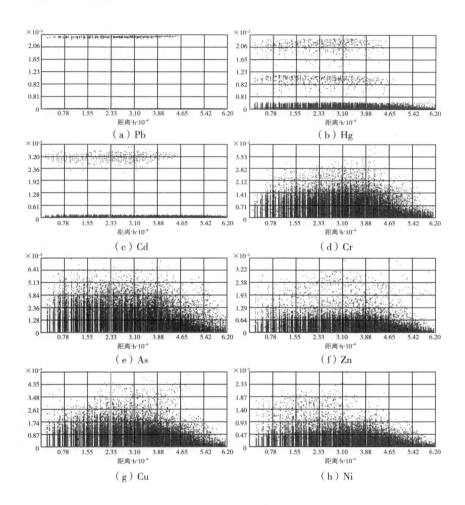

图 3-2　元素半变异函数云图

三　全局趋势分析

为了研究区域内 8 种土壤重金属元素的含量在不同方向上的总体变化趋势，根据样点数据对 8 种土壤重金属元素的含量进行全局趋势分析，主要包括南北方向和东西方向两个方面。每种重金属的全局趋势面如图

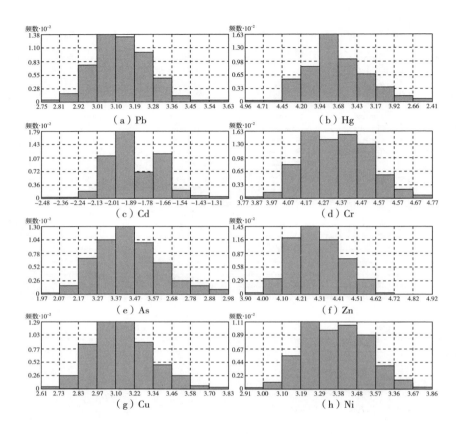

图 3-3　重金属频数分布直方图

资料来源：ArcGIS10.2 统计输出。

3-4 所示。一方面，在 YZ 趋势面上，8 种重金属含量投影的拟合曲线接近倾斜的直线，说明每种重金属的含量均存在从南到北逐渐增加的全局趋势。另一方面，在 XZ 趋势面上，8 种土壤重金属元素东西方向投影的拟合曲线存在较大的差异。Pb 元素、Hg 元素、Zn 元素和 Cu 元素的含量在东西方向上投影的拟合曲线接近直线，4 种元素的含量从东到西方向上基本不变，说明这些元素在东西方向上不存在明显的全局变化趋势。Cd 元素、Cr 元素、As 元素和 Ni 元素在东西方向投影的拟合曲线均为变化幅度较大的曲线，说明这些元素在东西方向上存在明显的全局变化趋势。其中，Cd 元素和 Cr 元素的含量从东到西呈逐渐增加的趋势，而 As 元素和 Ni 元素的含量从东向西逐渐减少。

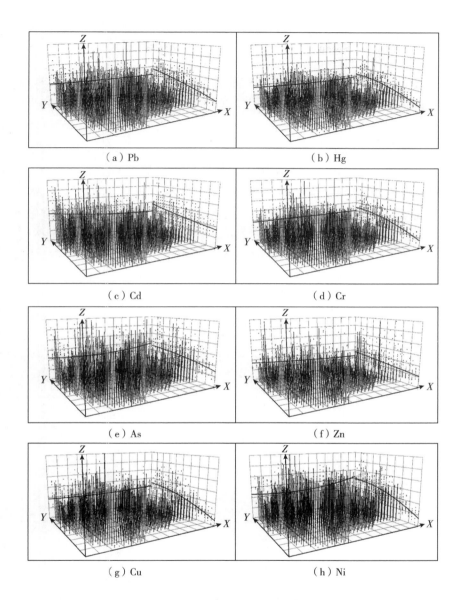

(a) Pb

(b) Hg

(c) Cd

(d) Cr

(e) As

(f) Zn

(g) Cu

(h) Ni

图 3-4 重金属全局趋势面

资料来源：ArcGIS10.2 统计输出。

综上所述，在南北方向上，8 种土壤重金属元素的含量均呈逐渐增加的全局变化趋势；在东西方向上，Cd、Cr、As 和 Ni 元素存在明显的全局变化趋势，且不同元素的趋势也不相同，而其他 4 种元素则不存在明显的全局变化趋势。

四 全局空间自相关分析

为了更好地分析研究区域内 8 种土壤重金属元素在空间上是否存在空间集聚分布的特征，进行全局空间自相关分析。每种元素的空间自相关结果如表 3-1 所示。一方面，从 P 值和 Z 值来看，研究区域内 8 种土壤重金属元素 Z 值都大于 4.93，P 值都小于 0.01。因此，研究区域内 8 种土壤重金属元素在空间上集聚分布特征是十分显著的。另一方面，从集聚程度上看，研究区域内 8 种土壤重金属元素的全局 Moran'I 都为正，Hg 元素的 Moran'I 为 0.1530，而其他元素都在 0.4 以上，说明大多数元素的空间集聚程度都较高。其中，Hg 元素的空间集聚程度最低，而 Ni 元素的空间集聚程度最高，说明 Hg 元素空间相关性程度较低，Ni 元素空间相关性特征最强，而其他元素的空间相关性水平介于两者之间。

表 3-1 8 种土壤重金属元素的全局空间自相关

元素	Moran'I 指数	Z 值	P 值
Pb	0.4574	14.57	0.0000
Hg	0.1530	4.93	0.0000
Cd	0.4407	14.04	0.0000
Cr	0.6138	19.55	0.0000
As	0.4638	14.77	0.0000
Zn	0.5221	16.64	0.0000
Cu	0.5708	18.16	0.0000
Ni	0.6617	21.03	0.0000

资料来源：GEODA 统计输出。

五 局部空间自相关分析

为了更加全面地分析研究区域内局部地区的空间自相关性和空间异质性，采取 Getis-Ord Gi* 热点分析方法从热点区域、冷点区域角度对黄骅市的重金属含量分布进行探究。

整体来看，8 种土壤重金属元素冷热点区域的分布都不集中。一方面，在热点区域中，8 种土壤重金属元素的热点区域差异较大。在 99% 的置信水平下，Pb 元素的热点区域分布在北部、西北部和东北部地区、Hg

元素的热点区域分布于北部、西北部和中部地区，Cd 元素的热点区域分布于北部和西北部地区，Cr 元素和 As 元素的热点区域分布于北部和中部地区，Zn 元素、Cu 元素和 Ni 元素的热点区域分布于北部和东北部地区。另一方面，在冷点区域中，Pb 元素的冷点区域分布于西南部和南部地区，Hg 元素和 Cd 元素的冷点区域分布于南部和东南部地区，Cr 元素、As 元素、Zn 元素、Cu 元素和 Ni 元素的冷点区域分布于南部和西南部地区。

造成上述重金属元素空间分布规律的原因主要与该地区的产业发展布局有关。吕桥镇是黄骅市重要的工业聚集区，主要产业包括石油化工、精细化工等高污染行业，这造成了黄骅市北部地区的重金属元素富集。另外，黄骅市中东部的骅中街道虽然并非工业重镇，但是骅中街道中部也有着大片工业产业区，很容易对周围土壤产生污染。Getis-Ord Gi* 热点分析与趋势分析的结果是相似的，即在整个研究区域内，重金属元素含量由南到北逐渐增加，存在污染的可能性也随之增加，而在由东到西方向不同重金属元素的趋势变化也相同。

第三节　土壤污染的最优采样密度

合理而又准确预测土壤中重金属元素的空间分布状况是土壤重金属治理的基础。采样密度发生变化会导致土壤重金属元素的预测出现偏差。为了提高空间插值方法的精度，同时也为了降低采样的投入和消耗，选择最优的样点数量是十分重要的。最优采样数量的确定包括随机采样、半变异函数分析、最优插值方法选择、最优采样数量的确定四个步骤。此处，选择 Ni、Pb、Cr 三种元素作为典型元素进行最优采样数量确定。

一　随机采样

随机采样是最优采样数量确定的第一步。利用 ArcGIS 10.2 软件中地统计学分析工具在 Ni、Pb、Cr 三种元素的全部样点中随机选择 90%、70%、50%、30%、10%的样点。使用 SPSS 18.0 对三种元素随机样点进行描述性统计分析，结果如表 3-2 所示。Ni、Pb、Cr 三种土壤重金属元素随机采样数据的最小值变化范围分别为 18.3—23.0mg/kg、15.6—18.4mg/kg、43.2—55.2mg/kg，最大值变化范围分别为 41.3—47.4mg/kg、30.6—37.6mg/kg、98.0—118.0mg/kg，平均值变化范围分别为 29.316—

30.237mg/kg、22.848—23.472mg/kg、66.769—68.319mg/kg，标准差变化范围分别为 4.611—4.862mg/kg、2.83—3.036mg/kg、9.15—9.437mg/kg，而变异系数变化范围较小。总体而言，Ni、Pb、Cr 三种土壤重金属元素随机生成 90%、70%、50%、30%、10% 数量的五个子样本能够较好地代表全部样本。

表 3-2　　　　　Ni、Pb 和 Cr 元素随机采样结果的描述性统计

元素	个案数	最小值（mg/kg）	最大值（mg/kg）	平均值（mg/kg）	标准差（mg/kg）	变异系数	背景值（mg/kg）
Ni	537	18.3	47.4	29.537	4.798	0.16	34.1
	483	18.3	47.4	29.587	4.802	0.16	34.1
	376	20.3	47.4	29.459	4.813	0.16	34.1
	269	18.3	46.9	29.316	4.862	0.17	34.1
	161	19.5	41.3	29.228	4.611	0.16	34.1
	54	23.0	47.4	30.237	4.817	0.16	34.1
Pb	537	15.6	37.6	23.021	2.956	0.13	21.5
	483	15.6	37.6	23.016	2.961	0.13	21.5
	376	15.6	37.6	23.000	2.977	0.13	21.5
	269	15.6	37.6	22.851	3.036	0.13	21.5
	161	15.9	37.6	22.848	2.940	0.13	21.5
	54	18.4	30.6	23.472	2.830	0.12	21.5
Cr	537	43.2	118.0	67.152	9.289	0.14	68.3
	483	43.2	118.0	67.323	9.360	0.14	68.3
	376	43.2	118.0	66.978	9.297	0.14	68.3
	269	45.6	104.0	66.769	9.150	0.14	68.3
	161	49.0	118.0	67.165	9.437	0.14	68.3
	54	55.2	98.0	68.319	9.210	0.13	68.3

资料来源：SPSS18.0 统计输出。

二　半变异函数分析

全部样点和随机采样条件下三种元素的半变异函数模型拟合结果如表 3-3 所示。首先，在理论模型的拟合上，Ni 元素有 5 个采样数据的半变异函数满足球状模型，而 Pb 元素和 Cr 元素分别有 4 个和 5 个采样数据的半变异函数满足指数模型。其次，三种元素采样数据模型拟合的块金

值和基台值变化范围不大，因此每种元素样点都存在测量误差和空间变异。最后，三种元素随机采样数据模型拟合的基底效应与全部样本相比相差不大。Ni 元素和 Cr 元素所有采样数据模型拟合的基底效应均小于等于 25%，说明具有强烈的空间相关性，而 Pb 元素采样数据模型拟合的基底效应大于 25%，意味着具有中等的空间相关性。另外，三种重金属元素在不同采样数据下的决定系数差距很小且拟合优度均较好。

表 3-3　　　　Ni、Pb 和 Cr 元素不同采样密度下的半变异函数

元素	个案数	理论模型	块金值	基台值	基底效应	变程	决定系数
Ni	537	球状	0.01	0.03	0.23	44750	0.99
	483	球状	0.01	0.03	0.21	47780	0.99
	376	指数	0.01	0.04	0.16	82170	0.98
	269	球状	0.01	0.04	0.22	45200	1
	161	球状	0.01	0.03	0.19	36240	0.98
	54	球状	0.003	0.05	0.06	71100	0.93
Pb	537	指数	0.01	0.02	0.34	77490	0.99
	483	球状	0.01	0.02	0.37	52250	0.98
	376	指数	0.01	0.02	0.37	58140	0.97
	269	指数	0.01	0.02	0.32	69990	0.98
	161	指数	0.01	0.02	0.32	61380	0.93
	54	球状	0.005	0.03	0.19	71000	0.81
Cr	537	指数	0.01	0.03	0.22	72930	0.99
	483	指数	0.01	0.03	0.21	87450	0.99
	376	指数	0.01	0.02	0.25	56220	0.98
	269	指数	0.005	0.03	0.19	67140	0.99
	161	指数	0.003	0.02	0.14	37110	0.94
	54	球状	0.004	0.03	0.13	63650	0.91

资料来源：ArcGIS10.2 统计输出。

三　最优采样密度

选择适宜的方法对三种土壤重金属元素进行插值，首先，使用不同的插值方法预测了三种土壤重金属含量（反距离权重法、径向基函数法以及普通克里金插值法）；其次，识别污染区域，结合交叉验证法的结果

确定每种重金属元素的最优插值方法。

（一）不同空间插值方法的交叉验证分析

多种空间插值方法对三种重金属元素预测的交叉验证结果如表 3-4 所示。首先，整体上 Ni、Pb 和 Cr 元素在不同插值方法下的均方根误差和平均误差差距很小，这说明三种方法的精度十分接近。其次，Ni 元素和 Pb 元素在不同的插值方法中，均方根误差最小的是反距离权重法，平均误差最小的是径向基函数法。这说明相对于普通克里金方法，反距离权重法和径向基函数法的精度较高。Cr 元素的均方根误差最小的是反距离权重法，而平均误差最小的是普通克里金法，但是径向基函数法和普通克里金法相差很小，说明三种方法精度大致相似。综上所述，三种重金属元素的最适宜的预测方法还需要进一步的识别。

表 3-4   Ni、Pb 和 Cr 元素不同插值方法交叉验证结果

元素	插值类型	均方根误差	平均误差
Ni	反距离权重法	2.8905	−0.0323
	径向基函数法	3.2304	−0.0038
	普通克里金法	2.9853	−0.0065
Pb	反距离权重法	2.2309	−0.0168
	径向基函数法	2.2608	−0.0051
	普通克里金法	2.2601	−0.0121
Cr	反距离权重法	6.1257	−0.025
	径向基函数法	6.3503	0.0122
	普通克里金法	6.2720	−0.0121

资料来源：ArcGIS10.2 统计输出。

（二）不同空间插值方法的污染区域识别

三种土壤重金属在不同空间插值方法下的污染区域识别结果有所差异。一方面，不同的方法对污染区域识别的效果有着明显的差距。首先，在对三种土壤重金属元素的预测中，普通克里金法的平滑作用较为明显，它会在预测的过程中对局部细节的污染信息进行掩盖，导致局部最大值和最小值的丢失。其次，径向基函数法和反距离权重法在污染区域和非污染区域的平滑作用很小，可以有效识别污染区域和非污染区域。因此，

从污染区域识别结果中可以看出，与普通克里金法相比，径向基函数法和反距离权重法能够更加有效和全面地识别不同方向的污染区域。

另一方面，需对不同的重金属元素的最优插值方法进行确定。首先，从识别区域上看，Ni 元素在三种不同的插值方法下识别的污染区域主要分布在北部、东北部和中东部区域。Pb 元素所识别的非污染区域主要分布在南部和中南部的部分区域，而其余区域都是污染区域。对于 Cr 元素来说，识别的污染区域大多分布在北部、东南部和中南部部分区域。其次，由于普通克里金法的平滑效果较为明显，因此选择对局部的识别效果较好的反距离权重法和径向基函数法进行分析。对于 Ni 元素来说，与齐家务乡毗邻的青县金牛镇有发达的钢铁工业，因此齐家务乡西部的土壤中重金属元素有较高含量。径向基函数法较为全面地识别了 Ni 元素的区域污染状况，因此最适宜 Ni 元素的插值方法是径向基函数法。对 Pb 元素而言，径向基函数法和反距离权重法识别的污染区域十分相似。从均方根误差来看两种方法相差不大，但径向基函数法的平均误差明显小于反距离权重法，因此结合交叉验证的结果综合分析，Pb 元素最适宜的插值方法为径向基函数法。对 Cr 元素来说，径向基函数法和反距离权重法所识别的污染区域十分接近，而径向基函数法的平均误差明显小于反距离权重法。因此，Cr 元素最适宜的插值方法为径向基函数法。

（三）Ni 元素的最优采样密度

为了准确识别 Ni 元素的最优采样数目，使用径向基函数法在不同采样密度下对 Ni 元素进行污染预测，各采样密度下的预测误差如表 3-5 所示。一方面，随着采样数目的减少，均方根误差和平均误差变化都是不规律的，但整体都呈现出先下降再上升又下降的趋势。与总体样本数据下的预测效果相比，其他采样密度下的预测误差变化幅度较大，并不能够稳定和准确地预测 Ni 元素的分布情况。另一方面，当使用的样本数量从 537 个变化到 483 个样点时，均方根误差的变化幅度为 10.29%，是所有采样密度下最大的。因此，对 Ni 元素来说，最适宜的采样数量是全部样本。

采用径向基函数法对 Ni 元素不同采样密度下的污染预测。总体而言，采样密度越小，反映空间特征细节的能力越弱。首先，537 个、483 个和376 个采样点预测的 Ni 元素的空间污染分布特征是十分接近的，污染区域主要集中于北部和中北部。269 个、161 个、54 个样点所预测的污染区

表 3-5　　　　　　　　　　不同采样密度下 Ni 元素误差变化幅度

数量	均方根误差	变化幅度（%）	平均误差	变化幅度（%）
537	3.2304	0.00	-0.0038	0.00
483	2.8981	10.29	-0.0015	60.53
376	2.9289	1.06	-0.0026	73.33
269	3.2268	10.17	-0.0061	134.62
161	3.1645	1.93	0.0116	290.16
54	3.3403	5.56	0.0091	21.55

资料来源：ArcGIS10.2 统计输出。

域与 537 个样点时相比，对于局部的污染区域反映能力较弱。因此，当样点数目大于 269 个时能够有效地反映出研究区域内 Ni 元素的污染情况。其次，由于黄骅市的西北部与重工业大量集聚的金牛镇相邻，因此存在污染的可能较大，全部样本识别出黄骅市西北部地区存在污染区域。与全样本相比，483 个和 376 个样点下的预测都无法识别出污染区域。综上所述，全部样点是最适宜 Ni 元素的采样数量。

（四）Pb 元素的最优采样密度

使用径向基函数法在不同的采样密度下对 Pb 元素进行污染预测，用于准确识别 Pb 元素最优的采样数目，各采样密度下的预测误差如表 3-6 所示。一方面，随着采样数目的减少，均方根误差和平均误差变化在总体上是增加的。537 个、483 个、376 个和 269 个样点的预测误差变化幅度较小，能够实现 Pb 元素污染分布的稳定预测。当样点数量减少到 161 个和 54 个时，均方根误差和平均误差的变化幅度明显增加，无法稳定地对 Pb 元素污染分布进行预测。另一方面，样点数量从 269 个到 161 个变化时，均方根误差和平均误差的变化幅度分别为 7.58% 和 207.57%。误差变化幅度较前三个采样密度明显增大。

表 3-6　　　　　　　　　　不同采样密度下 Pb 元素误差变化幅度

数量	均方根误差	变化幅度（%）	平均误差	变化幅度（%）
537	2.2608	0.00	-0.0051	0.00
483	2.2927	1.41	-0.002	60.78
376	2.3269	1.49	-0.0037	85.00

续表

数量	均方根误差	变化幅度（%）	平均误差	变化幅度（%）
269	2.3087	0.78	−0.0066	78.38
161	2.4837	7.58	−0.0203	207.57
54	2.1716	12.57	0.0451	322.17

资料来源：ArcGIS10.2统计输出。

采用径向基函数法在不同采样密度下对 Pb 元素进行预测。总体而言，采样密度越小，插值结果预测空间分布细节的能力越差。537 个、483 个、376 个和 269 个样点预测的污染区空间分布特征非常相似，非污染区域都分布在南部以及中南部区域。因此，269 个样点可以很好地预测区域的 Pb 污染情况。当样点数量为 161 个和 54 个时，污染区域的空间分布特征预测效果明显下降，对于细节区域无法准确识别。综上所述，269个样点是 Pb 元素最适宜的采样数量。

（五）Cr 元素的最优采样密度

为了准确识别 Cr 元素最优的采样数目，使用径向基函数法在不同采样密度下对 Cr 元素进行污染预测，误差结果如表 3-7 所示。首先，随着采样数目的减少，均方根误差和平均误差的变化幅度在总体上是增加的。537 个和 483 个样点的误差变化不大，能够满足元素 Cr 污染的预测。当样点数量减少到 376 个、269 个、161 个和 54 个时，均方根误差和平均误差的变化幅度明显增加，无法满足对 Cr 元素污染的稳定预测。其次，样点数量从 483 个到 376 个变化时，均方根误差和平均误差变化幅度为3.51% 和 120.73%。误差降低幅度较前三个子样本间的降低幅度明显增大。

表 3-7　　　　　　　　　不同采样密度下 Cr 元素误差变化幅度

数量	均方根误差	变化幅度（%）	平均误差	变化幅度（%）
537	6.3503	0.00	0.0122	0.00
483	6.2409	1.72	0.0082	32.79
376	6.4601	3.51	0.0181	120.73
269	6.4407	0.30	−0.0051	128.18
161	7.349	14.10	−0.0123	141.18
54	6.3871	13.09	0.0219	278.05

资料来源：ArcGIS10.2统计输出。

采用径向基函数法在不同采样密度下对 Cr 元素污染的空间特征进行预测。总体而言，采样密度越小，插值结果预测空间特征细节的能力越差。在 537 个和 483 个样点时的预测结果中，污染区的空间分布特征非常相似，都分布在北部、中北部区域。因此，483 个样点时可以很好地预测 Cr 元素污染分布情况。与 483 个样点相比，当样点数量为 376 个、269个、161 个和 54 个时，对于细节区域无法准确预测，不能很好地预测 Cr元素污染的空间分布特征。综上所述，483 个样点是对 Cr 元素污染预测最合适的样点数量。

第四节　小结

本章基于在黄骅市实地采样的 539 个样点数据，以 Cu、Zn、Ni、Pb、Hg、Cd、Cr 和 As 元素为研究对象，对土壤重金属污染的空间格局及样点布设进行分析。

在对样点数据进行探索性分析后，对最优采样数目进行研究。在探索性空间数据分析中，编号 1450 和 2537 的样点为全局异常值点；全局空间自相关结果显示 8 种土壤重金属元素都在空间上集聚分布；局部空间自相关结果显示，Pb 元素和 Hg 元素的热点区域和冷点区域的分布区域不集中，而其他元素的分布区域则较为集中。最优采样数量的确定，首先进行随机采样，并采用普通克里金法、径向基函数法和反距离权重法对 Ni、Pb、Cr 元素含量进行插值预测，精度比较后发现最适宜的插值方法为径向基函数法。在此基础上，采用径向基函数法对 Ni、Pb、Cr 元素在不同采样密度下进行插值分析，通过对误差变化幅度测算以及污染的空间特征识别，最后得到 Ni 元素最适宜的采样数目为全部样本，Pb 元素最适宜的采样数目为 50% 样本，而 Cr 元素最适宜的采样数目为 90%样本。

第四章　基于机器学习与复杂网络的土壤污染空间格局分析

第一节　基于 LASSO-SVR 模型的土壤污染风险评价

伴随"大数据时代"的到来和"人工智能"的快速发展，如何有效地分析和利用数据十分重要，机器学习恰好能顺应这一时代需求，并使数据学科得到巨大发展。机器学习主要利用经验数据来改善系统自身的性能，首先，在计算机上通过数据产生模型，即"学习算法"，其次再将经验数据提供给这种算法，并产生模型，最后在面对新的数据时，模型就会提供相应的判断。机器学习不仅广泛应用于计算机科学领域，同时也为许多交叉学科提供重要的技术支撑。例如，机器学习和统计学的技术支持以及数据库领域的数据管理技术共同为数据挖掘领域奠定了重要基础，统计学界的研究成果经由机器学习研究来形成有效的学习算法，之后再进入数据挖掘领域使得机器学习领域和数据库领域成为数据挖掘的两大支撑。在机器学习领域，以决策树和基于逻辑学习为代表的符号主义学习、以神经网络为代表的连接主义学习、以支持向量机为代表的"统计学习"曾是十分主流的机器学习方法。

土壤污染对生态环境和人类健康产生的威胁日益凸显。土壤重金属含量的变化是土壤污染最主要的标志，因此在土壤污染风险评价过程中，掌握土壤的重金属含量数据是十分重要的，同时也是极其困难的，因此如何精准估算土壤中重金属的含量成为土壤污染风险评价的关键环节。大数据和人工智能的快速发展为精确估算土壤重金属含量提供了基础。本节基于黄骅市实地采集的重金属含量数据，以 Ni、Pb、Cr 三种典型重金属为例。使用最小绝对收缩和选择算子（LASSO）对支持向量回归方法（SVR）进行优化，提出了一种使用土壤样本和多光谱数据构建的新的机器学习模型，即 LASSO-SVR 模型。此外，本节从遥感影像中提取了黄骅市 60 米尺度下的多光谱数据，并使用 LASSO-SVR 模型对黄骅市的土壤重金属含量进行估算。

一 研究方法

（一）多光谱数据

1. 遥感影像获取与预处理

美国 NASA 的陆地卫星 Landsat8 于 2013 年 2 月 11 日发射升空。该卫星具有波段多、分辨率高和大面积周期性观测的优点，可以实现以每 16 天为一周期的全球性覆盖。黄骅市 Landsat8 多光谱数据从美国地质调查局下载，该地区所对应的 Path 和 Row 号分别为 112 和 33。考虑到冬季植被干扰较少，更有利于卫星对于土壤属性的观测，所以选择的数据时间为 2013 年 11 月。通常太阳辐射穿过大气层会通过特定的方式入射到地面表层物体，然后反射回到传感器。因为会受到大气中气溶胶、地面地形以及物体相邻的地物等影响，Landsat8 卫星获取的原始遥感影像中包含大气、物体表层以及太阳等信息。这样在实验中想要得到目标物体的光谱属性信息，则需要将物体的反射属性从大气等信息中提取出来。因此，需要通过辐射校正对原始遥感影像进行预处理。

辐射校正包括两部分，即辐射定标与大气校正。此处进行辐射校正的工具是 ENVI 5.3，使用常用定标工具进行辐射定标，使用 FLAASH 大气校正扩展模块进行大气校正。辐射定标是将传感器记录的无量纲的 DN 值转化成具有实际物理意义的大气顶层辐射亮度或反射率。它的原理是建立数字量化值与对应视场中辐射亮度之间的定量关系，以消除传感器本身产生的误差。其计算方法为式（4-1），其中 L 是辐射亮度值，$gain$ 是增益值，$offset$ 是偏移值。大气校正是将辐射亮度值或大气表观反射率转化为地表实际反射率。因为传感器最终测得的地面目标的总辐射亮度并不是地表真实反射率的反映，其中包含了由大气吸收，尤其是散射作用造成的辐射量误差。大气校正就是消除这些由大气影响所造成的辐射误差，反演地物真实的表面反射率的过程。

$$L = gain \times DN + offset \tag{4-1}$$

2. 多光谱数据

使用 ENVI 5.3 对原始遥感影像进行辐射定标与大气校正预处理，经过剪裁处理后提取多光谱数据。受重金属影响的土壤在不同的波段中有不同的变化：在 400—500nm 呈现强吸收的特点；在 500—780nm 呈现上升特征；在 780—900nm 呈现下降的特征。这表明了以上四个波段是区分重金属污染土壤与正常土壤的诊断性波段。因此，选取了 Landsat8 影像 Band1（B1）至 Band7（B7）的光谱反射率数据作为光谱反射率因子。在光谱反射率因子的基础上，可以利用土壤中的黏土矿物、光谱特征、植被信息与土壤重金属间的依附联系，间接性地估算目标土壤重金属的含量分布。因此，根据 Landsat8 光谱反射率数据衍生出了 8 种反映土壤属性的光谱指数，包括归一化水体指数、差异植被指数、增强植被指数、黏土矿物比值、归一化植被指数、绿度、亮度以及湿度。数据的基本信息如表 4-1 所示。

归一化水体指数（NDWI）可以反映植被冠层受水分胁迫时的状态，进而突出土壤湿度特征。此处使用改进的归一化水体指数（MNDWI），该指数的计算方法为式（4-2）。

$$MNDWI = \frac{B3-B6}{B3+B6} \tag{4-2}$$

差异植被指数（DVI）可以更好地识别植被和水体等信息，并且能够更敏感地识别出土壤背景信息。该指数的计算方法为式（4-3）。

$$DVI = B5-B4 \tag{4-3}$$

增强植被指数（EVI）能够反映植被的生长状态，可以作为反映植被覆盖度的特征因子。该指数常被用于植被和土地属性研究，计算方法为式（4-4）。

$$EVI = \frac{2.5 \times (B5-B4)}{(B5+6 \times B4-7.5 \times B2+1)} \tag{4-4}$$

黏土矿物比值（CMR）能够反映土壤成分里的黏土矿物质等信息，并间接反映土壤重金属含量分布。该指数的计算公式为：

$$CMR = \frac{B6}{B7} \tag{4-5}$$

归一化植被指数（NDVI）可以反映植被的生长速度、趋势等信息，也可以间接反映土壤重金属含量的分布。该指数的计算公式为式（4-6）。

$$NDVI = \frac{B5-B4}{B5+B4} \tag{4-6}$$

穗帽变换可以将植被的光谱特性和土壤的光谱特性分离出来，从而更好地显示出植被的生长状况及土壤变化的信息。此处计算了穗帽变换的绿度（Greenness）、亮度（Brightness）以及湿度（Wetness）三个指标，其公式为式（4-7）至式（4-9）。

$$Greenness = -0.3 \times B2 - 0.24 \times B3 - 0.54 \times B4 + 0.73 \times B5 + 0.07 \times B6 - 0.16 \times B7 \tag{4-7}$$

$$Brightness = 0.3 \times B2 + 0.28 \times B3 + 0.47 \times B4 + 0.56 \times B5 + 0.51 \times B6 - 0.19 \times B7 \tag{4-8}$$

$$Wetness = 0.15 \times B2 + 0.20 \times B3 + 0.33 \times B4 + 0.30 \times B5 - 0.71 \times B6 - 0.46 \times B7 \tag{4-9}$$

表 4-1　　　　　　　　　　　　多光谱数据基本信息

多光谱数据	指标	指标名称
光谱反射率因子	Band1	气溶胶
	Band2	蓝（Blue）
	Band3	绿（Green）
	Band4	红（Red）
	Band5	近红外（NIR）
	Band6	短波红外 1（SWIR1）
	Band7	短波红外 2（SWIR2）
光谱指数因子	MNDWI	改进归一化差异水体指数
	DVI	差异植被指数
	CMR	黏土矿物比值
	EVI	增强植被指数
	NDVI	归一化植被指数
	Greenness	绿度
	Brightness	亮度
	Wetness	湿度

资料来源：美国地质勘探局（https：//earthexplorer. usgs. gov/）。

（二）LASSO 算法

土壤污染估算领域的多光谱数据具有高维、高冗余的特点，会严重影响估算模型的准确性和稳定性，因此需要为每种重金属进行特征波段的选择。常见的子集回归法可以通过选择最佳变量组合来进行变量选择，并实现局部最优解，相关的方法有逐步回归。但子集回归在引入或去除某些新的变量后，新的模型会发生巨大变动。最小绝对收缩和选择算子（Least Absolute Shrinkage and Selection Operator，LASSO）是一种压缩估计方法。它通过构造一个惩罚函数来压缩部分回归系数，使得某些影响较小的系数直接压缩为零，从而实现变量选择的目的。式（4-10）为回归模型的 LASSO 估计，其中 $k\sum_{j=1}^{p}|\beta_j|$ 为惩罚函数，k 为非负正则化参数。当 k 为零时，LASSO 回归为普通最小二乘回归，随着 k 值的增大，LASSO 算法可以将不重要的变量的系数压缩为 0，从而实现变量的选择。因此，k 的值越大，被压缩为 0 的系数越多，模型的复杂度越小，模型解释性越强。

$$\hat{B}(LASSO) = argmin\left\|y - \sum_{j=1}^{p} x_j\,\beta_j\right\|^2 + k\sum_{j=1}^{p}|\beta_j| \tag{4-10}$$

（三）支持向量回归

支持向量回归（Support Vector Regression，SVR）的基本思想是寻找一个最优超平面使所有训练样本与该超平面的距离最小。传统的回归模型通常用预测值 $f(x)$ 与实测值 y 之间的差距来计算损失，而 SVR 则将在容忍范围之外的偏差作为损失。假设将容忍范围设置为 ϵ，则当 $f(x)$ 与 y 差值的绝对值大于 ϵ 时才会计算损失。相当于以 $f(x)$ 为中心，构建了一个宽度为 2ϵ 的间隔带，如果预测值落入此间隔带就会被认为预测正确。在样本空间中，超平面的表达可以通过线性方程（4-11）来表达，其中 $w=(w_1, w_2, \cdots, w_d)$ 为法向量，决定了超平面的方向，b 为位移项，决定了超平面与原点之间的距离，所以超平面是由 w 和 b 来确定的。

$$F(x) = w^T x + b \tag{4-11}$$

SVR 的目标是找到最小间隔的超平面使得预测值 $f(x)$ 与实测值 y 之间的计算损失最小。因此，SVR 的目标可以转化为式（4-12），即求解此条件下的 w 和 b。其中 C 为正则化常数，l_ϵ 为不敏感损失函数，其表达式为式（4-13）。

$$\min \frac{1}{2}\|w\|^2 + C\sum_{i=1}^{m}l_\epsilon[f(x_i) - y_i] \tag{4-12}$$

$$l_\epsilon(z) = \begin{cases} 0, & |z| \leqslant \epsilon \\ |z| - \epsilon, & 其他 \end{cases} \tag{4-13}$$

将松弛变量 δ_i 和 $\hat{\delta}_i$ 引入公式，则式（4-12）可转化为式（4-14）。因此，SVR 的目标可以转化为式（4-14），即求解此条件下的 w、b、δ_i 和 $\hat{\delta}_i$。其中，$\delta_i \geqslant 0$，$\hat{\delta}_i \geqslant 0$，$i=1, 2, \cdots, m$。

$$\min \frac{1}{2}\|w\|^2 + C\sum_{i=1}^{m}l_\epsilon(\delta_i - \hat{\delta}_i) \tag{4-14}$$

$$s.t. \quad f(x_i) - y_i \leqslant \epsilon + \delta_i$$
$$f(x_i) - y_i \leqslant \epsilon + \hat{\delta}_i$$

引入拉格朗日乘子 $\mu_i \geqslant 0$，$\hat{\mu}_i \geqslant 0$，$\alpha_i \geqslant 0$，$\hat{\alpha}_i \geqslant 0$，由拉格朗日乘子法可得到式（4-14）的拉格朗日函数，即式（4-15）。

$$L = (w, b, \alpha, \hat{\alpha}, \delta_i, \hat{\delta}_i, \mu_i, \hat{\mu}_i)$$
$$= \frac{1}{2}w^2 + C\sum_{i=1}^{m}(\delta_i + \hat{\delta}_i) - \sum_{i=1}^{m}\mu_i\delta_i - \sum_{i=1}^{m}\hat{\mu}_i\hat{\delta}_i$$
$$+ \sum_{i=1}^{m}\alpha_i[f(x_i) - y_i - \epsilon - \delta_i] + \sum_{i=1}^{m}\hat{\alpha}_i[y_i - f(x_i) - \epsilon - \hat{\delta}_i] \tag{4-15}$$

令 $L = (w, b, \alpha, \hat{\alpha}, \delta_i, \hat{\delta}_i, \mu_i, \hat{\mu}_i)$ 对 w, b, δ_i, $\hat{\delta}_i$ 的偏导数等于 0，可得到式（4-16）至式（4-19）。

$$W = \sum_{i=1}^{m}(\hat{\alpha}_i - \alpha_i)x_i \tag{4-16}$$

$$0 = \sum_{i=1}^{m}(\hat{\alpha}_i - \alpha_i) \tag{4-17}$$

$$C = \alpha_i + \mu_i \tag{4-18}$$

$$C = \hat{\alpha}_i + \hat{\mu}_i \tag{4-19}$$

将式（4-16）至式（4-19）代入式（4-15），即可得到 SVR 的对偶问题，即式（4-10）。因此，SVR 的目标可以转化为式（4-20），即求解此条件下的 α_i 和 $\hat{\alpha}_i$。其中，$0 \leqslant \alpha_i$，$\hat{\alpha}_i \leqslant C$。

$$\max \sum_{i=1}^{m}y_i(\hat{\alpha}_i - \alpha_i) - \epsilon(\hat{\alpha}_i + \alpha_i) - \frac{1}{2}\sum_{i=1}^{m}\sum_{j=1}^{m}(\hat{\alpha}_i - \alpha_i)(\hat{\alpha}_j - \alpha_j)x_i^T x_j$$

$$s.t. \sum_{j=1}^{m}(\hat{\alpha}_i - \alpha_i) = 0, \ 0 \leqslant \alpha_i, \ \hat{\alpha}_i \leqslant C \tag{4-20}$$

上述过程需要满足 KKT 条件，即需要满足式（4-21）至式（4-24）。

因此，当且仅当 $f(x_i) - y_i - \epsilon - \delta_i = 0$ 时 α_i 能取非零值，当且仅当 $y_i - f(x_i) - \epsilon - \hat{\delta_i} = 0$ 时，$\hat{\alpha_i}$ 能取非零值。即当样本 (x_i, y_i) 在容忍范围为 ϵ 的间隔带之外时，所对应的 α_i 和 $\hat{\alpha_i}$ 才能取非零值。

$$A_i \left[f(x_i) - y_i - \epsilon - \delta_i \right] = 0 \tag{4-21}$$

$$\hat{A_i} \left[y_i - f(x_i) - \epsilon - \hat{\delta_i} \right] = 0 \tag{4-22}$$

$$A_i \hat{\alpha_i} = 0, \ \delta_i \hat{\delta_i} = 0 \tag{4-23}$$

$$(C - \alpha_i) \delta_i = 0, \ (C - \hat{\alpha_i}) \hat{\delta_i} = 0 \tag{4-24}$$

对式（4-10）求解，即可得到 SVR 的目标超平面，其表达式为式（4-25）。若考虑特征映射问题，则有核函数 $k(x_I, x_i) = \varphi(x_i)^T \varphi(x_i)$，使超平面的解为式（4-26）。

$$F(x) = \sum_{i=1}^{m} (\hat{\alpha_i} - \alpha_i) x_i^T x + b \tag{4-25}$$

$$F(x) = \sum_{i=1}^{m} (\hat{\alpha_i} - \alpha_i) k(x_I, x_i) + b \tag{4-26}$$

（四）自然断点分级方法

为了更加充分展示黄骅市土壤重金属含量的空间分布规律，使用自然断点分级法对估算结果进行分级。自然断点分级法通过不断迭代计算分级，使数据级内变异最小，数据级间变异最大。其核心思想与聚类类似，但聚类不会关注每一类中要素的数量和范围，而自然断点法会使每一类之间的范围和个数尽量相近。给定样本集合 $R = \{R_1, R_1, \cdots, R_m\}$，通过式（4-27）—式（4-28）计算该集合的偏差平方和、样本均值。式中 $SDAM$ 为样本集合的偏差平方和，R_i 为第 i 个样本（设共 m 个样本），$\overline{R}$ 为样本均值。

$$SDAM = \sum_{i=1}^{m} (R_i - \overline{R})^2 \tag{4-27}$$

$$\overline{R} = \frac{1}{m} \sum_{i=1}^{m} R_I \tag{4-28}$$

设集合 r 共划分了 k 个类簇：C_1，C_2，$\cdots$，C_k，依次计算每个类簇的偏差平方和：$SDAM_{c1}$，$SDAM_{c2}$，$\cdots$，$SDAM_{ck}$，通过式（4-29）对之求和。式中 $SDAM_t$ 表示样本集合划分为 k 个类簇时，在第 t 种划分方式下所对应的总偏差平方和，依据不同划分法计算的目标值，选择其中最小的一个值作为最终结果 $SDAM_{min}$，该值对应的分类范围即最佳分类。

$$SDAM_t = \sum_{j=1}^{k} SDAM_{cj}, \quad t = 1, 2, \cdots, C_m^k \qquad (4-29)$$

二　模型的构建与精度评价指标

（一）LASSO-SVR 模型的构建

通过 LASSO 算法对 SVR 算法进行优化，构建了 LASSO-SVR 模型。具体而言，该模型首先使用 LASSO 算法为每种重金属筛选合适的自变量，再通过 SVR 算法进行训练。LASSO-SVR 模型构建过程在 Matlab 2021 中进行，此处使用 539 个样点的重金属元素含量值、多光谱数据以及经纬度作为原始数据集进行模型的构建。将原始数据集进行随机排序，之后按照 8：2 的比例将其分为训练集和测试集。其中，训练集用于 SVR 的构建，测试集则用于 SVR 的精度评价。

三种重金属元素的 LASSO 变量选择结果如表 4-2 所示，其中 x、y 分别代表经度和纬度。在光谱反射率因子中，Ni 元素选择了 Band1 波段和 Band7 波段，Pb 元素选择了 Band3 波段，Cr 元素选择了 Band5 波段和 Band7 波段。在光谱指数因子中，三种重金属元素都选择了归一化水体指数、黏土矿物比值、增强植被指数。此外，Ni 元素还选择了绿度和湿度，Pb 元素还选择了湿度。一方面，每种重金属的 LASSO 变量选择结果中均包括经度和纬度，说明位置信息在土壤重金属的含量估算中发挥着重要作用。另一方面，由于不同重金属在不同波段中的光谱数据特征不同，每种重金属的光谱因子选择结果各不相同。总体而言，LASSO 算法实现了高维数据的降维，并去除了每种重金属的冗余变量，更加适用于具有非线性预测功能的机器学习估算模型。

表 4-2　　　　　　　　　　　　LASSO 变量选择结果

元素	LASSO 变量选择结果							
Ni	x	y	Band1	Band7	MNDWI	CMR	EVI	Greenness	Wetness
Pb	x	y	Band3	MNDWI	CMR	EVI	Wetness	—
Cr	x	y	Band5	Band7	MNDWI	CMR	EVI	—	—

资料来源：STATA 统计输出。

（二）精度评价指标

为了检验估算效果，选取了三种精度评价指标。第一种为均方根误差（RMSE），RMSE 可以对数据的变化程度进行评价，并且可以进行模型之间的比较，该指标的结果和样本数据为同一数量级，因此可以较好地描述数据，RMSE 越小说明模型估算精度越高。第二种为平均绝对误差（MAE），MAE 为估算值与实测值之差的绝对值的平均数，值越小说明模型精度越高。第三种为平均绝对百分比误差（MAPE），MAPE 与 MAE 相比在估算值与实测值的差值下增加了分母，该指标可用于比较不同量纲下的估算效果，越接近于 0% 说明模型精度越高。上述精度评价指标的计算方法为式（4-30）—式（4-32）。式中，i 为样点，M_i 为重金属含量实测值，P_i 为重金属含量估算值，N 为样点总数。

$$RMSE = \sqrt{\frac{1}{N}\sum_{i=1}^{N}(M_i - P_j)^2} \tag{4-30}$$

$$MAE = \frac{1}{N}\sum_{i=1}^{N}|M_i - P_j| \tag{4-31}$$

$$MAPE = \frac{1}{N}\sum_{i=1}^{N}\left|\frac{M_i - P_j}{M_i}\right| \tag{4-32}$$

三　基于 LASSO-SVR 模型的土壤重金属污染风险评价

（一）LASSO-SVR 模型估算精度评价

通过测试集样点数据进行 LASSO-SVR 模型的估算精度评价，估算效果如图 4-1 所示。图 4-1（a）—（c）分别为 Ni、Pb 以及 Cr 三种重金属元素的实测值与估算值之间的拟合效果，30 个样点均为从测试集中随机选取。三种元素的估算值与实测值比较接近，拟合效果良好。

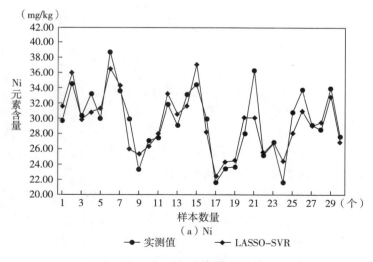

（a）Ni

图 4-1　实测值与估算值

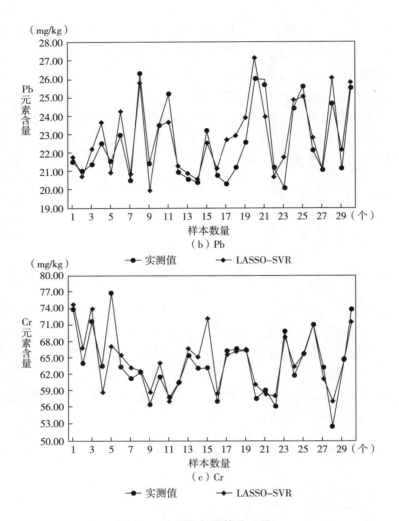

图 4-1　实测值与估算值（续）

资料来源：MATLAB 统计输出。

　　为了更加准确地衡量 LASSO-SVR 模型的估算效果，使用式（4-30）至式（4-32）计算了每种模型的精度评价指标，结果如表 4-3 所示。三种元素的 MAE 均在 4.49 内，RMSE 均在 5.39 内，MAPE 均在 8.35%内。具体来看，Cr 元素的估算精度最高，其平均绝对百分比误差为 6.87%，对应的 RMSE 和 MAE 分别为 5.79 和 4.49。从 MAPE 中可以发现，Pb 元素的估算精度低于 Cr 元素，而 Ni 元素的估算精度低于 Pb 元素。

表 4-3　　　　　　　　　　LASSO-SVR 模型估算精度评价

元素	MAE	RMSE	MAPE
Ni	2.43	3.11	8.35%
Pb	1.67	2.08	7.52%
Cr	4.49	5.79	6.87%

资料来源：MATLAB 统计输出。

（二）土壤重金属污染风险评价

1. 估算结果的描述性统计分析

通过遥感影像提取黄骅市 60 米尺度下的多光谱数据，并使用 LAS-SO-SVR 模型对黄骅市的土壤重金属含量进行估算。根据多光谱数据和坐标数据，黄骅市共分为 685389 个地点，对每种重金属含量估算结果的统计分析如表 4-4 所示。具体而言，黄骅市的 Cr 元素含量的均值较大，其中 Pb 元素的均值大于背景值，而 Cr 和 Ni 元素的均值均小于背景值。Ni 元素的取值范围在 21.95—43.58mg/kg，全市平均含量为 29.71mg/kg；Pb 元素的取值范围 18.24—32.20mg/kg，全市平均含量 23.06mg/kg；Cr 元素的取值范围在 54.60—91.14mg/kg，全市平均含量为 67.25mg/kg。

表 4-4　　　　　　　　三种重金属元素的估算结果　　　　　　单位：mg/kg

元素	最小值	最大值	均值	背景	标准差
Ni	21.95	43.58	29.71	34.10	2.78
Pb	18.24	32.20	23.06	21.50	1.81
Cr	54.60	91.14	67.25	68.30	5.07

资料来源：MATLAB 统计输出。

通过自然断点分级方法对三种元素估算结果分类，结果如表 4-5 所示。Ni 元素共分为五个类别，其中 43.37% 的取值在 28.96—31.24mg/kg，这说明黄骅市 Ni 元素含量在此区间的地点最多，有 14.01% 的取值在 21.95—26.38mg/kg，这说明含量在此区间的地点最少；同样，Pb 元素含量在 22.75—24.09mg/kg 的地点最多，占全市总面积的 29.85%，相反，含量在 26.08—32.20mg/kg 的地点最少；黄骅市有 40.12% 的地点的 Cr 元素含量在 65.70—69.79mg/kg，而只有 6.03% 的地点的含量在 75.44—91.14mg/kg，占地面积最少。

表 4-5 自然断点分级

元素	含量级别	取值（mg/kg）	比例（%）
Ni	一级含量	21.95≤Ni<26.38	14.01
	二级含量	26.39≤Ni<28.95	18.33
	三级含量	28.96≤Ni<31.24	43.37
	四级含量	31.25≤Ni<34.07	18.78
	五级含量	34.08≤Ni≤43.58	5.52
Pb	一级含量	18.24≤Pb<21.50	21.29
	二级含量	21.51≤Pb<22.74	23.67
	三级含量	22.75≤Pb<24.09	29.85
	四级含量	24.10≤Pb<26.07	18.74
	五级含量	26.08≤Pb≤32.20	6.45
Cr	一级含量	54.60≤Cr<61.64	13.76
	二级含量	61.65≤Cr<65.69	20.00
	三级含量	65.70≤Cr<69.79	40.12
	四级含量	69.80≤Cr<75.43	20.09
	五级含量	75.44≤Cr≤91.14	6.03

资料来源：ArcGIS10.2 统计输出。

2. Ni 元素的全域空间分布规律

将 LASSO-SVR 模型对每种重金属含量的估算结果进行 60 米尺度下的高精度可视化，以使估算结果更具应用价值。通过自然断点分级方法将每种重金属的含量分为五级。金属 Ni、Pb 以及 Cr 的土壤重金属元素含量估算值的空间分布，通过 ArcGIS 10.2 来实现。

分析 Ni 元素的估算结果可以发现，整体来看，该元素的含量分布南部含量低，北部含量高，从南向北呈现含量逐渐递增的变化趋势。一方面，常郭乡、黄骅镇以及旧城镇三个乡镇的 Ni 元素含量明显较低，主要分布在一级含量内。另一方面，吕桥镇、骅西街道以及骅中街道有大面积的土地中 Ni 元素含量分布在四级含量和五级含量之间，这意味着这些乡镇的部分土壤疑似受到 Ni 重金属的高度污染。此外，其他乡镇中 Ni 元素含量主要分布在二级含量和三级含量之间。

3. Pb 元素的全域空间分布规律

分析 Pb 元素的空间估算分布可以发现，在黄骅市，Pb 元素含量也是南部含量低，北部含量高，从南向北呈现含量逐渐递增的变化趋势。首先，常郭乡、黄骅镇以及旧城镇的 Pb 元素含量明显较低，主要分布在一级含量内，在骅西街道也有大面积地点含量是一级含量。其次，吕桥镇、骅西街道、骅中街道有大面积的土壤中 Pb 元素含量在四级含量和五级含量之间，这说明这些乡镇的部分土壤疑似受到 Pb 重金属的高度污染。另外，其他乡镇中 Pb 元素主要分布在二级含量和三级含量之间。

4. Cr 元素的全域空间分布规律

分析 Cr 元素的空间分布，整体来看 Cr 元素含量分布同样呈现南部含量低，北部含量高，从南向北呈现含量逐渐递增的变化趋势。一方面，常郭乡、黄骅镇以及旧城镇的 Cr 元素含量主要分布在一级含量内，这些乡镇的 Cr 元素含量明显较低。另一方面，吕桥镇、骅西街道、骅中街道、官庄乡以及滕庄子乡有大面积土地的 Cr 元素含量在四级含量和五级含量之间，受到 Cr 元素污染的可能性较大。另外，其他乡镇的 Cr 元素含量主要分布在一级含量和二级含量之间。

总体来看，三种重金属元素的空间分布规律十分明显。首先，三种元素的含量值空间分布规律极为相似，即均呈现出南部含量低，北部含量高，从西南向东北含量逐渐递增的变化趋势。其次，黄骅镇、旧城镇和常郭乡三个乡镇的重金属含量值在较低的区间范围内，吕桥镇西部、骅中街道中部、骅西街道中部以及南排河镇西部重金属含量值处于较高的区间范围内。

第二节　基于 LASSO-GA-BPNN 模型的土壤污染风险评价

误差反向传播神经网络（BPNN）在土壤重金属含量估算模型中也被广泛使用。这种方法具有较强的非线性预测功能，但算法本身容易陷入局部最优解。本节基于黄骅市的重金属含量实地采样数据，以 Ni、Pb、Cr 三种重金属为例，使用最小绝对收缩和选择算子（LASSO）和遗传算法（GA）对误差反向传播神经网络进行优化，为每种重金属构建了新的土壤重金属含量估算模型，即 LASSO-GA-BPNN 模型。LASSO 可以对光谱数据进行有效的降维和去冗余，GA 解决了 LASSO-BPNN 模型容易陷入局部最优解的缺陷。基于此，本研究从土壤重金属元素含量估算的角度，使用 LASSO-GA-BPNN 模型对黄骅市的土壤重金属污染风险评价展开研究。

一　研究方法

（一）误差反向传播神经网络

1. 误差反向传播神经网络的基本结构

在生物学中，神经元细胞由细胞体、树突和轴突组成，其功能主要为处理信息并传导信息，其中树突将汇集的冲动通过轴突传导至其他神经元。当部分神经元受到刺激时，会通过神经递质将这种神经冲动传递给相连的神经元，当相连神经元接收到的神经冲动超过一定的阈值时就会被激活并产生神经递质，并将其传递给与之相连的神经元。大量简单的神经元之间通过连接共同组成了密集的神经元网络，它是可以进行复杂学习的系统。因此，神经网络是由具有适应性的简单单元组成的广泛并行互连的网络，它的组织能够模拟生物神经系统对真实世界做出的交互反应。在机器学习领域，神经网络与大量算法的结合得到了广泛的应用。

误差反向传播神经网络（error back propagation neural network，BPNN）是多层前馈神经网络的一种，它是通过 BP 算法即误差逆向传播（error back propagation）算法实现的。BPNN 是目前最成功的神经网络，在现实中的使用最为广泛，常用来进行非线性的分类、预测等。BPNN 由一个输入层、若干个隐含层和一个输出层构成。一般而言，一个隐含层即可满足需求，单隐含层 BPNN 的基本结构如图 4-2 所示。

图中 BPNN 的输入层有 d 个神经元，输出层有 l 个神经元，隐含层有 q 个神经元。其中 x_i 为输入层第 i 个神经元的输入，h_j 为隐含层第 j 个神经元的输出，o_k 为输出层第 k 个神经元的输出值。将隐含层第 j 个神经元的阈值设置为 a_j，输入层第 i 个神经元与隐含层第 j 个神经元之间的连接权值设置为 w_{ij}。将输出层第 k 个神经元的阈值设置为 b_k，隐含层第 j 个

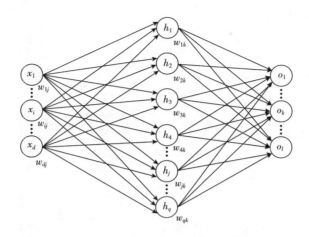

图 4-2　单隐含层 BPNN 的基本结构

资料来源：周志华：《机器学习》，清华大学出版社 2016 年版，第 97—107 页。

神经元与输出层第 k 个神经元之间的连接权值设置为 w_{jk}。因此，隐含层第 j 个神经元收到的输入值 g_j 和输出层第 k 个神经元收到的输入值 t_k 分别为式（4-33）和式（4-34）。

$$G_j = \sum_{j=1}^{d} w_{ij} x_i \tag{4-33}$$

$$T_k = \sum_{k=1}^{q} w_{jk} h_j \tag{4-34}$$

2. BPNN 的运算流程

BPNN 包括两个运算过程：信号正向传播过程和误差逆向传播过程。将 d 维向量输入到输入层神经元，通过信号正向传播过程产生输出层结果，并计算与真实值之间的误差。通过误差逆向传播过程将误差传递给隐含层神经元，并根据误差调整连接权值和阈值。该迭代过程即神经网络的运算过程，直到满足最小误差或其他设定条件时停止运算，如图 4-3 所示。

（1）信号正向传播过程。神经网络的输入和输出需要进行标准化，即将其取值规范在 0—1，常用的标准化方式为最大最小标准化，如式（4-35）和式（4-36）所示。式中 x_i^* 和 y_j^* 分别为神经网络输入和输出标准化前的值。

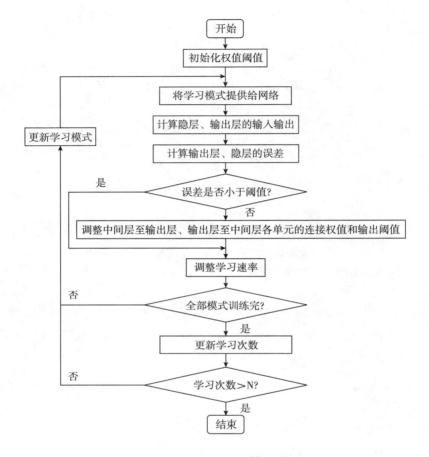

图 4-3　BPNN 的运算流程

资料来源：史峰：《MATLAB 智能算法 30 个案例分析》，北京航空航天大学出版社 2016 年版，第 27—37 页。

$$X_i = \frac{x_i^* - x_{min}}{x_{max} - x_{min}} \tag{4-35}$$

$$Y_j = \frac{y_j^* - y_{min}}{y_{max} - y_{min}} \tag{4-36}$$

集合 $D^* = \{(x_1^*, y_1^*), (x_2^*, y_2^*), \cdots, (x_m^*, y_m^*)\}$ 标准化后可得训练集 $D = \{(x_1, y_1), (x_2, y_2), \cdots, (x_m, y_m)\}$，$x_i \in R^d$，$y_j \in R^l$，表示输入层输入 d 维向量，输出层输出 l 维向量。信号正向传播过程主要包括：在区间 0—1 随机生成输入层和隐含层之间的连接权重 w_{ij} 和阈值 a_j；

根据式（4-33）计算出每个隐含层神经元的输入值 g_j，若满足阈值 a_j 的要求则进行激活函数的处理。常用的激活函数为 sigmoid 激活函数。该函数可以将自变量映射为 0—1 的取值，当自变量的取值 [-1，1] 时，函数趋近于线性，当自变量的取值偏离此范围时，函数为曲线形式，当自变量趋近于无穷时，函数取值近似为常数 0 或 1；经过激活函数后，每个隐含神经元便得出一个输出 h_j。再次在区间 [0，1] 随机生成隐含层和输出层之间的连接权重 w_{jk} 和阈值 b_k，并通过式（4-34）计算出输出层的每个神经元的输入值 t_k。同样经过激活函数的处理得出输出层神经元的输出 o_k。

（2）误差逆向传播过程。误差逆向传播过程就是以误差最小作为优化目标，基于 Widrow-Hoff 学习规则，以梯度下降法为基础，通过反复的逆向反馈过程，调整各层神经元的权值和阈值。其中，梯度下降法就是沿梯度下降的方向求解最小值。在神经网络中，训练误差（损失函数）是关于输入权值和阈值的二次函数，分别对权值和阈值求偏导数，也就是梯度向量。沿着梯度向量的方向，是训练误差增加最快的地方，而沿着梯度向量相反的方向，梯度减少最快，在这个方向更容易找到训练误差函数的最小值。

梯度下降法是 BPNN 中常用的优化方法，它是求解无约束优化非常经典的一种方法。假设对于函数 $f(x)$，在无约束条件下的优化目标为 $\min f(x)$。如果 x^0，x^1，x^2，…符合式（4-37），那么通过连续进行此过程即可得到局部极小值，即达到优化目标。

$$F(x^{t+1}) < f(x^t)，\ t = 0，1，2，\cdots \tag{4-37}$$

如若满足式（4-37），则依据泰勒展开式有式（4-38）。那么，要满足 $f(x+\Delta x) < f(x)$，则可通过式（4-39）实现，其中 γ 为一个小常数。即通过选择合适的补偿，可以收敛到局部极小值点，这就是梯度下降法。如图 4-4 所示，通过不断调整最终将实现局部最小值 $\min f(x)$。

$$F(x+\Delta x) \cong f(x) + \Delta x^T \nabla f(x) \tag{4-38}$$
$$\Delta x = -\gamma \nabla f(x) \tag{4-39}$$

调整连接权重。首先需要计算隐含层与输出层之间的调整量，来对原始的连接权重进行调整，调整量 ΔW_{jk} 的计算方法如式（4-40）所示。因此，调整后的权值 W_{jk}^* 如式（4-41）所示。式中，E_k 为总误差，W_{jk} 为隐含层与输出层之间的连接值，y_k 为输出层的输出值，o_k 为目标输出值，h_j 为隐含层输出值，η 为学习速率。同理可得输入层与隐含层之间 0

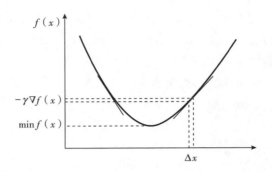

图 4-4　梯度下降法

资料来源：周志华：《机器学习》，清华大学出版社 2016 年版，第 97—107 页。

连接权值的调整量 ΔW_{ij} 和调整后的权值 W_{ij}^{*}，计算方法为式（4-42）和式（4-43）。

$$\Delta W_{jk} = -\eta \frac{\partial E_k}{\partial W_{jk}} = -\eta \frac{\partial E_k}{\partial y_k} \frac{\partial y_k}{\partial W_{jk}} = -\eta y_k (y_k - o_k)(1 - y_k) h_j \tag{4-40}$$

$$W_{jk}^{*} = W_{jk} + \Delta W_{jk} \tag{4-41}$$

$$\Delta W_{ij} = -\eta \frac{\partial E_k}{\partial W_{ij}} = -\eta \frac{\partial E_k}{\partial b_j} \frac{\partial b_j}{\partial W_{ij}} = -\eta \sum_{j=1}^{m} \frac{\partial E_k}{\partial h_j} \frac{\partial h_j}{\partial W_{ij}}$$

$$= -\eta \Big[\sum_{k=1}^{l} y_k (y_k - o_k)(1 - y_k) W_{ij} \Big] (1 - h_j) h_j x_i \tag{4-42}$$

$$W_{ij}^{*} = W_{ij} + \Delta W_{ij} \tag{4-43}$$

最后调整阈值。与连接权重类似，通过计算阈值的调整量来对初始的阈值进行调整。隐含层与输出层之间的阈值调整量 Δb_k 和调整后的阈值 b_k^{*} 的计算方法如式（4-44）和式（4-45）所示。同理，输入层与隐含层之间的阈值调整量 Δa_j 和调整后的阈值 a_j^{*} 的计算方法如式（4-46）和式（4-47）所示。

$$\Delta b_k = -\eta \frac{\partial E_k}{\partial b_k} = -\eta \frac{\partial E_k}{\partial y_k} \frac{\partial y_k}{\partial b_k} = -\eta y_k (y_k - o_k)(1 - y_k) \tag{4-44}$$

$$B_k^{*} = b_k + \Delta b_k \tag{4-45}$$

$$\Delta a_j = -\eta \frac{\partial E_k}{\partial a_j} = -\eta \frac{\partial E_k}{\partial b_j} \frac{\partial b_j}{\partial a_j} = -\eta \sum_{j=1}^{m} \frac{\partial E_k}{\partial h_j} \frac{\partial h_j}{\partial a_j}$$

$$= -\eta \Big[\sum_{k=1}^{l} y_k (y_k - o_k)(1 - y_k) a_j \Big] (1 - h_j) h_j \tag{4-46}$$

$$A_j^* = a_j + \Delta a_j \tag{4-47}$$

（二）遗传算法

1. 遗传算法基本思想

遗传算法（genetic algorithm，GA）是 J. Holland 于 19 世纪 80 年代提出的一种随机化搜索方式。这种算法有很强的全局寻求能力，同时该算法具备很多优点，如不存在求导和函数连续性的限制，以概率的方式调整寻优空间，寻优方向的调整不需要通过设定规则而是利用本身具有的自适应性来实现的。基于这些优点，遗传算法成为智能计算中重要的方法，同时得到了非常广泛的应用，如自适应控制、人工生命、组合优化以及机器学习信号处理等多种用途。

该算法的基本思想来源于生物界中的进化理论，在一个群体的进化过程中，适应环境的将继续生存，否则将会被自然界淘汰。自然选择在此过程中发挥了重要作用，一个种群中的每个个体对自然界的适应程度决定了其能否生存，而其适应程度最终取决于自身染色体中的基因编码。遗传算法通过编码的形式将各种复杂的问题转化成数据，再经过对编码的交叉操作和选择操作来模拟自然选择和群体遗传，进而不断调整寻优的方向。这种算法以包含大量个体的种群进行寻优，所以是一种可以同时在多个领域组织搜索的方法。这种特点使得遗传算法可以处理一般方法无法解决的复杂的优化问题。

2. 遗传算法的运算流程

在遗传算法中，将每组数据通过编码形成基因，每组基因的组合为染色体；每组携带着基因信息的完整染色体被称为个体；每个个体的适应度可以通过基因信息和适应度函数计算出来；包含大量个体的组合形成群体，其中个体的数量即该种群的规模。遗传算法以第一代种群为起点，经过选择、交叉以及变异等操作使得下一代群体对环境的适应性更强，通过这种繁衍的方式实现进化，最终将收敛到适应性最强的一个群体，适应性最强的个体即最优个体，即找到了全局最优解。该算法的运算流程有六个步骤，包括编码、初始群体生成、适应度评价、选择、交叉以及变异，如图 4-5 所示。

编码。遗传算法首先将需要解决的问题转化成机器可识别的编码形式。每一组编码为一条染色体，每条染色体上的编码信息即基因信息。最常用的编码形式为二进制编码和实数编码。

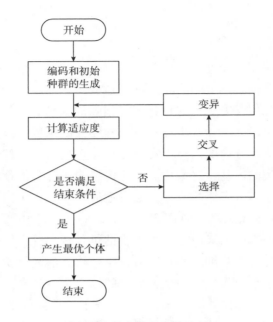

图 4-5 遗传算法运算流程

资料来源：史峰：《MATLAB 智能算法 30 个案例分析》，北京航空航天大学出版社 2016 年版，第 27—37 页。

初始群体生成与适应度评价。通过随机的方式生成 n 组基因编码，n 组基因编码代表一个有 n 个个体的种群，此群体即第一代群体。并且需要通过每个染色体携带的基因信息来计算每个个体的适应度，即对该个体适应环境的程度进行衡量。适应度函数可以对每个解的优劣程度进行评价，适应度函数往往是通过目标函数进一步计算而来的。当最优问题为目标函数最小化问题时，其适应度函数为式（4-47），当最优问题为目标函数最大化问题时，适应度函数为式（4-48）。式中，$f(x)$ 为目标函数，$g[f(x)]$ 为适应度函数，C_{max} 为目标函数的最大值估计。

$$G[f(x)] = \begin{cases} C_{max} - f(x), & f(x) < C_{max} \\ 0, & 其他 \end{cases} \tag{4-48}$$

$$G[f(x)] = \begin{cases} f(x) - C_{max}, & f(x) > C_{max} \\ 0, & 其他 \end{cases} \tag{4-49}$$

此外，适应度超常的个体在进化初期的适应度值过大，进而影响算法的寻优效果，导致无法实现全局最优。因此，往往通过线性变换来对尺度进行变换，它可以调整适应度差距的大小，以此来保持群体的多样性水平。对于初始的适应度函数 g，通过线性变换转化为 g'，线性变换方法如式（4-50）至式（4-52）所示。式中，g_{avg} 为平均适应度，g_{max} 为最大适应度，c 为控制参数。其关系如图 4-6 所示。

$$G' = a^* g + b \tag{4-50}$$

$$A = \frac{(c-1)g_{avg}}{g_{max} - g_{avg}} \tag{4-51}$$

$$B = \frac{(g_{max} - cg_{avg})g_{avg}}{g_{max} - g_{avg}} \tag{4-52}$$

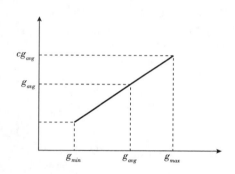

图 4-6　适应度函数线性变换

资料来源：Daniel T Larose：《数据挖掘与预测分析》，清华大学出版社 2016 年版，第 311—325 页。

选择操作。通过选择将群体中适应度较高的个体选出来繁衍下一代，并淘汰适应度较低的个体。因此，选择操作体现出了"物竞天择，适者生存"的自然选择法则。最常用的选择算子为轮盘选择，此外还有随机遍历抽样、排序选择以及锦标赛选择等。轮盘选择也称为适应比例选择，首先，需要将适应度函数值作为每一个个体被选中概率的依据，即适应度高的个体赋予更高的概率作为父辈繁衍下一代。计算方法为式（4-53），式中 P_i 为个体 i 的适应度函数值。其次，在经过概率分配后，在轮盘上为每个个体分配面积，个体 i 的分配概率 P_i 越大，则在轮盘上对应的面积也越大。每次转动轮盘并选择一个个体作为父代，直到选择足够的个体来繁衍下一代，面积大的个体每次被选中的概率也较大。以分配概率分别为 50%、25%、12.5%、12.5% 的四个个体为例，轮盘选择的基本形式如图 4-7 所示。

$$P_i = \frac{g_i}{\sum_i g_i} \tag{4-53}$$

交叉操作。由于在自然繁衍过程中，基因重组是进化的核心，因此交叉是该算法中必须进行的操作。遗传算法通过预设的概率对父辈中的两个染色体 a 和 b 的一部分进行交换，以此来实现交叉操作，交叉的概率往往设定在 0.25 至 1。在遗传算法中，单点交叉是最常用的交叉操作方法，该方法首先在染色体上随机设定一个交叉点，然后再将此交叉点前后的染色体进行互换，新生成的两个染色体即下一代的新个体。交叉操作的基本流程如图 4-8 所示，图中 a 和 b 为父辈染色体，c 和 d 为经过交叉后的子代染色体。

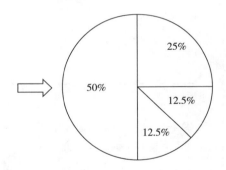

图 4-7　轮盘选择

资料来源：Daniel T Larose：《数据挖掘与预测分析》，清华大学出版社 2016 年版，第 311—325 页。

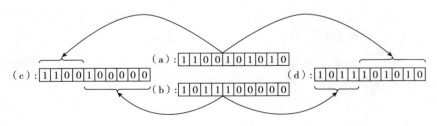

图 4-8　交叉操作

资料来源：Daniel T Larose：《数据挖掘与预测分析》，清华大学出版社 2016 年版，第 311—325 页。

变异操作。是指把染色体的一处或几处基因的设定概率加以改变，以此来提高整个群体基因的多样性。相对于交叉操作，变异的概率较低，一般设置为 0.001 左右。这是由于在自然界中，种群进化过程往往伴随着较低概率的变异。

二 模型的构建

（一）BPNN 的优势与缺陷

1. 优势与缺陷

BPNN 发展至今，在诸多领域得到广泛应用。BPNN 有很强的处理非线性问题的能力，它能够在提取数据间"映射规律"的同时自主地将学习内容记忆于网络的权值中，同时具有将学习成果应用于新知识的能力且容错能力强。但是，BPNN 很容易陷入局部最优解。因为基于梯度下降法寻求最优解是 BPNN 的核心设计思想，这使算法中权值很可能收敛到局部极小点，而非真正意义上的全局最优，从而影响拟合精度，造成估算结果不稳定。

2. BPNN 中的全局最小与局部最小

在梯度下降法的寻优方法下，首先从初始解出发，通过计算误差函数在当前的梯度，进而确定搜索的方向，然后在按照负梯度方向寻找最优解。因此，当存在多个局部极小时，无法保证梯度下降法找到的解为全局最小解。设 E 为神经网络通过训练集计算出的误差，那么误差 E 可以表示为 $E(w; \theta)$，w 为连接权值，θ 为阈值。因此，神经网络的目标是通过训练得到一组权重和阈值使得误差 E 最小，从而实现最优。因此，神经网络的结果有两种最优，当误差 E 为局部极小值时，会实现"局部最优"，而只有当误差 E 为全局极小值时，才能实现"全局最优"。对于 w^* 和 θ^*，若存在 $\epsilon > 0$ 满足式（4-54），且满足 $E(w; \theta) \geqslant E(w^*; \theta^*)$，那么此时 $(w^*; \theta^*)$ 为局部极小解，对应的误差为局部极小值。如果对于任意的 $(w; \theta)$ 都有 $E(w; \theta) \geqslant E(w^*; \theta^*)$，则 $(w^*; \theta^*)$ 为全局最小解，对应的误差为全局最小值。局部极小解指邻域的点对应的误差都不小于此局部极小解对应的误差，而全局最小解指参数空间中全部的点对应的误差均不小于全局最小解对应的误差。因此，局部极小值可能不止一个，而全局最小值是唯一的，并且全局最小值一定是局部最小值。

$$\forall(w; \theta) \in \{(w; \theta) \mid \|(w; \theta) - (w^*; \theta^*)\| \leqslant \epsilon\} \tag{4-54}$$

（二）LASSO-GA-BPNN 模型的构建

1. LASSO-GA-BPNN 模型

使用 LASSO 算法和 GA 算法对 BPNN 进行了优化，构造了 LASSO-GA-BPNN 模型。通过 LASSO 算法为每种重金属筛选出合适的输入因子，再通过 GA 算法对 BPNN 的权重和阈值进行优化，并对 BPNN 进行训练。LASSO-BPNN 模型的基本结构如图 4-9（a）所示，它由输入层、输出层以及若干个隐含层组成，LASSO 算法的结果决定了 BPNN 算法中输入神经元的个数，隐含层神经元的数量 q 则根据式（4-55）确定。

$$Q = \sqrt{d+l} + a \tag{4-55}$$

式中，d 和 l 分别为输入神经元和输出神经元的数量，a 为取值在 1 至 10 之间的参数。

由于 LASSO-BPNN 模型中使用的梯度下降法容易陷入局部最优解，因此使用 GA 对 LASSO-BPNN 模型进行优化，GA 运算流程如图 4-9（b）所示。GA 是以自然遗传机制和生物进化理论为基础的随机搜索优化方法，由于这种算法没有设定其他的限制条件，所以其解的集合是十分完备的。GA 在迭代过程中可以使现有解的集合一直向全局最优解的方向移动，具有很强的搜索目的性，这种特性可以帮助 LASSO-BPNN 模型找到最优的权重和阈值组合，进而实现全局最优解。LASSO-GA-BPNN 模型的基本结构包括 GA 和 LASSO-BPNN 两个部分，如图 4-9（c）所示。

2. LASSO-GA-BPNN 的拓扑结构

对于一般的数据特征识别问题，三层结构的 LASSO-GA-BPNN 模型即可解决，因此将该模型的拓扑结构设定为三层。在 LASSO-GA-BPNN 模型中，每种重金属的 LASSO 变量选择结果即该模型中输入神经元的数量和输入变量。因此，根据表 4-6 可以确定两种模型的基本拓扑结构。Ni、Pb、Cr 元素的输入层神经元数量分别为 9 个、7 个、7 个，输出层神经元的数量均为 1 个，输入层神经元输入的具体指标如表 4-6 所示。

考虑到隐含层神经元数量的选取对 LASSO-GA-BPNN 模型精度影响较大，此处将隐含层神经元数量设定为范围区间。综上确定了构建的三个 LASSO-GA-BPNN 模型的拓扑结构如表 4-7 所示。此外，该模型中隐含层神经元的激活函数是 sigmoid 函数，输出层神经元的激活函数为 purelin 函数。

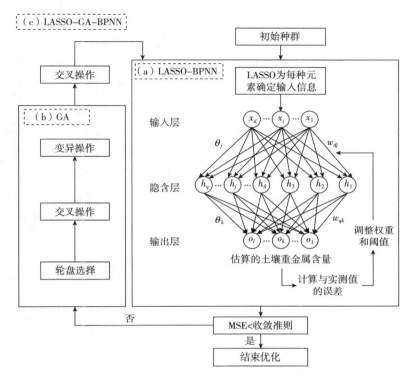

图 4-9　LASSO-GA-BPNN 模型的基本结构

资料来源：Peng，Zhao，Hu，et al.，"Prediction of Soil Natrient Using Visible and Near-Infrared Reflectance Spectroscopy"，*International Journal of Geo-Information*，Vol. 8，No. 10，2019，p. 437.

表 4-6　　　　　　　　　　　**输入层神经元的输入变量**

重金属	输入层神经元的输入							
Ni	x	y	Band1	Band7	MNDWI	CMR	EVI	Greenness	Wetness
Pb	x	y	Band3	MNDWI	CMR	EVI	Wetness	—	—
Cr	x	y	Band5	Band7	MNDWI	CMR	EVI	—	—

资料来源：STATA 统计输出。

表 4-7　　　　　　　**LASSO-GA-BPNN 模型的拓扑结构**　　　　单位：个

元素	输入神经元数	隐含层神经元数	输出层神经元数
Ni	9	［4—13］	1
Pb	7	［4—13］	1
Cr	7	［4—13］	1

3. GA 优化权重和阈值

首先，遗传算法需要对 LASSO-BPNN 模型中的连接权重和阈值进行实数编码，将输入层与隐含层的连接权值、隐含层阈值、隐含层与输出层连接权值以及输出层阈值四个部分编码成一条染色体。此处采用的编码方式为实数法，每条染色体的编码长度 S 的计算公式为式（4-56）。

$$S = d \times q + q \times l + d + l \tag{4-56}$$

式中，$d \times q$ 为输入层与隐含层的连接权重的编码长度，$q \times l$ 为隐含层到输出层连接权重的编码长度，d 为隐含层阈值的编码长度，l 为输出层阈值的编码长度。根据表 4-8 中 LASSO-GA-BPNN 模型的拓扑结构可以计算出 Ni、Pb、Cr 三种元素的染色体编码长度，其结果如表 4-8 所示。

表 4-8　　　　各元素在遗传算法中的染色体编码长度

隐含层神经元数量（个）	染色体编码长度		
	Ni	Pb	Cr
4	45	37	37
5	56	46	46
6	67	55	55
7	78	64	64
8	89	73	73
9	100	82	82
10	111	91	91
11	122	100	100
12	133	109	109
13	144	118	118

其次，通过遗传算法随机生成大量个体，组成第一代种群，并将 LASSO-BPNN 模型通过训练集训练得到的误差作为适应度评价指标对群体进行选择、交叉以及变异操作。通过 LASSO-BPNN 模型对训练集数据训练得到输出值 o_k，输出值与期望值 y_k 之间的残差绝对值之和即此处的个体适应度 F，其计算方法如式（4-57）所示。

$$F = \sum_{k=1}^{l} abs(y_k - o_k) \tag{4-57}$$

式中，l 为 LASSO-BPNN 模型中输出层神经元数；y_k 为输出层神经元的实际输出；o_k 为输出层神经元的期望输出。因此，当个体的适应度越小时，意味着该个体是越优的。

选择、交叉以及变异操作的算子参数设定如表 4-9 所示。种群规模设定为 100，意味着该种群中有 100 个个体；最大进化次数设置为 100，说明通过繁衍 100 代来获取该种群的最优个体；交叉概率设置为 0.7，意味着基因重组为每次进化的主要因素；变异概率设置为 0.1，说明变异在繁衍过程中发生的概率较小，只有 10%。此外，第一代种群初始化的方法为实数法，选择操作的方法为轮盘选择方法。

表 4-9　　　　　　　　　　遗传算法运行参数

种群规模（个）	最大进化次数（次）	交叉概率	变异概率
100	100	0.7	0.1

资料来源：史峰：《MATLAB 智能算法 30 个案例分析》，北京航空航天大学出版社 2016 年版。

最后，通过不断迭代实现种群的演变，得到最优适应度的个体，该个体所对应的连接权重和阈值即最优权重和阈值。此处的终止条件设置为最大精度和最大进化次数，在满足其中之一后即可停止迭代。再把迭代完成后确定的最优个体解码，将获得的连接权重和阈值赋予 LASSO-BPNN 模型。在经过训练后便得到了具备最优连接权重和阈值的 LASSO-BPNN 模型，若满足最小误差或最大训练次数的结束条件，即可将其作为理想的 LASSO-GA-BPNN 模型应用于估算。

三　基于 LASSO-GA-BPNN 模型的土壤重金属污染风险评价

（一）估算模型精度评价

根据经验公式，三种元素的隐含神经元数量范围均为 4—13 个，考虑到在 LASSO-BPNN 模型中采用梯度下降法生成的初始权重和阈值，最终会导致陷入局部最优解的问题，因此通过遗传算法对每个隐含层神经元数量下的 LASSO-BPNN 模型都进行优化，即对每种金属元素分别构建 10 个不同隐含神经元数量的 LASSO-GA-BPNN 模型，并分别进行精度评价。

1. Ni 元素的估算精度评价

Ni 元素的估算精度评价指标的结果如表 4-10 所示。首先，在有关 Ni

元素的 10 个土壤重金属含量估算模型中，LASSO-BPNN 模型的精度评价指标的值均明显大于 LASSO-GA-BPNN 模型，即 GA 解决了 LASSO-BPNN 模型中使用梯度下降法容易陷入局部最优解的问题。其次，在 LASSO-GA-BPNN 模型中，当隐含层神经元数量为 11 个时，5 个精度评价指标的值最小，此时估算模型的精度最高。具体来看，MAE、RMSE、MAPE 的值分别为 2.00、2.79 和 6.83%。

表 4-10   Ni 元素的精度评价指标结果

隐含层神经元数	LASSO-BPNN 模型			LASSO-GA-BPNN 模型		
	MAE	RMSE	MAPE	MAE	RMSE	MAPE
4	2.26	2.92	7.72%	2.20	2.81	7.48%
5	2.20	2.98	7.48%	2.14	2.80	7.25%
6	2.60	3.32	9.01%	2.25	3.04	7.73%
7	2.20	2.96	7.51%	2.24	2.98	7.68%
8	2.40	3.09	8.18%	2.15	2.83	7.38%
9	2.82	3.62	9.64%	2.11	2.90	7.10%
10	2.79	3.50	9.73%	2.16	2.83	7.45%
11	2.87	3.62	9.78%	2.00	2.79	6.83%
12	2.63	3.44	8.94%	2.16	2.91	7.24%
13	2.67	3.52	9.10%	2.38	3.07	8.21%

资料来源：MATLAB 统计输出。

Ni 元素的遗传算法的参数寻优过程如图 4-10 所示，其中横坐标代表种群的进化次数，为 0—100 代，纵坐标代表适应度函数的值，此处为均方根误差的值，即 RMSE 的平方。从图中可以发现，首先，在通过编码随机生成的第一代群体中，具有最佳适应度的个体所对应的适应度函数的值为 10.02，即此时得到的最佳 LASSO-BPNN 模型的均方根误差值为 3.17。其次，从第 1—78 代经过不断地交叉操作和变异操作，从第 78 代开始适应度函数的值逐渐趋于平缓，最终在第 100 代最优个体所对应的适应度函数值为 7.76。因此，在经过遗传算法优化以后，最优个体所对应的适应度函数值为 7.76，此时 LASSO-GA-BPNN 模型的均方根误差为 2.79。

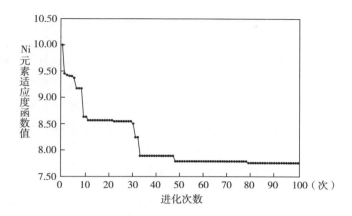

图 4-10　Ni 元素遗传算法参数寻优过程

资料来源：MATLAB 统计输出。

　　将估算效果最好的模型进行可视化展示，隐含层神经元数量为 11 个的 LASSO-GA-BPNN 模型的估算效果如图 4-11 所示。图中展示了从测试集中随机抽取的 30 个样点的估算值与实测值的拟合效果。可以发现，LASSO-GA-BPNN 模型的估算值与实测值之间十分接近，估算效果较好。

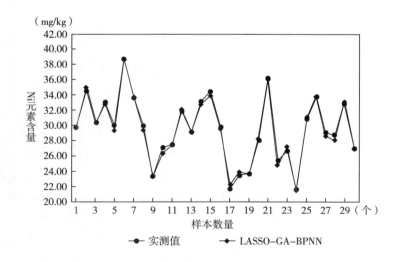

图 4-11　Ni 元素估算值与实测值

资料来源：MATLAB 统计输出。

2. Pb 元素的估算精度评价

Pb 元素的估算精度评价指标的结果如表 4-11 所示。首先，在有关 Pb 元素的 10 个土壤重金属含量估算模型中，LASSO-BPNN 模型的 5 个精度评价指标的值均明显大于 LASSO-GA-BPNN 模型，即遗传算法解决了 LASSO-BPNN 模型中使用梯度下降法容易陷入局部最优解的问题。其次，在 LASSO-GA-BPNN 模型中，当隐含层神经元数量为 5 个时，各个精度评价指标的值最小，此时估算模型的精度最高。具体来看，MAE、RMSE 和 MAPE 的值分别为 1.63、2.06 和 7.38%。

表 4-11   **Pb 元素的精度评价指标结果**

隐含层 神经元数	LASSO-BPNN 模型			LASSO-GA-BPNN 模型		
	MAE	RMSE	MAPE	MAE	RMSE	MAPE
4	1.71	2.20	7.67%	1.66	2.10	7.38%
5	1.92	2.39	8.59%	1.63	2.06	7.38%
6	1.67	2.08	7.50%	1.65	2.08	7.40%
7	1.72	2.19	7.74%	1.64	2.11	7.33%
8	1.82	2.36	8.15%	1.68	2.12	7.53%
9	2.03	2.63	9.14%	1.67	2.13	7.49%
10	1.76	2.21	7.84%	1.66	2.09	7.49%
11	1.85	2.41	8.24%	1.75	2.21	7.84%
12	1.98	2.45	8.83%	1.67	2.11	7.45%
13	2.00	2.55	8.88%	1.77	2.23	7.84%

资料来源：MATLAB 统计输出。

Pb 元素的遗传算法的参数寻优过程如图 4-12 所示。从图中可以发现，首先，在通过编码随机生成的第一代群体中，具有最佳适应度的个体所对应的适应度函数的值为 5.03，即此时得到的最佳 LASSO-BPNN 模型的均方根误差值为 2.24。其次，经过第 1—11 代不断地交叉操作和变异操作，从第 12 代开始适应度函数的值逐渐趋于平缓，最终在第 100 代最优个体所对应的适应度函数值为 4.24。因此，在经过遗传算法优化以后，最优个体所对应的适应度函数值为 4.24，此时 LASSO-GA-BPNN 模型的均方根误差为 2.06。

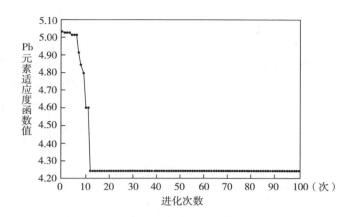

图4-12　Pb元素遗传算法参数寻优过程

资料来源：MATLAB 统计输出。

　　将估算效果最好的模型进行可视化展示，隐含层神经元数量为 5 个的 LASSO-GA-BPNN 模型的估算效果如图 4-13 所示。图中展示了从测试集中随机抽取的 30 个样点的估算值与实测值的拟合效果。可以发现，LASSO-GA-BPNN 模型的估算值与实测值之间十分接近，估算效果较好。

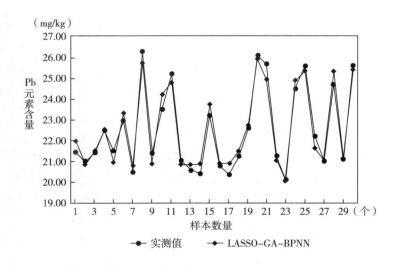

图4-13　Pb元素估算值与实测值

资料来源：MATLAB 统计输出。

3. Cr 元素的估算精度评价

Cr 元素的估算精度评价指标的结果如表 4-12 所示。首先，在有关 Cr 元素的 10 个土壤重金属含量估算模型中，LASSO-BPNN 模型的各个精度评价指标的值均明显大于 LASSO-GA-BPNN 模型，即遗传算法解决了 LASSO-BPNN 模型中使用梯度下降法容易陷入局部最优解的问题。其次，在 LASSO-GA-BPNN 模型中，当隐含层神经元数量为 6 个时，各个精度评价指标的值最小，此时估算模型的精度最高。具体来看，MAE、RMSE、MAPE 的值分别为 4.13、5.28 和 6.23%。

表 4-12   Cr 元素的精度评价指标结果

隐含层神经元数	LASSO-BPNN 模型			LASSO-GA-BPNN 模型		
	MAE	RMSE	MAPE	MAE	RMSE	MAPE
4	4.47	6.02	6.74%	4.40	5.62	6.61%
5	5.60	7.04	8.39%	4.19	5.32	6.32%
6	4.39	5.82	6.71%	4.13	5.28	6.23%
7	4.84	6.26	7.41%	4.30	5.51	6.47%
8	5.01	6.36	7.61%	4.43	5.62	6.72%
9	5.48	6.62	8.38%	4.25	5.54	6.49%
10	5.06	7.06	7.62%	4.42	5.71	6.69%
11	5.32	6.96	8.12%	4.46	5.71	6.73%
12	4.67	6.08	7.04%	4.44	5.59	6.73%
13	4.92	6.71	7.49%	4.85	6.10	7.36%

资料来源：MATLAB 统计输出。

Cr 元素的遗传算法的参数寻优过程如图 4-14 所示。从图中可以发现，首先，在通过编码随机生成的第一代群体中，具有最佳适应度的个体所对应的适应度函数的值为 30.79，即此时得到的最佳 LASSO-GA-BPNN 模型的均方根误差值为 5.55。其次，经过第 1—65 代不断地交叉操作和变异操作，从第 66 代开始适应度函数的值逐渐趋于平缓，最终在第 100 代最优个体所对应的适应度函数值为 27.89。因此，在经过遗传算法优化以后，最优个体所对应的适应度函数值为 5.28，此时 LASSO-GA-BPNN 模型的均方根误差为 5.28。

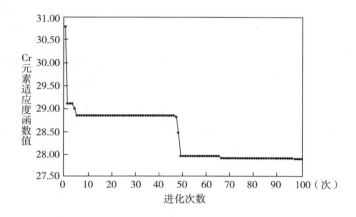

图 4-14　Cr 元素遗传算法参数寻优过程

资料来源：MATLAB 统计输出。

　　将估算效果最好的模型进行可视化展示，隐含层神经元数量为 6 个的 LASSO-GA-BPNN 模型的估算效果如图 4-15 所示。图中展示了从测试集中随机抽取的 30 个样点的估算值与实测值的拟合效果。可以发现，LASSO-GA-BPNN 模型的估算值与实测值之间十分接近，估算效果较好。

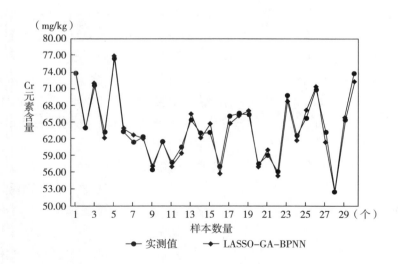

图 4-15　Cr 元素估算值与实测值

资料来源：MATLAB 统计输出。

（二）土壤重金属污染风险评价

1. 空间估算结果的描述性统计分析

使用 LASSO-GA-BPNN 模型对黄骅市全域土壤重金属含量进行估算。Ni、Pb、Cr 三种金属的土壤含量估算结果的基本统计结果如表 4-13 所示。估算的 Ni 元素的取值范围在 4.20—73.59mg/kg，全市平均值为 29.79mg/kg。Pb 元素的取值范围 15.10—33.19mg/kg，平均值为 22.85mg/kg。Cr 元素的取值范围在 0.00—112.56mg/kg，平均值为 66.44mg/kg。

表 4-13　　　　　　　三种重金属元素的估算结果　　　　　　单位：mg/kg

元素	最小值	最大值	均值	标准差
Ni	4.20	73.59	29.79	4.01
Pb	15.10	33.19	22.85	1.94
Cr	0.00	112.56	66.44	6.33

资料来源：MATLAB 统计输出。

三种元素估算结果的百分比分布如图 4-16 所示。首先，从百分比分布的结果可以发现，土壤中 Ni 元素含量主要分布在 18—42mg/kg，其中土壤中 Ni 元素含量在 27—35mg/kg 的地点较多；Pb 元素含量分布在 18—30mg/kg，土壤中 Pb 元素含量在 20.5—25.5mg/kg 的地点较多。Cr 元素含量主要分布在 50—85mg/kg，土壤中 Cr 元素含量在 60—75mg/kg 的地点较多。其次，Ni 和 Cr 元素的核密度曲线接近单峰形状，说明数据分布十分集中，而 Pb 元素的核密度曲线呈多峰状态，数据呈多极分化分布状态，且大面积土壤中 Pb 元素的含量十分接近。

2. 土地利用方式与重金属元素的全域空间分布规律

土壤中重金属元素的含量与人类生产生活活动密切相关，而不同的土地利用方式往往代表不同的人类活动。因此，为了更加准确地了解和估算黄骅市的土壤重金属元素含量，本研究对该市的土地利用方式进行了统计。黄骅市土地利用方式的基本信息如表 4-14 所示，全域共七种土地利用方式，土地利用方式以耕地为主，占全市总面积的 59.84%。由于处于沿海地带，在东部地区大面积的海岸线使沿海滩涂占地比例达到了 8.82%。水体面积占比达到了 16.29%，这主要是黄骅市拥有天然的地理

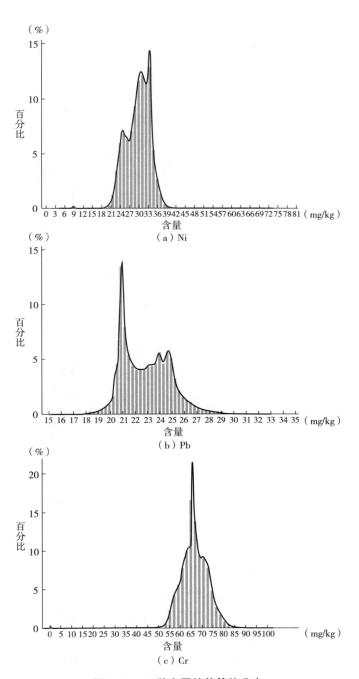

图 4-16　三种金属的估算值分布

资料来源：STATA 统计输出。

区位优势,使其东部地区大量土地利用方式为盐田和水产养殖。此外,黄骅市的湿地面积也较大,占比达到了 3.87%,这是因为在南大港湿地自然保护区内有大面积湿地,它在全市的绿化系统中发挥着重要作用。

表 4-14 黄骅市土地利用方式统计

土地利用方式	面积(平方千米)	比例(%)
耕地	924351249.87	59.84
林地	1052799.56	0.07
草地	819909.25	0.05
湿地	59798112.96	3.87
水体	251624734.64	16.29
建成区	170817434.03	11.06
沿海滩涂	136235759.68	8.82
总计	1544700000.00	100.00

黄骅市的土地利用方式以及通过 LASSO-GA-BPNN 模型对三种重金属含量估算结果表明,黄骅市的土地利用方式分布特征十分明显。一方面,中西部地区以耕地和建成区为主,耕地是最主要的用地方式。建成区在黄骅市城区、骅西街道以及骅中街道的分布较为集中。另外,由于村庄分布较为分散,因此其他地区建成区多呈岛状分布。另一方面,由于东临渤海,沿海滩涂主要分布在黄骅市的东部狭长的海岸线。以此为基础,大量的盐田和水产养殖用地以水体的方式呈现,并紧邻沿海滩涂分布。处于黄骅市东南部沿海地区的临港产业新区是黄骅市的产业聚集中心,化工、冶金、装备制造、建材、生物医药等相关企业集聚在此地。这也使此地区成为黄骅市重要的产业功能核心区,完善的基础设施建设也使得该地的建成区分布较为集中。

总体来看,三种元素在黄骅市的空间分布规律十分明显,均呈现南部含量比较低、北部含量比较高的分布特点。首先,Ni 元素与 Pb 元素的分布特点较为相似,含量较高的地区主要分布在吕桥镇、骅西街道以及骅中街道,同时 Pb 元素在南排河镇的含量也较高,Cr 元素含量较高的地区主要分布在吕桥镇、骅西街道、骅中街道、官庄乡以及滕庄子乡。其次,黄骅镇、旧城镇以及常郭乡的三种重金属元素含量均较低。最后,可以发现在不同土地利用方式下金属元素含量明显不同，例如在部分建成区中的金属元素含量相对于周围土壤来说含量较高，在部分湿地等绿化用地中的金属元素含量相对于周围来说较低。

3. 土地利用方式与重金属元素的局部空间分布规律

黄骅市 13 个乡镇土地利用方式主要分为 2 类（见图 4-17），地处海岸线的南排河镇和骅东街道以沿海滩涂为主要土地利用方式，其他的 11 个乡镇均以耕地和水体为主。其中，从各个乡镇的性质来看，黄骅镇和骅中街道为综合型城区，骅东街道为工业型城区，骅西街道为综合型县城，吕桥镇、羊三木乡、羊二庄回族乡以及常郭乡为工贸型乡镇，南排河镇和齐家务乡为旅游型乡镇，官庄乡、滕庄子乡、旧城镇为农贸型乡镇。

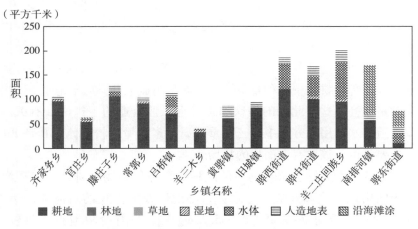

图 4-17　黄骅市各乡镇土地利用方式

（1）综合型城区。黄骅镇是黄骅市的城市功能核心区，其土地利用方式以耕地和建成区为主。耕地中 Ni 元素含量主要在 4.20—25.39mg/kg，Pb 元素含量主要在 20.69—22.12mg/kg，Cr 元素含量主要在 35.29—61.81mg/kg。在黄骅镇三种元素的含量总体分布均为北部含量高于南部，尤其是 Cr 元素更为明显。首先，在北部的耕地中，三种元素含量较高的地点呈片状分布。从建成区的具体利用方式来看，该处为黄骅市的主城区，以商业用地以及居民居住用地为主，所以重金属含量的富集可能是由于人类长期居住以及各种活动导致的。可以发现，在黄骅市主城区南部部分地点金属元素含量较高，部分原因是该地为城市郊区，一些汽车部件、建材以及造纸等企业在此地集聚造成的。另外，在黄骅市主城区东部建成区主要为五金、水泥等工业企业，这也使得此处的重金属元素含量明显较高。其次，在南部的耕地中，三种元素只有在少数地点含量略高，呈岛状分布特点，这主要是随岛的村庄分布而形成的，即在居民活动较多的地点含量略高。

骅中街道是黄骅市重要的综合型乡镇，负责承接该市的城市核心功能区和产业核心功能区，其土地利用方式以耕地、水体以及建成区为主，包含部分林地和湿地。耕地中 Ni 元素的含量主要在 25.54—35.23mg/kg，Pb 元素主要在 20.69—25.68mg/kg，Cr 元素主要在 61.82—73.51mg/kg。首先，在西部的耕地中 Ni 和 Pb 元素含量较低。部分原因是在该地的建成区中主要是居民生活用地，虽然包括少数轻工业和养殖企业，但只造成了局部范围内的重金属元素富集。其次，相比西部，中部的耕地 Ni 和 Pb 元素含量较高，可能是因为此地商业往来较多，同时人口密集，也会造成局部范围的重金属元素富集。该地的生物产业园内集聚了大量生物医疗以及制药等企业，可能是造成了周围 Ni 元素明显积累的原因之一。另外，在东部的耕地中三种重金属元素含量明显上升，局部地点 Ni 和 Pb 元素含量很高，这与此处的钢铁加工等重工业企业的生产活动有关。在骅中街道的水体用地方式中，三种重金属元素含量均较低，尤其是 Pb 元素，主要是由于该地有大面积的盐场。

（2）工业型城区。骅东街道的土地利用方式较为特殊，三面环海使该乡镇的用地方式以建成区、水体、湿地以及大面积的沿海滩涂为主。Ni 元素含量主要分布在 28.78—35.23mg/kg，只有少数地点含量较高，Pb 主要分布在 15.10—22.12mg/kg，Cr 主要分布在 61.82—67.82mg/kg。骅东街道是临港产业新区的重要组成部分，同时也是黄骅市重要的产业集聚和产值增长地。很大程度上是由于在地理区位优势下，运输费用的降低使得黄骅港综合港区形成，并且该港口的吞吐量十分可观。该产业园为黄骅市的各项发展奠定了基础，包括石油化工、冶金装备、电力能源、现代物流等产业，并延伸出了石油炼制及芳烃产业链、石油炼制及烯烃产业链、海水综合利用产业链、煤化工产业链、普钢产业链、特钢产业链、热电联产及海水淡化产业链、现代物流产业链等十分具有经济效益的产业链。此外，骅东街道不但企业众多，而且人口也大量集聚，在南部形成了大面积的居民生活区。总体而言，骅东街道虽然企业众多，并且包括一些化工生产等重工业企业，但并没有发现大面积的重金属富集，这可能是因为其土地利用方式大多数为水体、湿地以及沿海滩涂等。

（3）综合型县城。骅西街道的土地利用方式以耕地、建成区、湿地以及水体为主。第一，耕地中 Ni 元素的含量主要在 25.40—35.23mg/kg，Pb 元素主要在 22.13—33.19mg/kg，Cr 元素主要在 61.82—112.56mg/kg。首先，在北部的耕地中，三种元素含量均较高。从建成区的具体利用方式来看，一方面，该地聚集了大量的石油化工企业，此类重工业企业会产生大量的重金属，如果处理不当可能会使周围土壤中沉积大量的重金属元素。另一方面，骅西街道北部与吕桥镇相邻，两个乡镇以老石碑河相隔，吕桥镇土壤中较高的重金属元素含量可能也会扩散至骅西街道，同时河流更会促进重金属在土壤中的扩散。其次，与北部的耕地相比，西南部的耕地中重金属元素含量较低。该地是骅西街道建成区的主要分布地，也是黄骅市的副城市中心，以住宅和商业用地为主要用地方式。因此，此处土壤中重金属元素的富集可能主要是由于居民生活以及各种活动造成的。另外，相较于南部，在东南部的耕地中，Ni 和 Pb 元素含量较高。第二，湿地主要分布在骅西街道的东部，其中 Ni 元素含量主要分布在 28.78—35.23mg/kg，Pb 主要分布在 22.13—23.80mg/kg，Cr 主要分布在 67.83—73.51mg/kg。其具体土地利用方式为南大港湿地自然保护中心，该保护区面积较大，但湿地中重金属含量也较高，这与分布在周边的企业及缺乏完善的保护措施有关。第三，水体主要分布在骅西街道的东北部，三种重金属元素的含量均较低，可能是因为该地的土地用途为水产养殖，这就要求其必须保证极低的污染水平，以确保食品安全。

（4）工贸型乡镇。吕桥镇的土地利用方式以耕地、建成区、湿地和水体为主。第一，耕地主要分布在中西部，其中 Ni 元素的含量主要分布在 31.81—73.59mg/kg，Pb 元素主要分布在 23.81—33.19mg/kg，Cr 元素主要分布在 67.83—112.56mg/kg。首先，在中部的耕地中，三种重金属元素的含量均较高，也是黄骅市污染最严重的地点。从建成区的具体用地来看，一方面，这可能是因为该地区存在化工、石油制品以及砖厂生产等企业，这些企业大多从事重工业生产活动，往往会给周围土地带来高度污染和重金属的沉积。另一方面，该地人口众多，大量居民长期生活在此同样会造成重金属元素的富集，但相较于工业生产该因素往往对土壤的污染较小。此外，捷低减河和老石碑河贯穿吕桥镇中部的生产和居住区域，这可能会导致工业生产和居民生活排放的重金属在周围的土壤中大面积地扩散，间接使得周围的耕地中重金属元素大量富集。在吕桥镇中部受到重金属污染辐射的村落主要有刘三庄河北村、周青庄西村、吴家堡村、下三铺村、红海村、胜利村、新港村、北新立村、大王御史庄、海新村。其次，在西部的耕地中，Ni 元素和 Pb 元素的含量相对中部而言较低，而 Cr 元素的含量仍保持在较高水平，尤其是在吕桥镇的西南部。从建成区的具体用地来看，吕桥镇西部有一些石油化工、印刷企业，但相对中部较少，同时也有大量居民生活用地。在吕桥镇西部受到重金属污染辐射的村落主要有梁口村、何家桥村、张福庄村、陈庄子村、高家口村、郑家口村、王大本村、吕桥镇中心、孙正庄、王家桥村、中瓦吉瞳村。第二，湿地和水体主要分布在东部，其中 Ni 元素的含量主要分布在 4.20—31.80mg/kg，Pb 主要分布在 15.10—22.12mg/kg，Cr 主要分布在 0.00—61.81mg/kg，该处大部分地点的三种重金属元素均在很低的含量范围之内。从水体的具体用途来看，可能是因为该地为从事淡水鱼养殖的水库，作为食品生产的重要场地，保持水体不被污染是此类养殖活动的前提，因此重金属元素含量较低也是必要条件之一。

羊二庄回族乡的土地利用方式以耕地、水体以及建成区为主。第一，耕地主要分布在中部和西部，其 Ni 元素含量主要分布在 25.40—31.80mg/kg，Pb 主要分布在 20.69—23.80mg/kg，Cr 主要分布在 35.29—61.81mg/kg。首先，在西部的耕地中，三种元素的含量均较低，从建成区的具体使用方式来看，该地以居民居住为主，岛庄分布的村落是主要的用地方式。在村庄附近的 Ni 元素和 Pb 元素含量相对周围土壤略高，这可能是由于居民长期生活造成的金属元素富集。羊二庄回族乡西部的耕地中有工业污染工厂较少，在此乡镇的西北部，有一些五金制品、建筑材料、机械设备等企业，这些地点中 Ni 和 Pb 元素的含量比周围的耕地略高。其次，中部的耕地比西部略高，从建成区的具体使用方式来看，该地除较多的村庄以外，在村庄的周围还分布着一些工业企业，包括矿粉加工、砖厂、养殖等企业，虽然可能不会带来严重的重金属污染，但会影响周围土壤中的重金属含量。第二，水体主要分布在羊二庄回族乡的东部，此处 Ni 元素含量较高，Cr 元素与该乡镇中部类似，而 Pb 元素含量很低。主要是由于该地有大面积的盐场，这就需要此地的金属元素含量控制在一定的范围之内。在盐场北部的建成区中集聚了大量的生物医疗、材料、化工以及高新技术企业，但并没有对周围的金属元素含量造成明显的影响。

羊三木乡的土地利用方式以耕地和建成区为主。耕地中 Ni 元素的含量主要分布在 25.40—35.23mg/kg，Pb 在 22.13—25.68mg/kg，Cr 在 61.82—112.56mg/kg。北部的耕地中三种元素含量明显高于南部，可能是吕桥镇大量重金属富集导致的，虽然在南部集聚了一些汽车产业相关的企业，但只发现了局部的重金属元素积累。

常郭乡位于黄骅市的最西南处，其土地利用方式以耕地和建成区为主，也包括少量的水体。在耕地中，Ni 元素的含量在 4.20—28.77mg/kg，Pb 元素在 20.69—22.12mg/kg，Cr 元素在 35.29—67.82mg/kg。总体而言，常郭乡的耕地中三种重金属元素的含量均较低。虽然在常郭乡的各个村落周围分布着一些五金产品生产、农业养殖的企业，但并没有产生大面积的重金属污染。

（5）旅游型乡镇。南排河镇东邻大海，特殊的行政区划使其拥有狭长的海岸线，其土地利用方式以水体、建成区以及大面积的沿海滩涂为主。建成区的土壤重金属含量较高，Ni 元素含量主要在 28.78—35.23mg/kg，Pb 主要在 15.10—20.68mg/kg，Cr 主要在 61.82—73.51mg/kg。部分原因可能是该地居住着大量人口，人口居住密集度较高。另外，在该处集聚着大量水产养殖企业，在合理的养殖方式下可能不会造成重金属元素的污染，但在南排河镇附近集聚的钢铁、石化等工业企业会对周围造成一定程度的污染，同时因处于特殊的位置也会造成污染的加剧。

齐家务乡位于黄骅市西北处，其土地利用方式以耕地和建成区为主。耕地中 Ni 元素的含量主要分布在 4.20—28.77mg/kg，Pb 主要分布在 23.81—25.68mg/kg，Cr 主要分布在 35.29—67.82mg/kg。总体来看，西部耕地中 Ni 元素和 Pb 元素的含量明显高于东部，部分原因是齐家务乡东邻吕桥镇，吕桥镇大面积的重金属元素沉积影响了齐家务乡土壤中重金属元素的含量。

（6）农贸型乡镇。官庄乡和滕庄子乡位于黄骅市的最西部，这两个乡镇以耕地和建成区为主，另外在滕庄子乡还有较大面积的水体。总体来看，这两个乡镇北部重金属元素含量相对于南部较高，Ni 元素主要在 25.40—31.80mg/kg，Pb 主要在 20.69—25.68mg/kg，Cr 主要在 35.29—73.51mg/kg。这两个乡镇以农业为主，工业企业较少，但没有造成大面积的重金属污染，其北部重金属元素较高可能是周围乡镇的污染扩散导致的。另外，滕庄子乡的水体用地中，三种金属元素的含量很低，主要是由于该地为生态保护区，保持低污染水平是必要的标准。经过滕庄子乡的南排水河周围的 Ni 和 Cr 元素含量很低，但 Pb 元素含量可能略高。

旧城镇位于黄骅市最南部，其土地利用方式以耕地和建成区为主。该乡镇重金属元素含量很低，其中 Ni 主要分布在 4.20—25.39mg/kg，Pb 主要在 20.69—22.12mg/kg，Cr 主要在 35.29—61.81mg/kg。旧城镇的工业企业很少，建成区主要是呈岛状散落分布的村落，因此在村庄附近有少量地点的重金属元素含量略高。

第三节　基于无监督学习的土壤污染风险评价

与有监督学习算法不同，无监督学习算法仅需获取样本的输入信息，就可以自行实现对输入数据的特征提取以及自动聚类。无监督学习算法具有快速高效、依赖专家经验少、灵活且适应性强等优势。本书将利用机器学习领域的无监督学习相关理论以及算法，以 Ni、Pb、Cr 三种重金属为例，针对黄骅市土壤重金属污染风险评价展开研究。对实地采样获得的黄骅市土壤重金属污染数据，利用孤立森林算法进行异常值筛查，之后利用 K-Means 聚类算法、Fuzzy C-Means 聚类算法和高斯混合模型（GMM）聚类算法进行土壤重金属污染程度的地理空间分布建模。

一　研究方法

（一）基于无监督学习的异常值筛查

现实中异常值检测的对象通常是没有标签的多元数据。针对此类特点的数据，异常值检测方法通常包括基于马氏距离的统计距离检测法、基于深度学习的高维数据自编码器法和基于无监督学习的孤立森林检测法。基于深度学习的高维数据自编码器法在低维数据上使用效果不佳，而基于马氏距离的统计距离检测法不适合普通的多元数据单独使用，基于无监督学习的孤立森林检测法（以下简称"孤立森林算法"）对于普通多元数据是最优的选择，可以快速实现异常值检测。

孤立森林算法是一种适用于连续数据的无监督学习异常值筛查方法，即离群点挖掘方法。与通过距离等方法来刻画样本间的疏离程度的异常值检测算法不同，孤立森林算法通过对样点的孤立来检测异常值。该算法利用了一种孤立树的二叉搜索树结构来对样本进行划分。由于异常值的数量较少，且与大部分样本的疏离性较大，因此异常值很快会被所划分的形式所孤立出来。异常值会距离孤立树的根节点更近，而正常值则距离根节点更远。该算法根据样点数值与孤立树的根节点之间距离的远近，给出一个反映异常程度的排序，常常使用样点的路径长度或异常得分来进行排序，异常得分排在最前面的那些点即异常点。

孤立森林算法首先需要定义节点。此处，定义 T 为孤立树的一个节点，T 存在两种情况：一是 T 是没有子节点的外部节点；二是 T 有两个子节点 T_l 和 T_r，且有一个内部节点 $test$。T 的子节点 $test$ 由一个属性 q 和一个分割点 p 组成。如果某样点的 $q > p$，则该样点属于 T_l，如果某样点的 $q < p$，则该样点应属于 T_r。孤立森林算法的具体流程可以分为两个阶段。在第一阶段我们需要训练出 t 个孤立树，用于组成孤立森林。第一阶段的具体流程如步骤 1-1 至步骤 1-5 所示。

步骤 1-1：给定数据集 $X = \{x_1, x_2, x_3, \cdots, x_n\}$，首先从任意的样本 $x_i \in X$，$x_i = (x_{i1}, \cdots, x_{id})$ 中随机抽取 A 个样点构成子集 X' 放入根节点。

步骤 1-2：在 d 个维度中随机生成一个指定维度 q，在当前数据中随机产生一个切割点 p，并使得上述参数满足式（4-58）：

$$\min(x_{ij}, j=q, x_{ij} \in X') < p < \max(x_{ij}, j=q, x_{ij} \in X') \tag{4-58}$$

步骤 1-3：利用切割点 p 产生一个超平面，将数据集构成的超空间划分为两个子空间，将指定维度小于 p 的样点放入左侧的子节点，大于或等于 p 的放入右侧子节点。

步骤 1-4：递归循环上述步骤 1-2 和步骤 1-3，直到满足下列条件中的任意一个：孤立树（itree）达到了限制的高度；节点上只剩下了一个样本；节点上的样本所有的特征值相同。

步骤 1-5：递归循环上述步骤 1-1 至步骤 1-4。一直循环到生成了 t 个孤立树时中止。

第二阶段我们需要将每个样点代入森林中的每一个孤立树，进而计算平均高度，之后再计算每个样点的异常值得分，最后根据每个样本所对应的异常点得分便可以识别出数据异常点。第二阶段的运算过程如步骤 2-1 和步骤 2-2 所示。

步骤 2-1：对于每一个样点 x_i，令其遍历每一个孤立树，计算第 i 个样

本 x_i 在森林中的平均高度 $h(x_i)$，并对所有点的平均高度做归一化处理。

步骤2-2：计算每个样本的异常值得分。异常值得分计算公式为式（4-59）和式（4-60）。

$$S(x, A) = 2^{\frac{E[h(x)]}{c(A)}} \tag{4-59}$$

$$C(A) = \begin{cases} 2H(A-1)-2(A-1)/A, & A>2 \\ 1, & A=2 \\ 0, & A<2 \end{cases} \tag{4-60}$$

一般而言，异常值得分是一个处在0和1之间的值，当某样本数据的异常值得分小于0.5时，认为该样本无异常。当异常值得分大于0.5时，认为该样本可能存在异常，且得分越接近1则该样本异常的可能性越大。孤立森林算法可以有效识别异常值样本，在处理大数据样本时，也具有速度快、精度高、泛化性强等优势。

（二）基于无监督学习的空间格局分析

现有研究针对土壤重金属污染风险的空间分布特性的建模方法主要有以下三类，即空间密度分析法、空间插值法和空间聚类法。空间密度分析法可以通过将实地测量得到的各样点土壤重金属含量的具体数值由离散的点数据生成连续的面，可以较为清晰地判断重金属污染程度较为集中的地点。因此，空间密度分析法是根据输入要素数据来计算整个区域的数据空间聚集状况。空间密度分析常用的方法是空间核密度估计，根据重金属污染程度的离散采样值来构造整个地理空间的连续概率分布函数，从而实现对土壤重金属污染的总体空间分布估计。空间密度分析法还可以通过对特定区域的各个子区域进行划分，并利用统计平均的方法估计各个子区域内的污染程度。但核密度估计法对于全局信息的拟合需要前期采集大量的数据，计算量较大，且对于局部区域的污染分布则缺乏精准的估计，会出现精度较低的情况。常见的空间插值方法包括确定性插值和地统计插值等，主要是依据重金属污染在空间上连续分布的特性，建立空间离散点之间的空间近邻关系约束，利用采样获取的土壤重金属污染数据进行连续差值计算，进而对相关区域内重金属污染在空间上的分布进行估计。无论是哪种空间插值法都需要事先对离散样点之间的近邻关系进行假设，并对具体策略进行人工优化，存在依赖先验信息、人工参数偏多、性能不稳定的缺陷。

　　基于无监督学习的空间聚类法是近年来得到广泛重视的土壤重金属污染空间分布分析方法。该方法可以在大量无标记的土壤重金属污染数据中发现规律，在没有任何外界提示和缺乏先验信息的情况下，仅仅依靠数据的"相似度"就能将土壤重金属污染的数据聚成若干个分组，并将不同污染程度的样点区分开来。无监督学习的空间聚类法不但不依赖先验信息及大量人工参数，而且性能十分稳定，常用的方法包括 K-Means 聚类、Fuzzy C-Means 聚类以及高斯混合模型（GMM）聚类等。

　　1. K-Means 聚类基本原理

　　K-Means 聚类算法又称快速聚类算法，是一种经典的无监督学习"硬聚类"方法。该算法的主要作用是将相似的样本自动归类到同一类别中，其最大的优势在于不需要实现定义输出的标签以及算法设计上的简洁和高效。该算法主要通过迭代法将数据划分到不同区域，并且使得各样点到各区域中心的距离之和最小，使得每个对象属于且仅属于一个其到类簇中心距离最小的类簇中。相较于层次聚类，K-Means 聚类能处理更为庞大的数据集，并且观测值不会固定到一类中。K-Means 聚类算法的流程如图 4-18 所示，具体的运算过程为步骤 3-1 至步骤 3-8。

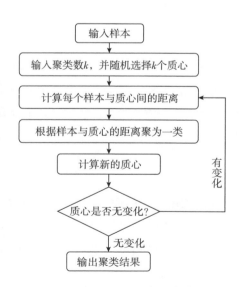

图 4-18　K-Means 聚类算法流程

　　资料来源：艾力米努尔·库尔班、谢娟英、姚若侠：《融合最近邻矩阵与局部密度的 K-means 聚类算法》，《计算机科学与探索》2023 年第 2 期。

步骤 3-1：给定数据样本集 X，该数据样本集包含了 n 个对象 $X = \{X_1, X_2, X_3, \cdots, X_n\}$，其中每个对象都具有 m 个维度的属性。

步骤 3-2：初始化 k 个聚类中心，记为 $\{C_1, C_2, C_3, \cdots, C_k\}$（$1 \leqslant k \leqslant n$）。

步骤 3-3：计算每一个对象到每一个聚类中心的欧氏距离，见式（4-61）。

$$D(X_i, C_j) = \sqrt{\sum_{t=1}^{m}(X_{it} - C_{jt})^2} \qquad (4-61)$$

式中，X_i 表示第 i 个对象（$1 \leqslant i \leqslant n$），$C_j$ 表示第 j 个聚类中心（$1 \leqslant j \leqslant k$），$X_{it}$ 表示第 i 个对象的第 t 个属性（$1 \leqslant t \leqslant m$），$C_{jt}$ 表示第 j 个聚类中心的第 t 个属性。

步骤 3-4：依次比较每一个对象到每一个聚类中心的距离，将对象分配到距离最近的聚类中心的类簇中，得到 k 个簇 $\{S_1, S_2, S_3, \cdots, S_k\}$，此时每个簇下包含若干对象。

步骤 3-5：计算所有类簇内的所有对象在各个维度的均值，其计算公式为式（4-62）。式中，$|S_l|$ 表示第 l 个类簇中对象的个数，X_{li} 表示第 l 个类簇中第 i 个对象（$1 \leqslant i \leqslant |S_l|$）。

$$\mu_i = \frac{\sum_{i=1}^{|S_l|} X_{li}}{|S_l|} \qquad (4-62)$$

步骤 3-6：将样本 X_i 重新划入与簇均值最接近的簇。

步骤 3-7：不断重复上述步骤，重新计算新的均值向量，如式（4-63）所示。

$$\mu'_i = \frac{1}{|S'_l|}\sum_{i=1}^{|S'_l|} X_{li} \qquad (4-63)$$

步骤 3-8：如果新的均值构成的向量与原先的均值向量不相等，以新的均值向量重复上述步骤，直到当前的均值向量不再更新。最后将簇划分的结果输出，记为 $C = \{C_1, C_2, C_3, \cdots, C_k\}$，即可得出每个样点的聚类结果。

2. Fuzzy C-Means 聚类基本原理

Fuzzy C-means 聚类算法是目前应用最为广泛的模糊聚类算法之一，该算法通过对目标函数进行优化，从而得到每个样点对所有聚类中心的隶属度，进而实现对样本的自动分类。Fuzzy C-Means 聚类算法融合了模糊理论的核心思想，相较于 K-Means 的"硬聚类"，该算法提供了更加灵活的聚类结果，将 K-Means 聚类算法转为"软聚类"，从而大幅提高数据对象的隶属度。由于数据集中的对象通常不能划分为明显分离的簇，指派一个对象到一个特定的簇在有些时候并不具有说服力，甚至可能出现聚类错误。所以，对每个样点和每个簇赋予一个权值，指明该样点属于该簇的程度，对于提高聚类结果的科学性具有重要的意义。虽然基于概率的方法也可以给出这样的权值，但通常很难确定一个合适的统计模型，而具有非概率特性的 Fuzzy C-Means 可以解决这些问题。Fuzzy C-Means 聚类算法的运算流程和原理分别如图 4-19 和步骤 4-1 至步骤 4-7 所示。

步骤 4-1：假设有 n 个原始的样点，即 $X = \{x_1, x_2, x_3, \cdots, x_n\}$，设定这些样点属于 l 个簇。首先，手动初始化簇中心为 $C = (c_1, c_2, c_3, \cdots, c_l)$。

步骤 4-2：通过式（4-64）计算每个样点到簇中心的距离：

$$D_1 = \|x_1 - c_1\|^2 + \|x_2 - c_1\|^2 + \|x_3 - c_1\|^2 + \cdots + \|x_n - c_1\|^2 \tag{4-64}$$

步骤 4-3：设定隶属值 u_{ki} 为第 i 个样点属于簇中心 k 的概率，该点与簇中心的距离越大，则该值越小。第 i 个点隶属于每一个簇中心的概率之和为 1，即满足 $u_{1i} + u_{2i} + u_{3i} + \cdots + u_{li} = 1$。

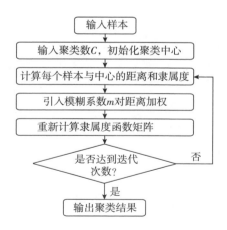

图 4-19　Fuzzy C-Means 聚类算法流程

资料来源：唐琳：《基于机器学习的土壤—水稻系统重金属污染分析与风险评估研究》，湖南农业大学，博士学位论文，2020 年，第 74 页。

步骤4-4：引入模糊系数 m 对第 i 个点到簇中心的距离进行加权。加权后每一个样点到簇中心的距离之和为式（4-65）。

$$d'_1 = u_{11}^m \|x_1 - c_1\|^2 + u_{12}^m \|x_2 - c_1\|^2 + u_{13}^m \|x_3 - c_1\|^2 + \cdots + u_{1n}^m \|x_n - c_1\|^2$$

$$= \sum_{i=1}^{n} u_{1i}^m \|x_i - c_1\|^2 \tag{4-65}$$

步骤4-5：对每一个样点与簇中心的距离之和进行加总，得到总距离和为式（4-66）。

$$D = \sum_{k=1}^{l} \sum_{i=1}^{n} u_{ki}^m \|x_i - c_k\|^2 \tag{4-66}$$

步骤4-6：求得使距离和 D 最小时的概率值 u_{ki}。将上述问题转化为下面的极值问题，即式（4-67）。然后，通过式（4-68）构造拉格朗日函数，求偏微分即可得到极小值的解，即式（4-69）和式（4-70）。式中，u_{ki} 表示第 i 个点隶属于 k 簇的概率值，且点到 k 簇的距离越大，该值越小，点到 k 簇的距离越小，该值就越大。

$$\min J(u_{ki}, c_k) = \sum_{k=1}^{l} \sum_{i=1}^{n} u_{ki}^m \|x_i - c_k\|^2 \tag{4-67}$$

$$s.t. \sum_{k=1}^{L} u_{ki} = 1, \ i = 1, 2, \cdots, n$$

$$L(u_{ki}, c_k) = \sum_{k=1}^{l} \sum_{i=1}^{n} u_{ki}^m \|x_i - c_k\|^2 - \sum_{i=1}^{n} \lambda_i (\sum_{k=1}^{l} u_{ki} - 1) \tag{4-68}$$

$$U_{ki} = \frac{\dfrac{1}{\|x_i - c_k\|^{\frac{2}{m-1}}}}{\sum_{k=1}^{l} \dfrac{1}{\|x_i - c_k\|^{\frac{2}{m-1}}}} \tag{4-69}$$

$$C_k = \frac{\sum_{i=1}^{n} u_{ki}^m x_i}{\sum_{i=1}^{n} u_{ki}^m} \tag{4-70}$$

步骤4-7：根据 u_{ki} 的大小将有关数据聚类为 k 个簇。如果 $u_{ki} > u_{ni}$，则 x_i 被划分至 c_k 簇。

3. 高斯混合模型（GMM）聚类基本原理

高斯混合模型（GMM）聚类是一种基于高斯混合分布的无监督聚类方法，也属于"软聚类"算法。该算法假设所有的数据对象存在若干数量的高斯分布，通过构建高斯概率密度函数（正态分布曲线），将一组对象分解为若干个基于高斯概率密度函数（正态分布曲线）的簇。高斯混合模型倾向于将属于同一分布的样点分为一组，通过给出每一个样点属于不同簇的概率来确定最终的聚类结果。高斯混合模型聚类算法假设存在 K 个高斯分布，然后判断每个样本符合各个分布的概率，并利用极大似然估计更新高斯分布参数。根据更新后的参数重新确定每个样点属于各个高斯分布的概率，不断迭代更新，直到模型收敛达到局部最优。其基本运算流程和原理分别如图 4-20 和步骤 5-1 至步骤 5-6 所示。

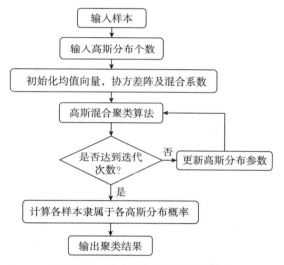

图 4-20　高斯混合模型聚类流程

资料来源：张原：《基于高斯混合模型的无线传感器网络节点定位算法的研究》，吉林大学，博士学位论文，2010 年，第 51 页。

步骤 5-1：假设存在 m 个样点，样本集定义为 $D = \{x_1, x_2, x_3, \cdots, x_m\}$。

步骤 5-2：指定簇的个数 k，表示存在 k 个不同的高斯分布。随后初始化每个簇的高斯分布参数 $\{\mu, \Sigma, a\}$，用以构建高斯混合概率密度。μ、Σ 和 a 分别表示数据的均值、协方差阵以及混合比例。

步骤 5-3：遍历所有的样点，分别计算每一个样点符合每一个分布的条件概率，记为 γ_{ji}，计算公式为式（4-71）。

$$\gamma_{ji} = PM(z_i = i \mid x_j)\,(1 \leq i \leq k) \tag{4-71}$$

步骤 5-4：用计算好的条件概率去计算新的模型参数 μ'_l、Σ'_l 以及

a_I'，如式（4-72）至式（4-74）所示。

$$\mu_I' = \frac{\sum\limits_{j=1}^{m} \gamma_{ji} x_j}{\sum\limits_{j=1}^{m} \gamma_{ji}} \tag{4-72}$$

$$\sum\nolimits_I' = \frac{\sum\limits_{j=1}^{m} \gamma_{ji}(x_j - u_I')(x_j - u_I')^T}{\sum\limits_{j=1}^{m} \gamma_{ji}} \tag{4-73}$$

$$a_I' = \frac{\sum\limits_{j=1}^{m} \gamma_{ji}}{m} \tag{4-74}$$

步骤 5-5：将高斯混合分布的参数更新为上述参数。重复上述步骤直至达到迭代次数。

步骤 5-6：利用最后获得的新的模型参数计算每个样点的条件概率，然后获取最大值 $\lambda_j = argmax_{i \in \{1,2,3,\cdots,k\}} \gamma_{ji}$；根据簇标记把数据 x_j 划入相应的簇 $C_{\lambda_j} \cup \{x_j\}$，最后输出每个样点的簇划分 $C = \{C_1, C_2, C_3, \cdots, C_k\}$。

二 基于无监督学习的土壤重金属污染风险评价

本节利用基于无监督学习的孤立森林算法对黄骅市 539 个样点获取的土壤 Ni、Pb、Cr 三类重金属污染数据进行异常值筛查，并结合地理位置信息数据对异常的 27 个样点进行具体分析，然后对其他的 512 个非异常样点的三类重金属污染实测数据进行空间聚类分析。分析结果表明，本节所使用的无监督学习算法具有高效的异常值识别及空间分布建模能力，有助于黄骅市土地资源可持续利用、工业产业布局和生态红线划定等工作的有效开展。

（一）异常值筛查结果

基于孤立森林算法的异常值筛查。本书利用孤立森林算法进行重金属污染异常值筛查时，设定孤立树每次的样点数为 256 个，孤立树数量设定为 100 棵，得到每个样点的异常得分 $s(x, n)$。一般而言，样点异常得分越接近 1，则该样点存在异常值的概率越大，异常得分小于 0.5 时，认为该样点不存在异常值。表 4-15 为孤立森林算法下异常得分大于 0.5 的样点的详细信息。可以得出，有 27 个样点的异常值得分大于 0.5，编号 1450 的样点在孤立森林算法下的异常值得分最高，为 1。被孤立森林算法指证为异常的样点均存在一个或多个重金属污染数据远大于平均值的情况，故这些异常点均为高值异常点。分析样点的空间分布特征可以发现，孤立森林算法下的异常样点在空间分布上主要集中于黄骅市北部的吕桥镇。少数异常样点分布在齐家务乡、羊三木乡、南排河镇、骅中街道、骅西街道、羊二庄回族乡、旧城镇和常郭乡。

表 4-15　　　　　　孤立森林算法下存在异常值的样点详细信息

编号	Ni （mg/kg）	Pb （mg/kg）	Cr （mg/kg）	经度	纬度	异常值 得分
1450	42.6	718.4	53.5	117.47	38.53	1.00
1441	46.9	34.7	96.8	117.31	38.53	0.90
1413	47.4	30.6	98.0	117.29	38.55	0.86
1961	18.3	17.7	48.7	117.22	38.17	0.76
1412	43.3	29.6	92.5	117.26	38.55	0.75
2578	23.7	15.6	45.6	117.65	38.30	0.71
1438	43.0	30.7	88.2	117.24	38.54	0.70
1468	39.3	32.5	91.1	117.33	38.52	0.70
1572	29.4	24.5	118.0	117.31	38.44	0.69
1964	19.5	18.0	49.0	117.24	38.17	0.69
1935	21.7	15.6	50.0	117.24	38.19	0.69
1389	37.6	29.4	101.0	117.31	38.57	0.67
2440	33.3	37.6	72.3	117.56	38.59	0.66
1571	30.0	23.0	104.0	117.29	38.44	0.63
2555	42.5	27.3	85.8	117.72	38.33	0.63
2552	23.4	18.1	43.2	117.65	38.34	0.62
1416	38.9	34.2	83.2	117.36	38.55	0.61
1157	40.2	27.5	94.1	117.72	38.36	0.61
1458	22.0	24.5	51.8	117.15	38.52	0.58
1936	20.3	18.1	52.5	117.26	38.19	0.58
2442	40.4	30.2	84.8	117.54	38.57	0.55
1411	41.0	29.7	85.2	117.24	38.55	0.55
1855	21.4	20.2	50.2	117.22	38.25	0.54
1467	39.7	28.9	89.7	117.31	38.52	0.53
2513	41.3	27.2	84.0	117.52	38.39	0.52
1388	41.0	27.2	85.6	117.29	38.57	0.51
1465	40.5	28.5	87.3	117.26	38.52	0.51

资料来源：Matlab 软件统计输出。

　　土壤重金属污染出现高值异常的原因是多样的，除数据采集时的抽样误差外，样点周边若存在工业企业或其他污染源也会造成该样点的土壤重金属含量数据被指证为异常。本书针对上述 27 个样点的异常情况，结合所属地理位置信息特征数据对上述异常形成的原因进行分析。表 4-16 反映了异常点与周边地理位置的关系。27 个异常点中，异常程度最高的样点 1450 周围并无因工业生产带来的污染源，但该区域在第四纪沉积相中属于湖泊相，地球化学演化中的重金属富集带来的自然污染源可能性较大。此外，该点位的重金属 Pb 富集远高于周围区域，存在一定的抽样误差可能性。样点 1441、1413、1412、2578、2440、1571、2555、1416、1157、2442、1467、1465 均在公路附近，表明这些样点存在异常值的原因可能是交通污染源带来的。样点 1413 和 1412 位于河流附近，存在由河流及地下水流带来污染的可能性。样点 2578、2440、1571、1157、1467 周边的加油站、修理厂及化工厂是造成局部污染的重要原因。上述异常点的分布情况与整体的工业生产分布情况关系并不密切，而与自然和人为交错的局部性污染源关系更加密切。

表 4-16　　　　　　　　　　　异常点周边地理位置信息

编号	附近道路	附近地点
1450	西北向 849 米为县道	西北向 989 米为沧州华林农业开发有限公司
1441	北向 470 米为省道、东南向 937 米为乡道	周边为居民区
1413	东向 911 米为 G18 荣乌公路	西北向 578 米为秃尾巴河
1961	—	—
1412	西向 761 米为高速	东向 877 米为秃尾巴河中桥、东南部为居民区
2578	北向 386 米为南疏港路	东南向 347 米为黄骅市盐场三组、西南向 755 米为仁合能源
1438	—	—
1468	—	—
1572	—	—
1964	—	—

续表

编号	附近道路	附近地点
1935	西向 625 米为幸福路、西向 646 米为芳华路、西向 834 米为平安街	东向 838 米为村落
1389	—	南向 941 米为窦庄子站
2440	东北向 107 米为 G0111 秦滨高速、西向 222 米为 228 国道、西北向 502 米为 G0111 秦滨高速	周边为居民区
1571	东北向 1 米为 205 国道、西北向 440 米为山深线、东南向 684 米为市场路	周边为居民区
2555	北向 983 米为中疏港路	—
2552	—	—
1416	南向 750 米为十里长街、南向 967 米为 245 乡道、南向 972 米为歧梅路	周边为居民区及商业店铺
1157	东北向 179 米为海防大街	西北向 827 米为中国石化沧州黄骅第 28 加油站
1458	西向 406 米为兴安街、东向 704 米为 245 乡道、西南向 764 米为安康路	周边为学校及商业店铺
1936	北向 34 米为永胜路、西北向 209 米为东兴路、东向 245 米为东卫街	周边为学校及居民区
2442	北向 89 米为 337 国道	东南向 954 米为石碑河
1411	—	东向 255 米为黄骅正邦生态农业有限公司
1855	北向 811 米为民安街、北向 912 米为华荣街、北向 912 米为荣升路	周边为居民区
1467	东向 887 米为 G18 荣乌高速	周边为居民区及商业店铺
2513	—	周边为农场
1388	—	—
1465	南向 580 米为 L15 省道	周边为学校

资料来源：小欧地图软件地理围栏检索功能。

（二）基于无监督学习的空间聚类分析

利用无监督学习的 K-Means 聚类算法、Fuzzy C-Means 聚类算法以及高斯混合模型（GMM）聚类算法分别对黄骅市土壤重金属污染数据进行空间聚类分析。由于异常数据会影响聚类分析的结果，导致聚类结果的误差变大，因此本书在进行空间聚类分析时使用 512 个非异常样点。

1. K-Means 聚类结果分析

当聚类数设定为 2 时，K-Means 聚类算法下的黄骅市土壤重金属污染空间分布呈现高低两类特征。一类样点的聚类中心数值较低，将其定义为无污染样点；另一类样点的聚类中心数值较高，将其定义为疑似污染样点。无污染样点共计 308 个，占总数的 60.16%；疑似污染样点共计204 个，占总数的 39.84%。无污染样点的聚类中心为（26.47，21.42，61.24），疑似污染样点的聚类中心为（33.57，25.03，74.63）。从空间分布上看，疑似污染样点主要集中于黄骅市北部地区，以东经 117 度 20分为中轴线大致呈现倒"V"形分布。从行政区划上看，疑似污染样点广泛分布于吕桥镇、骅西街道、滕庄子乡大部，骅中街道中北部以及骅东街道中部。无污染样点主要分布于黄骅中南部、西南部以及西北部地区，包括黄骅镇、旧城镇、常郭乡、齐家务乡全域绝大部分样点和骅中街道中北部样点。

当聚类数设置为 3 时，得到 3 个不同的聚类中心，即无污染样点、疑似污染样点、高度疑似污染样点。分析发现，无污染样点共计 241 个，占总数的 47.07%；疑似污染样点共计 164 个，占总数的 32.03%；高度疑似污染样点共计 107 个，占总数的 20.90%。无污染样点、疑似污染样点以及高度疑似污染样点的聚类中心分别为（25.67，21.10，59.90）、（30.68，23.28，68.61）和（35.36，26.16，78.49）。当聚类数设置为 3时，黄骅市土壤重金属污染的空间分布依然呈现为"北重南轻"的规律，无污染样点广泛分布于黄骅市中南、西南以及西北部地区。从行政区划上看，黄骅镇、旧城镇、常郭乡全域绝大部分样点为无污染样点；疑似污染样点和高度疑似污染样点广泛分布于黄骅市北部大部分地区和东部地区。其中，高度疑似污染样点在北纬 38 度 30 分至 38 度 40 分，东经117 度 20 分至 117 度 30 分的区域最为集中。从行政区划来看，吕桥镇、骅西街道、骅中街道的样点广泛被指证为疑似污染或高度疑似污染。

2. Fuzzy C-Means 聚类结果分析

在 Fuzzy C-Means 聚类算法下，依旧仿照上文做法，根据聚类中心数值的大小将聚类数设定为 2 时的两个簇定义为无污染样点和疑似污染样点。将聚类数设定为 3 时的三个簇定义为无污染样点、疑似污染样点以及高度疑似污染样点。当聚类数设置为 2 时，运用无监督学习的 Fuzzy C-Means 聚类算法进行的黄骅市土壤重金属含量空间分布建模结果。无污染样点的聚类中心为（26.32，21.38，61.04），共计 308 个，占 60.16%。从空间分布规律上看，广泛分布于黄骅市南部地区及西北部地区，东南地区也存在部分无污染样点，其中旧城镇除异常样点外均为无污染样点，常郭乡、黄骅镇以及齐家务乡中的绝大部分样点均为无污染样点。共有 204 个样点被归为疑似污染样点，占 39.84%，聚类中心为（33.78，25.16，74.97），从空间分布上看，这些样点集中分布于黄骅市北部、东北部地区，在东南部也有零星分布。从行政区划上看，这些样点主要分布于吕桥镇、骅西街道、羊三木乡中部、滕庄子乡西部以及羊二庄回族乡东南部。此结果与 K-Means 聚类算法下样点土壤重金属空间分布规律保持高度一致。

　　当聚类数调整为 3 时，黄骅市土壤重金属无污染样点的聚类中心为（25.28，20.91，59.29），共计 219 个，占 42.77%，广泛分布于黄骅市西南部、中南部以及西北部乡镇，包括齐家务乡、常郭乡、旧城镇、黄骅镇、骅中街道西部以及羊二庄回族乡西南部。疑似污染样点共计有 183 个，占 35.74%，聚类中心为（30.27，23.06，67.95）。高度疑似污染样点，共计 110 个，占 21.48%，聚类中心为（35.39，26.16，78.48）。从空间分布上看，高度疑似污染样点集中分布于东经 117 度 20 分至东经 117 度 30 分，北纬 38 度 30 分以北的区域，包括吕桥镇境内大部、骅西街道北部、骅中街道中北部以及滕庄子乡西部和官庄乡东部。

　　3. 高斯混合模型聚类结果分析

　　利用高斯混合模型，对 512 个非异常样点重金属污染数据进行聚类分析，通过指定不同的聚类数量建立两种三维高斯混合模型。根据每一个聚类簇服从的高斯分布的均值，定义各自的污染程度。当聚类数设定为 2 时，将高斯分布均值较低的簇定义为无污染样点，均值较高的簇定义为疑似污染样点。当聚类数设定为 3 时，将高斯分布均值最低的簇定义为无污染样点，均值居中的簇定义为疑似污染样点，均值最高的簇定义为高度疑似污染样点。当高斯分布数量设定为 2 时，三维高斯混合的分布函数参数如表 4-17 所示。第一组三维高斯分布记为 GMM_{11}，Ni、Pb、Cr 的均值分别为 25.72、21.51 和 60.46，方差分别为 4.27、3.37 和 13.15。第二组三维高斯分布记为 GMM_{12}，三种重金属的均值分别为 31.67、23.76 和 70.64，方差分别为 13.87、6.95 和 51.62。两组分布的混合比例为 42.38% 和 57.62%。

在 512 个样点中，有 217 个样点属于无污染样点，295 个样点属于疑似污染样点。当聚类数设定为 2 时，黄骅市 512 个样点中，无污染样点主要集中于黄骅市中南、西南以及东北部，包括黄骅镇、旧城镇、常郭乡、齐家务乡大部分地区以及骅中街道西部、羊二庄回族乡西部；疑似污染样点则广泛分布于黄骅镇西部、北部及东部，吕桥镇全域除了部分异常样点，其余全部都为疑似污染样点；官庄乡、滕庄子乡、骅西街道和羊二庄回族乡大部分样点以及骅中街道东部样点也属于疑似污染样点。

表 4-17　　聚类数设定为 2 时三维高斯混合模型分布函数的参数

	混合比例（%）	样点数（个）	均值			方差		
			Ni	Pb	Cr	Ni	Pb	Cr
GMM$_{11}$	42.38	217	25.72	21.51	60.46	4.27	3.37	13.15
GMM$_{12}$	57.62	295	31.67	23.76	70.64	13.87	6.95	51.62

资料来源：Matlab 软件输出统计。

当聚类数设定为 3 时，三维高斯混合分布函数的参数如表 4-18 所示。第一组三维高斯分布记为 GMM$_{21}$，Ni、Pb、Cr 的均值分别为 26.93、22.28 和 62.65，方差分别为 8.46、5.35 和 25.97。第二组三维高斯分布记为 GMM$_{22}$，均值分别为 27.78、21.23 和 62.87，方差分别为 9.06、2.34 和 23.00，第三组三维高斯分布记为 GMM$_{23}$，均值分别为 34.11、25.35 和 75.81，方差分别为 8.96、3.79 和 23.31。模型的混合比例为 47.27%、23.83% 和 28.91%。当聚类数设定为 3 时，无污染样点服从 GMM$_{21}$ 分布，主要分布于黄骅市中南部、西南部以及西北部地区。从行政区划上看，主要位于黄骅镇、旧城镇、常郭乡以及齐家务乡。疑似污染样点服从 GMM$_{22}$ 分布，主要分布于黄骅市东部，包括羊二庄回族乡及骅中街道，其余乡镇也有零星分布。高度疑似污染样点服从 GMM$_{23}$ 分布，主要分布于黄骅市北部地区和西部地区，从行政区划上看包括吕桥镇、骅西街道、官庄乡以及骅中街道东部。

表 4-18　　　　聚类数设定为 3 时三维高斯混合模型分布函数的参数

	混合比例（%）	样点数	均值			方差		
			Ni	Pb	Cr	Ni	Pb	Cr
GMM$_{21}$	47. 27	242	26. 93	22. 28	62. 65	8. 46	5. 35	25. 97
GMM$_{22}$	23. 83	122	27. 78	21. 23	62. 87	9. 06	2. 34	23. 00
GMM$_{23}$	28. 91	148	34. 11	25. 35	75. 81	8. 96	3. 79	23. 31

资料来源：MATLAB 统计输出。

4. 聚类结果对比

表 4-19 为上述三种聚类算法的结果对比。可以发现 K-Means 聚类、Fuzzy C-Means 聚类两种算法的聚类结果具有高度一致性。当聚类数设定为 2 时，K-Means 聚类和 Fuzzy C-Means 聚类的结果完全相同。当聚类数设定为 3 时，K-Means 聚类算法下的高度疑似污染样点为 107 个，Fuzzy C-Means 聚类算法下的高度疑似污染样点为 110 个，其中 K-Means 聚类的高度疑似污染样点均被 Fuzzy C-Means 聚类包括在内。因此，结合两种聚类算法的结果，高度疑似污染样点集中分布于吕桥镇、骅西街道、南排河镇、骅中街道和滕庄子乡。

表 4-19　　　　　　　三种聚类算法结果对比

	聚类数设定为 2			聚类数设定为 3		
	K-Means	Fuzzy C-Means	高斯混合模型聚类	K-Means	Fuzzy C-Means	高斯混合模型聚类
无污染样点	308	308	217	241	219	242
疑似污染样点	204	204	295	164	183	122
高度疑似污染样点	—	—	—	107	110	148

资料来源：MATLAB 统计输出。

高斯混合聚类模型的聚类结果与上述两种聚类算法的结果有一定差异。当聚类数为 2 时，高斯混合模型聚类的疑似污染样点数量显著高于 K-Means 聚类和 Fuzzy C-Means 聚类。当聚类数为 3 时，高斯混合模型的高度疑似污染样点数量显著高于其他两种聚类。三种聚类算法下均属于无污染样点簇的样点数量为 160 个，集中分布于黄骅镇、常郭乡以及旧城镇。疑似污染样点数量为 49 个。高度疑似污染样点数量为 104 个。表 4-20 为黄骅市下属乡镇中高度疑似污染样点和异常样点数量。可以得出，所有乡镇中高度疑似污染样点占比由高到低分别为吕桥镇、南排河镇、骅西街道、官庄镇、骅中街道、滕庄子乡、羊三木乡、齐家务乡、羊二庄回族乡、黄骅镇、常郭镇、旧城镇和骅东街道。

表 4-20　　黄骅市下属乡镇高度疑似污染样点和异常样点数量

	总样点数（个）	高度疑似污染样点数（个）	占比（%）	异常样点数（个）
吕桥镇	45	23	51.11	8
南排河镇	17	8	47.06	2
骅西街道	75	28	37.33	2
官庄镇	23	8	34.78	0
骅中街道	67	16	23.88	1
滕庄子乡	50	11	22.00	0
羊三木乡	17	2	11.76	2
齐家务乡	33	3	9.09	0
羊二庄回族乡	79	3	3.80	1
黄骅镇	36	0	0.00	2
常郭镇	36	0	0.00	2
旧城镇	37	0	0.00	1
骅东街道	3	0	0.00	0

资料来源：MATLAB 统计输出。

第四节　基于复杂网络的土壤重金属污染风险评价

具有共同分布特征的重金属元素和具有共同污染状况区域的识别是土壤污染风险评价的重要部分，其结果可以帮助土壤污染治理政策的制定和精准实施。基于复杂网络理论和黄骅市重金属含量实地采样数据，本节以黄骅市土壤异常样点之间的共异常关系为基础，构建了共异常网络。一方面，以异常样点之间共异常元素个数的最小值为阈值，筛选出不同阈值的共异常网络。将网络社团与空间分析结合，分析不同阈值共异常网络节点的空间分布特征，进而从不同阈值视角分析了黄骅市表层土壤污染的空间集聚特征。另一方面，以元素之间的共异常样点个数为权重，构建了元素共异常网络，研究了黄骅市重金属元素污染情况。

一　研究方法

（一）异常值的确定

根据前文中针对全局异常值的分析，在黄骅市 539 个样点中，将两个可能存在测量错误的样点删除，其编号为 1450 和 2537。故本节使用 537 个样点的 8 种重金属浓度，原始数据可由矩阵 $A(a_{ij})$ 表示，如式（4-75）所示。其中，a_{ij} 表示样点 i 处 j 元素的含量。

$$A(a_{ij}) = \begin{bmatrix} a_{11} & \cdots & \cdots & a_{1j} & \cdots & a_{18} \\ \vdots & \ddots & \ddots & \vdots & \ddots & \vdots \\ a_{i1} & \cdots & \cdots & a_{ij} & \cdots & a_{i8} \\ \vdots & \ddots & \ddots & \vdots & \ddots & \vdots \\ \vdots & \ddots & \ddots & \vdots & \ddots & \vdots \\ a_{5371} & \cdots & \cdots & a_{537j} & \cdots & a_{5378} \end{bmatrix} \tag{4-75}$$

对重金属元素浓度异常情况的判断主要有四种形式。第一种是采用国家发布的土壤环境指标，如《中华人民共和国国家标准土壤环境质量农用地土壤污染风险管控标准（试行）》（GB 15618—2018）中，对各类农用地、各种 pH 值情况下的土壤中重金属浓度风险值进行了规定。但全国范围内的土壤差异性较大，很难用一个统一的指标评价某地的真实情况，对于一个小范围的研究区域也可能缺乏针对性，无法体现小范围区域的污染详细情况。

第二种是采用土壤污染临界值的评价指标，首先需要对当地区域土壤质量进行深度分析，如判断各地的土地类型，在此基础之上对土壤环境异常区进行识别，再进一步选择一个具体的污染临界值。此种方法需大量的实地考察结果，对实地测量的精准度要求较高。

第三种是使用各种土壤污染相关指数对重金属浓度进行综合评价，如单因子指数、内梅罗指数、地累积指数等。使用指数确定异常值已脱离了简单的元素浓度，而是增加背景值等指标来进行评价的复杂过程。

第四种是采用土壤环境的异常值评价指标，采用当地的数据判断重金属元素浓度值是否超过临界点，是相对于样本数据得到的适用于当前区域的异常界限。

综上所述，由于主要通过黄骅市土壤样点数据研究重金属浓度的异常情况，因此需要采用土壤环境的异常值评价指标来初步分析黄骅市的土壤污染状况。此处共界定了 3 个级别的元素浓度异常值，用于分级反映黄骅市土壤环境的污染轻重程度，异常值由样点的统计数据计算得出，每个级别异常值的计算方法为式（4-76）至式（4-78）。表 4-21 为用于评价黄骅市土壤污染情况的 8 种重金属元素浓度的 3 个级别异常值。

$$1 级异常值 = 平均值 + 标准差 \tag{4-76}$$

$$2 级异常值 = 平均值 + 2 \times 标准差 \tag{4-77}$$

$$3 级异常值 = 平均值 + 3 \times 标准差 \tag{4-78}$$

表 4-21　　　　　　黄骅市重金属元素浓度异常值　　　　　单位：mg/kg

元素	Cu	Zn	Ni	Pb	Cd	Cr	As	Hg
1 级异常值	28.31	84.94	34.33	25.97	0.18	76.43	13.80	0.04
2 级异常值	33.16	95.77	39.12	28.93	0.20	85.71	15.90	0.05
3 级异常值	38.00	106.60	43.92	31.88	0.23	94.99	17.99	0.06

（二）模型构建

1. 网络模型构建

研究土壤中重金属元素的异常情况对土壤污染程度具有重要意义，各个样点之间有着丰富的联系，而不是孤立存在的，8 种重金属元素之间同样有着联系，可以应用复杂网络来反映样点之间与元素之间的复杂关系。

复杂网络可以抽象地描绘出复杂系统，它由节点和边两种要素组成。在复杂网络中，节点代表复杂系统中的各个实体，边是复杂网络中节点之间的关系，代表复杂系统中不同实体之间的联系。通过对边加权可以表示节点之间联系的紧密程度，对边加方向可以表示节点之间的联系方向。根据边是否有权重可将复杂网络分为加权网络和无权网络，而根据边是否有方向可将复杂网络分为有向网络和无向网络。

为全面反映黄骅市土壤污染状况，此处建立了两种共异常网络，并且每种网络按照元素的污染程度的 3 个等级分为 3 个级别的网络，等级越高则污染情况越严重。首先，建立了土壤污染样点共异常网络，样点为网络中的节点，两个样点之间拥有共同的异常元素则连边，边的权重即共异常元素个数。其次，建立了土壤污染元素共异常网络，8 种元素为节点，两种元素之间共同拥有异常样点则连边，边的权重即共同的异常样点个数。以表 4-20 的异常值为标准筛选出黄骅市土壤重金属元素含量大于异常值的样点。以"0"代表正常值，"1"代表高于异常值，将原始数据转化为 0—1 矩阵。行为样点坐标，列为元素指标，由此得到了元素共异常矩阵 B（b_{ij}），如式（4-79）和式（4-82）所示。

$$B(b_{ij}) = \begin{bmatrix} b_{11} & \cdots & \cdots & b_{1j} & \cdots & b_{18} \\ \vdots & \ddots & \ddots & \vdots & \ddots & \vdots \\ b_{i1} & \cdots & \cdots & b_{ij} & \cdots & b_{i8} \\ \vdots & \ddots & \ddots & \vdots & \ddots & \vdots \\ \vdots & \ddots & \ddots & \vdots & \ddots & \vdots \\ b_{5371} & \cdots & \cdots & b_{537j} & \cdots & b_{5378} \end{bmatrix} \tag{4-79}$$

$$b_{ij} = \begin{cases} 0, & \text{元素 } j \text{ 在坐标 } i \text{ 处含量正常} \\ 1, & \text{元素 } j \text{ 在坐标 } i \text{ 处含量异常} \end{cases} \tag{4-80}$$

将元素的异常情况矩阵 B 代入式（4-81）得到样点共异常矩阵 $C(c_{ij})$。其中，B' 是 B 的转置矩阵。

$$C(c_{ij}) = BB' = \begin{bmatrix} c_{11} & \cdots & \cdots & c_{1j} & \cdots & c_{1537} \\ \vdots & \ddots & \ddots & \vdots & \ddots & \vdots \\ c_{i1} & \cdots & \cdots & c_{ij} & \cdots & c_{i537} \\ \vdots & \ddots & \ddots & \vdots & \ddots & \vdots \\ \vdots & \ddots & \ddots & \vdots & \ddots & \vdots \\ c_{5371} & \cdots & \cdots & c_{537j} & \cdots & c_{537537} \end{bmatrix} \tag{4-81}$$

$$c_{ij} = \begin{cases} 0, & \text{样点 } i \text{ 和 } j \text{ 之间没有共同异常的元素} \\ x, & \text{样点 } i \text{ 和 } j \text{ 之间有 } x \text{ 个共同的异常元素} \end{cases} \tag{4-82}$$

C 矩阵是一个对称矩阵，且对角线上的数据代表该样点的异常元素个数。本节研究的是不同样点间的关系，故只取用 C 矩阵对角线以上的数据，即得到最终的共异常矩阵，由此以样点为节点，样点间的共异常情况为边，样点间的共异常元素个数为边的权重，建立无向加权共异常网络。同时，由于将异常样点之间的共异常元素个数作为判断样点之间共异常关系强弱的标准，则共异常元素个数越多，两个样点之间的共异常关系越强；反之则越弱。为全面观察共异常网络的特征，以样点共异常元素个数的最小值为阈值，以边的权重从小到大，筛选出阈值由 1 至 8 的共异常网络，如阈值 1 网络表示网络中边的权重均大于等于 1，阈值 2 网络中边的权重均大于等于 2，以此类推。阈值越高，代表样点污染情况越复杂。将矩阵 B 代入式（4-83）则可得到元素共异常矩阵 $D(d_{ij})$。

$$D = B^{'}B = \begin{bmatrix} d_{11} & \cdots & \cdots & d_{1j} & \cdots & d_{18} \\ \vdots & \ddots & \ddots & \vdots & \ddots & \vdots \\ d_{i1} & \cdots & \cdots & d_{ij} & \cdots & d_{i8} \\ \vdots & \ddots & \ddots & \vdots & \ddots & \vdots \\ \vdots & \ddots & \ddots & \vdots & \ddots & \vdots \\ d_{81} & \cdots & \cdots & d_{8j} & \cdots & d_{88} \end{bmatrix} \tag{4-83}$$

$$d_{ij} = \begin{cases} 0, & \text{元素 } i \text{ 和 } j \text{ 之间没有共同的异常样点} \\ x, & \text{元素 } i \text{ 和 } j \text{ 之间有 } x \text{ 个共同的异常样点} \end{cases} \tag{4-84}$$

D 矩阵是一个 8×8 的对称矩阵，且对角线上的数据代表该元素的异常样点个数。此处研究的是不同元素间的关系，故只取用 D 矩阵对角线以上的数据，即得到最终的共异常矩阵，由此以元素为节点，元素间有无共异常情况为边的有无，元素间的共异常元素个数为边的权重，建立无向加权共异常网络。

2. 网络拓扑特征指标

度与平均度。在加权网络中，度（D）是一个节点拥有的与之相关联的节点个数，平均度（$Davg$）是网络中所有节点的度的平均值。节点的度越高代表其在网络中拥有联系的点越多。网络的平均度越高，代表网络中边越多，网络节点之间的联系越复杂。在样点共异常网络中，度代表与一个样点拥有共异常关系的样点的数量，而平均度则为网络中所有样点的度的平均值，反映黄骅市土壤样点之间的联系紧密程度。在元素共异常网络中，度代表与一种元素存在共异常关系的元素数量，网络中共有 8 种元素，因此元素共异常网络中度的最大值为 7。计算公式分别为式（4-85）和式（4-86），其中，当节点 i 与 j 在网络中存在联系时，

$e_{ij}=1$，否则 $e_{ij}=0$。

$$D_i = \sum_{j=1}^{n} e_{ij} \tag{4-85}$$

$$Davg = \frac{1}{n}\sum_{i=1}^{n}\sum_{j=1}^{n} e_{ij} \tag{4-86}$$

平均加权度。在加权网络中，一个节点的加权度（WD）为该节点与其他节点之间的边的权重之和，而平均加权度（$Wavg$）则为网络中所有节点的加权度平均值。网络的平均加权度越高，代表网络中各节点之间联系强度越高。在样点共异常网络中，加权度代表一个样点与其他样点之间拥有的共异常元素个数的总和，平均加权度则为所有样点加权度的平均值，代表网络整体的联系强度。在元素共异常网络中，加权度代表一种元素与其他几种元素共同拥有的异常样点的数量之和，反映了元素的异常情况。式（4-87）和式（4-88）中，w_{ij} 代表节点 i 与 j 之间的权重。节点的加权度越高，代表其与其他样点之间联系程度越强。

$$WD_i = \sum_{j=1}^{n} w_{ij} \tag{4-87}$$

$$Wavg = \frac{1}{n}\sum_{i=1}^{n}\sum_{j=1}^{n} w_{ij} \tag{4-88}$$

平均加权聚类系数。在无向加权网络中，平均加权聚类系数代表节点之间关系的紧密程度。节点的加权聚类系数代表该节点的邻接点之间的紧密程度，在样点共异常网络中，加权聚类系数代表某个样点与相邻样点之间关系的紧密程度，网络的平均加权聚类系数越高代表污染越容易在某个样点的邻接点之间传递，计算公式为式（4-89）。其中 C_i 代表共异常网络中节点 i 的加权集聚系数；C_i' 代表共异常网络的平均加权集聚系数。r_i 代表共异常网络中节点 i 的度值；WD_i 代表共异常网络中节点 i 的加权度；e_{ij}、e_{ik}、e_{jk} 用来判断节点 i、j、k 是否构成三角形，三者之积为 1 表示三个节点之间都有边相连，可以构成三角形，0 表示三个节点构不成三角形。

$$C_i = \frac{1}{WD_i(r_i-1)}\sum_{i,k}\frac{(w_{ij}+w_{jk})}{2}e_{ij}e_{ik}e_{jk} \tag{4-89}$$

$$C_i' = \frac{1}{n}\sum_i C_i \tag{4-90}$$

社团划分。社团划分就是将网络中的节点划分成组，组内节点联系比较稠密，组间节点联系比较稀疏。此处引入探视算法对网络进行社团划分。该算法基于模块化变量来测量社团内部以及社团之间的密度，其计算方法为式（4-91）。Q 代表模块化程度，其数值介于-1 和 1 之间；$A_i = \sum_j w_{i,j}$ 代表与节点 i 连接的边的权重之和；c_i 代表节点 i 所属的社团，如果 $c_i = c_j$，则 $\delta(c_i, c_j)$ 为 1，否则为 0；$m = \sum_{i,j} w_{i,j}$，代表整个网络中的所有连接的权重之和。样点共异常网络的重金属在各社团内相较于社团外更容易传递。

$$Q = \frac{1}{2m} \sum_{i,j} \left[w_{i,j} - \frac{A_i A_j}{2m} \right] \delta(c_i, c_j) \tag{4-91}$$

网络密度。网络密度即各节点实际发生联系的边的数量与理论上的最大的边的数量的比值，取值区间为[0，1]。网络密度越趋近于 1，则说明网络中样点之间联系越紧密；反之则意味着联系越松散。计算公式为式(4-92)，式中，L 为样点共异常网络中边的数量，M 则为网络中样点的数量。

$$D = \frac{2L}{m(m-1)} \tag{4-92}$$

二 基于复杂网络的土壤重金属污染风险评价

（一）黄骅市 1 级共异常网络特征分析

1. 样点共异常网络整体指标分析

此处构建了 8 种阈值条件下的黄骅市重金属元素的样点共异常网络，这些网络的拓扑特征指标如表 4-22 所示。图 4-21 分别展示了阈值为 1 和 8 时的元素共异常网络。其中，阈值 1 网络包括 217 个样点，占全部样点数量的 40.4%，13624 对共异常关系。这说明整体来看，黄骅市土壤重金属元素共异常情况比较普遍。而随着阈值的增加，网络中包含的节点与边的数量逐渐减少。具体来说，当样点间共异常元素最低个数为 2 时，阈值 2 网络节点数为 133 个，与阈值 1 网络相比减少至阈值 1 网络的 61.3%，边的数量为 5575 条，减少至阈值 1 网络的 40.9%。取阈值为 5 的共异常网络，即任意两个样点之间至少有 5 个共同异常的元素时，拥有样点 67 个，连边 1813 条，占阈值 1 网络所含边的 13.31%。这说明样点之间共异常关系强度在 5 以上的情况仅占所有共异常关系的 13.31%。进一步来看，最高的阈值 8 网络仅包含 7 个样点，以上数据说明黄骅市土壤样点的共异常污染关系虽比较普遍，但高强度的共异常关系占比不大，这表明黄骅市土壤污染严重的地区并不广泛。

阈值 1 网络的平均度为 127.567，平均加权度为 260.396，这表示黄骅市土壤中一个样点平均与 128 个样点具有共异常关系，每一个样点与其他样点平均具有 260 个共同的异常元素，这意味着一个样点与另外一个样点平均具有 2 个共同的异常元素。由此说明黄骅市土壤样点之间的共异常关系强度较弱。由表 4-22 可以得出，从阈值 1 至阈值 8，共异常网络中所包含的节点和边数逐渐减少，平均度在各级阈值网络中逐渐减小。而平均加权度则较为平稳，除阈值 8 网络外，各级网络中一个样点与其他样点具有的异常元素平均在 200 个至 400 个之间。这说明，网络中包含的样点虽然在逐级减少，但每个点与其他点之间的共异常元素没有显著减少，网络中节点的关系是紧密的。

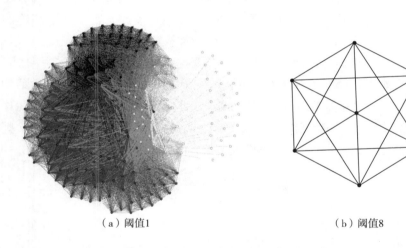

（a）阈值1　　　　　　　　　　　　（b）阈值8

图 4-21　阈值 1 与阈值 8 共异常网络结构

资料来源：GEPHI 统计输出。

表 4-22　　　　　　　　　　　1 级共异常网络指标统计

网络	节点（个）	边（个）	平均度	平均加权度	网络密度	平均加权聚类系数
阈值 1	217	13624	127.567	260.396	0.581	0.857
阈值 2	133	5575	85.835	303.82	0.635	0.887
阈值 3	85	3118	73.365	359.365	0.873	0.939

续表

网络	节点（个）	边（个）	平均度	平均加权度	网络密度	平均加权聚类系数
阈值4	75	2443	65.147	353.733	0.880	0.933
阈值5	67	1813	54.119	320.746	0.820	0.919
阈值6	53	1134	42.792	277.358	0.823	0.927
阈值7	36	525	29.167	205.333	0.833	0.966
阈值8	7	21	6	96	1	1

　　网络密度是反映整个网络连接是否紧密的指标。由表4-22可知，随着阈值上升，网络密度增加，代表着网络中节点间的关系更为密切。其中，阈值8网络密度为1，为全连通网络。随着阈值的增加而平均加权聚类系数上升也反映了这一点。平均加权聚类系数反映与某个节点相连的两个节点彼此也相连的概率。各阈值平均加权聚类系数如图4-22所示，黄骅市土壤污染共异常网络的平均加权聚类系数较高，除阈值1、阈值2系数值分别为0.857、0.887外，阈值3及以上网络平均加权聚类系数值均在0.9以上，且总体上随阈值上升而增加。这说明黄骅市与一个样点相连的其他异常样点之间联系紧密，若此样点的污染传播给了其连接样点，则污染可能会在其连接的样点之间快速传播，使更大范围的地区受到污染。

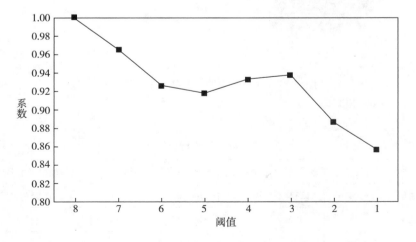

图4-22　各阈值平均加权聚类系数

2. 样点共异常网络社团分析

引入探视算法，将每一级阈值的样点按紧密程度分为组内联系相对紧密而组间较为稀疏的几个社团，由此分析样点之间的亲疏分布。可以得出，拥有共异常关系的样点大多分布在黄骅市北部，而总体来看，随着阈值的增加，污染严重的地区逐渐向黄骅市北部集聚，主要分布在吕桥镇。探视算法将样点分为 2—3 个社团，其中吕桥镇与骅中街道的共异常样点联系最为密切，两地的样点通常属于一个社团，这说明两地的污染情况包括污染的元素或污染程度可能比较相似，具有共同治理或选择相同治理方法的条件。

当阈值为 1 时，运用探视算法将共异常样点分为 3 个社团，其中社团 1 中包含的样点最多，多分布于黄骅市北部，社团 2 分布较为分散，社团 3 包含的样点最少，分布于东部和南部部分地区。因此，当对黄骅市进行基本污染治理时，应优先考虑将污染地区按照社团进行分区治理。黄骅市 1 级阈值 8 网络中共包含 7 个样点，这些样点间两两相连，形成了一个全连通网络，说明这 7 个点的 8 种重金属元素全部异常，是黄骅市污染最严重的几个样点。此外，7 个样点中有 3 个分布在吕桥镇，2 个分布在羊二庄回族乡，另外 2 个分别分布在滕庄子乡和骅西街道。这说明黄骅市多元素污染的地区仍属北部最为严重，这 7 个样点所属区域应着重治理。

3. 样点共异常网络的空间分布特征

图 4-23 为异常样点之间共异常元素个数与空间距离之间的散点图。总体来说，两点间距离随着共异常元素个数增加而下降，即两个样点之间的共异常元素个数越多，空间距离越近。共异常元素为 1—7 个时，样点间距离均呈现集中趋势，且主要集中在 20000—30000 米的范围内。共异常元素个数为 8 时，两个样点之间距离表现得也较为分散，在 40000 米以上的情况，这意味着相距较远的样点可能也有着类似的重金属污染状况。

为详细表现样点之间的共异常元素个数与距离之间关系的特点，采用了样点距离箱形图，如图 4-24 所示。样点之间共异常元素个数从 1 个向 8 个增加的过程中，离群点总体上是减少的。除了 8 个共异常元素时，箱形都较为集中，这表明无论样点之间有多少个共异常元素，样点间距离仍有集中趋势，距离一般集中在 20000 米左右，且随共异常元素个数的增加逐渐下降。样点间共异常元素为 4 个和 5 个时，二者集中趋势最为相

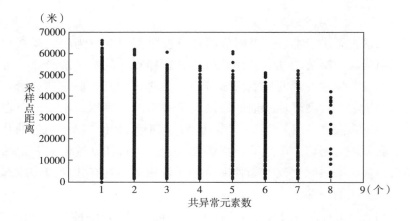

图 4-23　黄骅市样点间共异常元素数与距离间关系

似。当两样点间共异常元素达到 7 个时，距离的集中范围有明显下移的趋向，表明距离有所缩短。两样点有 8 个共异常元素时，点数较少且较为分散，故箱形较长，这表明共异常情况完全一致的样点分布在较为分散的位置。

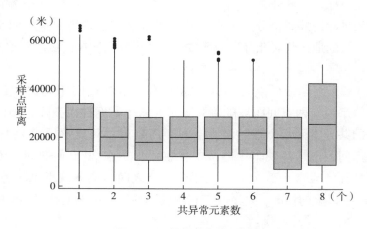

图 4-24　样点距离箱形图

箱形图的描述性统计数据如表 4-23 所示。可以发现，除共异常元素数为 8 个时样点距离的最小值为 2828 米以外，其余情况下最小值都是两个样点能取得的最小距离 2000 米，距离的最大值基本上随着共异常元素个数的增加而下降。而观察四分位距可发现，共异常元素为 1—6 个时，四分位距随着共异常元素个数的增加而减少，代表着数据的集中趋势。

而样点间距离的均值都在 20000 米左右，这意味着存在异常元素的某样点
与具有相同污染情况的其他样点的距离较为平均。

表 4-23　　　　　　　　　　　**样点距离描述性统计**　　　　　　　　单位：米

共异常元素个数	最小值	最大值	中位数	四分位距	下四分位	上四分位	均值
1	2000	66241.98	23409.40	19857.86	14142.14	34000.00	24406.40
2	2000	60827.63	20000.00	17813.98	12649.11	30463.09	21910.30
3	2000	61773.78	18110.77	17513.94	10770.33	28284.27	20103.80
4	2000	52153.62	20000.00	16470.12	12165.53	2865.64	20827.07
5	2000	55317.27	19798.99	15776.23	12649.11	28425.34	21180.19
6	2000	52151.96	22090.72	15219.23	13416.41	28635.64	21596.03
7	2000	59093.15	20099.75	21424.54	7211.10	28635.64	20056.52
8	2828	50159.75	25455.84	33446.79	8944.27	42391.07	26535.22

4. 元素共异常网络特征分析

这一部分对黄骅市土壤中 8 种元素之间的共异常关系进行分析。一
个元素的度代表着此元素与多少种元素拥有共同异常的样点，加权度代
表此元素与其他 7 种元素共同异常的样点数之和。表 4-24 为黄骅市元素
共异常网络中 8 种重金属元素的度和加权度排名，8 种元素的度皆为 7，
说明所有元素都与其他元素有共同异常联系。其中，Cu 的加权度达到了
766，是 8 种元素中最大的，说明 Cu 与其他元素的共异常样点数达到了 766
个，是 8 种元素中最多的，这意味着在黄骅市共异常网络中，各样点中异
常情况最普遍的元素是 Cu。而除 Hg 外，其他几种元素加权度均在 600 以
上，说明除 Hg 以外的其他 7 种元素在样点间的关系普遍且十分密切。

表 4-24　　　　　　　　　**8 种元素的 1 级共异常网络指标**

元素	度	加权度
Cu	7	766
Cr	7	762
Ni	7	756
Zn	7	754
Pb	7	710
As	7	664

续表

元素	度	加权度
Cd	7	644
Hg	7	248

资料来源：GEPHI 统计输出。

两种元素之间的共异常样点数越多，代表它们拥有越紧密的联系。若在某地测得一种元素的污染状况，则测得另一种被污染元素的概率也较大。两种元素之间的共异常样点数越多，将这两种元素污染纳入共同治理范围越合理。表 4-25 展示了两种元素间共异常样点的数量。其中，Cu 与 Cr 的共异常样点数最多，达到了 72 个，这说明在 217 个异常样点中，有大约 1/3 的点存在 Cu 与 Cr 的共异常情况。与此类似的高度共异常的元素关系有 Ni 与 Cr、Cu 与 Zn、Zn 与 Cr 等，这些具有高度共异常关系的元素在黄骅市土壤污染治理时应被同时考虑。

表 4-25   黄骅市元素间共异常样点数（1）   单位：个

元素间共异常关系	共异常样点数	元素间共异常关系	共异常样点数
Cu—Cr	72	Pb—As	54
Ni—Cr	68	Cu—Cd	51
Cu—Zn	64	Zn—As	51
Zn—Cr	64	Ni—Cd	51
Zn—Ni	63	Pb—Cd	50
Cu—Ni	62	Cd—Cr	48
Cu—Pb	59	Cd—As	42
Zn—Pb	59	Cd—Hg	23
Ni—As	59	Cu—Hg	19
Pb—Cr	59	Zn—Hg	19
Ni—Pb	58	Ni—Hg	17
Zn—Cd	57	Pb—Hg	16
Cu—As	56	Cr—Hg	15
Cr—As	55	As—Hg	15

资料来源：GEPHI 统计输出。

（二）黄骅市 2 级共异常网络特征分析

1. 样点共异常网络整体指标分析

在黄骅市 2 级样点共异常网络中，不同阈值条件下的网络拓扑特征指标如表 4-26 所示。节点个数相对 1 级共异常网络有很明显的减少，阈值 1 网络包含的样点有 79 个，仅占全部样点的 14%。此外，黄骅市 2 级样点共异常网络不包含阈值为 7 及以上的网络，这说明网络中没有同时具有 7 种相同元素污染情况的样点，也没有 8 种元素全部异常的两个样点。相较于阈值 1 网络，在阈值 2 至阈值 6 网络中，包含的样点基本以每种阈值下降 50% 的速度逐渐减少，且样点之间的边数也有非常明显的减少趋势。但在节点与边同时下降的情况下，网络的紧密程度存在变化，即随着阈值上升，节点间的联系正在逐渐变得紧密，体现在网络密度的不断上升。具体而言，阈值 1 的网络密度为 0.42，是相对比较稀疏的状态，而随着阈值上升，网络之间的节点关系迅速变得紧密，阈值 5 时的网络密度为 0.8，这是节点间关系非常紧密的状态。阈值 6 时的网络密度为 1，3 个节点之间的互相联系，意味阈值 6 网络中包含的 3 个样点有相同的 6 种异常元素情况。网络密度随阈值上升而产生的变化说明，具有多种元素污染情况的样点之间联系会更加紧密，更需要着重解决污染问题。

平均度、平均加权度和平均加权聚类系数是考察网络节点基本特征的指标，在 2 级异常值的标准下，网络中节点的各项指标相较于 1 级都有所下降。其中，阈值 1 网络平均度为 32.93，代表网络中一个样点平均与 32 个样点有共异常关系，大约是阈值 1 网络节点个数的一半。随着阈值上升，平均度虽有所减少，但均为节点总数的一半左右。由阈值 1 网络的平均加权度可知，2 级样点共异常网络中每个样点与其他所有样点平均拥有 43 个共同的异常元素，意味着两个样点仅拥有一个共同的异常元素，是较弱的共异常。然而，随着阈值上升，网络中每个样点拥有的共异常元素总数在上升，样点间联系也逐渐变强。最后，各级网络平均加权聚类系数均在 0.8 以上，这代表与一个样点相连的其他样点之间联系非常密切。综合分析网络的总体指标可以得出，随着异常值下限的提高，黄骅市 2 级样点共异常网络中包含的节点数量有了显著的下降，相对于 1 级异常值的网络，2 级异常值即高污染点之间的联系强度有所下降。

表 4-26   2 级共异常网络指标统计

网络	节点数（个）	边数（个）	平均度	平均加权度	网络密度	平均加权聚类系数
阈值 1	79	1301	32.93	43.36	0.42	0.86
阈值 2	36	260	14.44	37.33	0.41	0.81
阈值 3	20	100	9.90	34.90	0.52	0.83
阈值 4	12	37	6.16	27.16	0.56	0.82
阈值 5	6	12	4	21	0.80	0.85
阈值 6	3	3	2	12	1	1

资料来源：GEPHI 统计输出。

2. 样点共异常网络社团分析

对黄骅市 2 级共异常网络中各阈值中的样点进行社团分析。可以发现，2 级网络比 1 级网络呈现出的样点之间的关系更加明显。首先，共异常样点分布与 1 级网络大致相似，但随着阈值上升，高污染情况下的共异常样点明显向北集聚，这说明黄骅市北部污染元素浓度更高，污染情况更为严重。其次，根据各阈值下的社团分组，可以发现吕桥镇、南排河镇和冀中街道的样点通常属于同一个社团，联系较为紧密，黄骅镇、羊二庄回族乡、齐家务乡三地的样点也常属于同一社团。若同时考虑治理 8 种重金属污染，属于同一社团的样点所在地区可进行联合治理。最后，与低阈值网络相比，阈值为 3 时，网络中包含的样点基本都集中于吕桥镇，阈值 5 和阈值 6 网络仅拥有 1 个社团，这说明高度共异常的样点之间相互联系十分紧密。通过观察可以发现，高度共异常的样点分布在黄骅市北部，而最高度共异常的 3 个样点全部分布在吕桥镇中，可考虑其拥有相同或相似的污染源头，从而可以更有效地解决污染。

3. 元素共异常网络特征分析

表 4-27 为 8 种重金属元素的度和加权度排名。相较于 1 级异常值下的元素共异常网络，2 级异常值下各元素的加权度有了很大幅度的降低。8 种元素的加权度大小顺序有了明显的变化，Ni 元素成为异常情况最严重的元素，Cd、As 的排名也有所上升，Hg 仍然是加权度最小的元素，排名不变，Cu、Cr、Zn、Pb 4 种元素加权度排名则有所下降。排名上升的元素，代表着其在高度污染方面的情况更为严重，而排名下降的元素则

为高污染状况相对较轻的元素。

表 4-27　　　　　　　　8 种元素的 2 级共异常网络指标

元素	度	加权度
Ni	7	58
Cd	7	54
Cu	7	53
Cr	7	49
As	7	48
Zn	7	43
Pb	7	26
Hg	7	15

资料来源：GEPHI 统计输出。

表 4-28 展示了两种元素间共异常样点的数量。通过元素间共同拥有的异常点的数量排序，可以发现有高度相同污染情况的元素是 Cu 与 Ni、Ni 与 As，各拥有 13 个共异常样点，是最为普遍的共同污染关系。然而，在 1 级共异常网络中，这两对元素共异常程度并不高，这表明这两对元素的高污染状况更为严重。其次，Cu 与其他众多元素的共异常情况都排在前列，说明 Cu 与其他元素的共同异常情况最为严重，需要着重解决污染问题。

表 4-28　　　　　　黄骅市元素间共异常样点数量（2）　　　　单位：个

元素间共异常关系	共异常样点数	元素间共异常关系	共异常样点数
Cu—Ni	13	Zn—As	6
Ni—As	13	Pb—Cr	6
Cu—As	12	Ni—Cd	4
Cu—Cr	11	Cd—As	4
Ni—Cr	10	Cd—Hg	4
Zn—Pb	9	Zn—Hg	3

元素间共异常关系	共异常样点数	元素间共异常关系	共异常样点数
Zn—Cr	9	Pb—Cd	3
Ni—Pb	9	Cd—Cr	3
Cu—Zn	8	As—Hg	3
Zn—Ni	8	Cu—Cd	2
Pb—As	8	Pb—Hg	2
Cr—As	8	Cu—Hg	1
Cu—Pb	6	Ni—Hg	1
Zn—Cd	6	Cr—Hg	1

资料来源：GEPHI 统计输出。

（三）黄骅市 3 级共异常网络特征分析

1. 样点共异常网络整体指标与社团分析

在 3 级异常值下，共异常网络中包含的样点进一步大幅度减少，各阈值下网络指标见表 4-29。网络总体仅包含 31 个样点，仅占 1 级样点共异常网络的 1/6。其中，阈值 1 网络密度仅为 0.295，代表网络中的联系十分稀疏；平均度为 8.839，每一个样点平均与 9 个其他的样点有联系；平均加权度则为 9.097，代表每一个样点平均与其他所有样点有 9 个共同异常元素；平均加权聚类系数为 0.89，代表一个样点与其他样点之间联系较为密切。阈值 1 网络的样点分为 2 个社团，基本按照南北分布，其中北部的社团 2 较集中，而社团 1 则相对稀疏，分布在黄骅市中部与南部。阈值 2 网络仅拥有 4 个样点和 3 条边，每个样点平均与 1.5 个样点拥有联系，每个样点与其他样点平均拥有 3.5 个共同的异常元素。网络密度虽相比阈值 1 有所上升但实际联系仍不密切，由于与同一个样点相连的其他样点间的联系切断，所以平均加权聚类系数为 0。阈值 2 网络的 4 个样点中，吕桥镇的 2 个样点联系密切，另外 2 个样点距离较远。最后是阈值 3 网络，该网络中仅有 2 个样点，均在吕桥镇，二者之间有 3 个共同异常的元素。综上所述，3 级异常值下的网络在污染程度强于 2 级的情况时，样点大幅减少且联系并没有变得更密切，这说明高污染的地区并不多，其中吕桥镇最为严重，共异常样点之间的联系可能并不紧密，治理时应考虑将每个高污染样点附近的地区进行有针对性的小范围治理。

表 4-29　　　　　　　　　　　**3 级共异常网络指标统计**

网络	节点数（个）	边数（个）	平均度	平均加权度	网络密度	平均加权聚类系数
阈值1	31	137	8.839	9.097	0.295	0.890
阈值2	4	3	1.500	3.500	0.500	0
阈值3	2	1	1	3	1	0

资料来源：GEPHI 统计输出。

2. 元素共异常网络特征分析

表 4-30 为元素共异常网络中 8 种重金属元素的度和加权度排名。代表高度污染情况的 3 级异常网络中，元素的度与加权度相比 2 级网络同样有所变化，其中 Cr、Pb、Zn、Hg 排名上升，As 排名不变，Ni、Cd、Cu 排名则有所下降。在高度污染中，情况最为严重的是 Cr 和 Pb 两种元素，而 Cu 的排名则一直在下降，在 3 级异常网络中仅与一个元素拥有一个共异常样点，这说明 Cu 的污染情况普遍但不严重。

表 4-30　　　　　　　　**8 种元素的 3 级共异常网络指标**

元素	度	加权度
Cr	6	8
Pb	6	7
Zn	5	7
Ni	4	6
As	4	6
Hg	2	3
Cd	2	2
Cu	1	1

资料来源：GEPHI 统计输出。

两种元素间共异常样点的数量如表 4-31 所示。高度污染的元素间关系并不紧密，共异常样点的数量仅为 1 个或是 2 个，与其他元素有较多联系的 Cr、Pb 在与其他元素的联系中也表现出比较严重的污染情况。

表 4-31　　　　　　　黄骅市元素间共异常样点数（3）　　　　　单位：个

元素间共异常关系	共异常样点数
Zn—Pb	2
Zn—Hg	2
Ni—Cr	2
Ni—As	2
Cr—As	2
Cu—Cr	1
Zn—Ni	1
Zn—Cr	1
Zn—As	1
Ni—Pb	1
Pb—Cd	1
Pb—Cr	1
Pb—As	1
Pb—Hg	1
Cd—Cr	1

资料来源：GEPHI 统计输出。

第五节　土壤污染风险评价方法比较

土壤作为重要的自然资源，是人类赖以生存的环境基础。土壤污染对生态环境和人类健康产生的威胁日益凸显。对土壤污染风险的评价，也是科学评价土壤污染价值损失的基础。土壤重金属污染是当前土壤污染的最主要的表现形式，因此如何对土壤重金属污染风险进行评价尤为重要。本章使用 LASSO-SVR 模型、LASSO-GA-BPNN 模型、无监督学习以及复杂网络方法对黄骅市的土壤重金属污染风险进行评价。本节对本章中使用的各种方法进行比较与评析。

一　土壤重金属污染评价方法比较

（一）LASSO-SVR 模型与 LASSO-GA-BPNN 模型

1. 估算精度比较

基于机器学习构建的 LASSO-SVR 模型与 LASSO-GA-BPNN 模型的估算效果如图 4-25 所示。图 4-25（a）—（c）分别为 Ni、Pb、Cr 三种

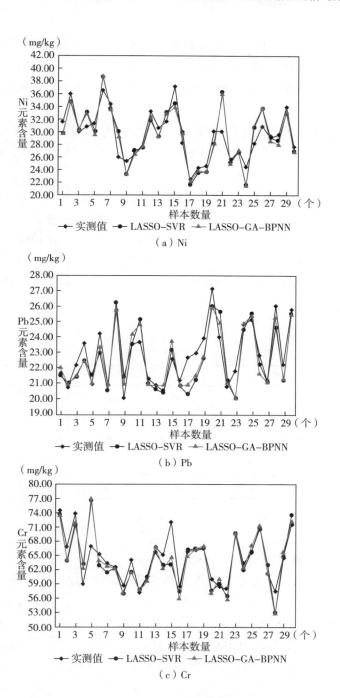

图 4-25　测试集的估算值与实测值

元素的实测值与估算值之间的拟合效果，30 个样点均从测试集中随机选取。一方面，每种元素的估算值与实测值比较接近，拟合效果均良好。另一方面，相较于 LASSO-SVR 模型，LASSO-GA-BPNN 模型的拟合效果更好。

为了更加准确地对比两种重金属土壤污染估算模型的估算效果差距，我们分别计算了 LASSO-SVR 模型与 LASSO-GA-BPNN 模型的精度评价指标，结果如表 4-32 所示。一方面，LASSO-GA-BPNN 模型的平均绝对误差 MAE、均方根误差 RMSE 以及平均绝对百分比误差 MAPE 均明显小于 LASSO-SVR 模型；另一方面，LASSO-GA-BPNN 模型的平均绝对百分比误差均小于 LASSO-SVR，说明该估算模型对黄骅市 Ni、Pb、Cr 三种元素的估算误差比 LASSO-SVR 模型分别降低了 1.52%、0.14% 和 0.64%。综上所述，相较于 LASSO-SVR 模型，LASSO-GA-BPNN 模型对土壤污染估算的效果更佳。

表 4-32   精度评价指标

评价指标	Ni		Pb		Cr	
	LASSO-SVR	LASSO-GA-BPNN	LASSO-SVR	LASSO-GA-BPNN	LASSO-SVR	LASSO-GA-BPNN
MAE	2.43	2	1.67	1.63	4.49	4.13
RMSE	3.11	2.79	2.08	2.06	5.79	5.28
MAPE	8.35%	6.83%	7.52%	7.38%	6.87%	6.23%

资料来源：MATLAB 统计输出。

2. 与空间插值方法估算精度比较

由于空间插值方法是土壤重金属估算中常用的方法，因此，此处比较反距离权重法、普通克里金插值法、LASSO-SVR 模型和 LASSO-GA-BPNN 模型的估算精度。RMSE 常用于不同模型的精度比较，使用每种方法对 3 种重金属估算的 RMSE 结果如表 4-33 所示。首先，相较于普通克里金插值法，3 种重金属通过反距离权重法估算的 RMSE 均更低，说明反距离权重法的总体估算精度更高。其次，LASSO-SVR 模型对 Pb 和 Cr 的估算精度比两种空间插值方法更高，意味着 LASSO-SVR 模型的总体估算精度高于空间插值方法。最后，每种重金属通过 LASSO-GA-BPNN 模型估算的 RMSE 均小于 LASSO-SVR 模型和两种空间插值方法，说明在四种方法中 LASSO-GA-BPNN 模型的估算精度最高。综上所述，LASSO-GA-BPNN 模型是精度最高的土壤重金属含量估算模型。

表 4-33　　　　　　　　　四种方法估算精度对比

方法	评价指标	Ni	Pb	Cr
反距离权重法	RMSE	2.89	2.23	6.13
普通克里金插值法	RMSE	2.99	2.26	6.27
LASSO-SVR 模型	RMSE	3.11	2.08	5.79
LASSO-GA-BPNN 模型	RMSE	2.79	2.06	5.28

资料来源：MATLAB 统计输出。

（二）有监督学习与无监督学习

1. 学习方式不同

机器学习可分为有监督学习和无监督学习，两种机器学习方法存在本质区别。本章使用的 LASSO-SVR 模型与 LASSO-GA-BPNN 模型均为有监督学习，而 K-Means 聚类算法、Fuzzy C-Means 聚类算法以及高斯混合模型聚类算法都属于无监督学习。因此，此处基于机器学习的视角对本章使用的两种土壤重金属污染风险评价方法展开比较。

有监督学习与无监督学习的基本思想存在明显差异。有监督学习的基本思想是将已有的样本数据划分为训练集和测试集，根据不同的使用场景通过对训练集样本进行训练得出一个最佳模型，运用该模型的映射能力达到估算或分类的目的，即该模型对新的数据拥有了估算或分类的能力。有监督学习的训练集样本中是包含输出信息的，即数据是有标签的。无监督学习的基本思想是通过对训练集样本的学习来解释数据的内在特征，其主要特点即训练集样本是无标签的。最常见的无监督学习是聚类，即把相似的样本归为一类。

除基本思想外，有监督学习与无监督学习的区别还体现在很多方面。第一，有无标签。有监督学习中使用的样本本身就预先设定了标签，学习的结果主要为新的样本添加标签，而无监督学习不需要对样本设定标签，只对样本本身的特征进行分析。第二，是否设定测试集。有监督学习通常需要将已有样本分为训练集和测试集，测试集常用来作为判断最优模型的依据，而无监督学习则不需要设定测试集。第三，是否降维。有监督学习通常不具备降维能力，而无监督学习的降维功能常用来进行特征提取。

2. 研究目标不同

基于在黄骅市实地采集的重金属含量数据，本章根据不同机器学习方法具有的优势进行重金属污染风险评价。由于无监督学习不需要设定数据标签，因此使用 K-Means 聚类算法、Fuzzy C-Means 聚类算法以及高斯混合模型聚类算法对采样数据进行聚类，并将结果作为周围区域重金属污染风险评价的依据。由于有监督学习本身具备优越的非线性预测功能，因此本章使用 LASSO-SVR 模型与 LASSO-GA-BPNN 模型对黄骅市全域的土壤重金属含量进行估算。此外，在有监督学习中，以客观的多光谱数据作为输入样本，将重金属含量采样数据作为标签进行估算。

（三）机器学习与复杂网络

在机器学习中，分类是主要用途之一。与估算时的基本思想类似，有监督学习中的分类功能主要通过带有标签的样本训练出最佳模型，并通过模型的映射能力为新的样本进行分类。无监督学习的无标签聚类功能则常常以样本的共同特征为依据对样本进行降维。因此，机器学习中的分类或聚类方法以样本标签或样本共同特征为依据。

与机器学习方法不同，复杂网络分析方法以样本间的联系为基础对样本进行分类。在复杂网络中，节点代表各个实体，边代表不同实体之间的联系，对边加权可以表示节点之间联系的紧密程度，在由点和边构成的网络中可按照节点联系的程度将其划分为不同的组，即社团划分。社团划分后，组内节点联系比较紧密，组间节点联系比较稀疏。在此基础上，本章中使用复杂网络建立了两种共异常网络，并且每种网络按照元素的污染程度分为三个级别的网络。在每个级别的网络中，以节点之间的联系紧密程度划分为三个社团，作为土壤重金属污染风险评价的重要依据。

二 土壤重金属污染评价方法体系构建

本节旨在构建全面的土壤重金属污染风险评价体系，如图 4-26 所示。整体是按照"土壤重金属含量估算→土壤重金属含量聚类→识别土壤重金属共同污染状况"的目标流程对研究区的土壤重金属污染风险进行评价。

首先，基于有监督学习理论对研究区的土壤重金属含量进行估算。具体而言，以在研究区的实地采样数据和多光谱数据为数据基础，使用最小绝对收缩算子和选择算子、遗传算法对包括支持向量回归和误差反向传播神经网络在内的机器学习模型进行优化，构建两种新的土壤重金属含量估算模型，即 LASSO-SVR 模型与 LASSO-GA-BPNN 模型。然后从遥感影像中提取全域的多光谱数据实现对研究区的土壤重金属含量估算。将估算结果进行高精度可视化并结合实际开展土壤重金属污染风险评价。

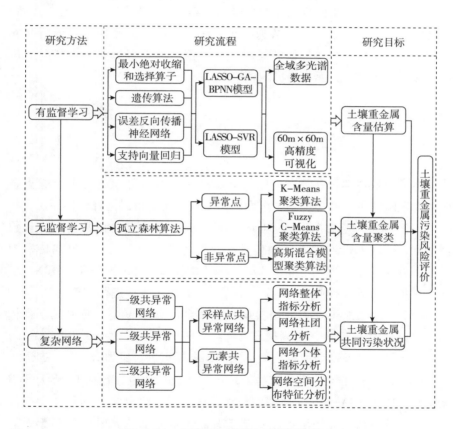

图 4-26　土壤重金属污染风险评价体系

其次，基于无监督学习理论对土壤重金属的含量进行聚类。以在研究区实地采样的重金属含量数据为数据基础，通过孤立森林算法识别出异常值和非异常值，使用 K-Means 算法、Fuzzy C-Means 算法以及高斯混合模型算法对非异常值进行聚类，并将结果进行融合，实现对土壤重金属含量的聚类。将结果与数据特征分析相结合以实现土壤重金属污染风险评价。

最后，基于复杂网络考察土壤重金属共同污染状况。同样把研究区内实地采集的重金属含量数据作为基础，根据数据特征计算异常值，并将不同异常值下的样点之间的共异常关系构建为不同级别的共异常网络。一方面，将样点之间拥有的共同元素数量作为阈值，通过不同阈值下的样点共异常网络分析研究区土壤重金属污染的空间集聚特征。另一方面，以元素之间的共异常样点个数为权重，构建元素共异常网络，分析共同治理的元素。将两方面的研究结果作为考察土壤重金属共污染状况的依据，并用于土壤重金属污染风险评价。

第六节　小　　结

本章以机器学习和复杂网络为方法基础，对黄骅市进行了土壤重金属污染风险评价，并提出一个全面的土壤重金属污染风险评价体系。

（1）以多光谱数据遥感影像和实地采集的重金属含量数据为客观数据基础，使用 LASSO 算法、遗传算法对支持向量回归、误差反向传播神经网络进行优化，构建全新的 LASSO-SVR 模型与 LASSO-GA-BPNN 模型，对黄骅市的三种典型土壤重金属 Ni、Pb、Cr 含量进行估算。

（2）基于无监督学习算法实现土壤重金属含量聚类，使用孤立森林算法共识别出了 27 个污染高值异常样点，随后使用 K-Means 算法、Fuzzy C-Means 算法以及高斯混合模型算法对剩余样点进行聚类分析。

（3）对不同的土壤重金属污染评价方法进行比较，包括 LASSO-SVR 模型与 LASSO-GA-BPNN 模型的估算精度比较、机器学习估算模型与传统空间插值方法估算精度比较、基于有监督学习的估算模型与基于无监督学习的聚类模型在学习方式与研究目标上的差异、机器学习与复杂网络分析方法的区别。在此基础上，构建了全面的土壤重金属污染风险评价体系，用于选择恰当的方法进行重金属污染的估计、识别以及治理。研究结果表明，黄骅市北部的土壤污染风险相对于南部较高。分乡镇来看，吕桥镇、骅西街道、骅中街道的土壤污染风险相对于其他乡镇较高，而吕桥镇最高。此外，Ni 和 Cr 的土壤共污染风险最高。具体而言，土壤重金属含量估算结果中，Ni、Pb、Cr 三种典型元素在黄骅市的空间分布规律十分明显，均呈现南部含量比较低、北部含量比较高的分布特点。三种元素在吕桥镇、骅西街道、骅中街道的含量均较高，Pb 元素在南排河镇的含量也较高，而 Cr 元素含量在官庄乡和滕庄子乡也较高。在土壤重金属含量聚类的结果中，同样三种重金属在吕桥镇、骅西街道、骅中街道、南排河镇、官庄乡以及滕庄子乡的含量较高。在土壤重金属共同污染状况识别结果中，样点共异常网络结果表明黄骅市北部重金属污染较为严重，且吕桥镇污染最为严重。在每一个样点共异常网络中，样点间可以形成组内亲密而组间疏离的社团，这有助于分区治理。在元素共异常网络中发现，存在大范围污染情况的元素是 Ni 和 Cr，需要大面积着重治理。Cr 与 Cu、Ni 及 Ni 与 Cu、As 的污染分布较为类似。在治理时，可将这些元素共同治理。在不同土壤重金属污染评价方法比较中，LAS-SO-GA-BPNN 模型是精度最高的土壤重金属含量估算模型，有监督学习、无监督学习以及复杂网络在土壤重金属污染风险评价的研究思路上存在明显差异，适用于不同方面的土壤重金属污染风险评价。基于此，本章提出了以"土壤重金属含量估算→土壤重金属含量聚类→识别土壤重金属共同污染状况"为目标的土壤重金属污染风险评价体系。

第五章　基于实地样点的土壤污染价值损失测度

准确评估土壤重金属污染物造成的价值损失，对于把握区域土壤重金属污染危害程度，划分优先治理区、精细化开展土壤污染治理工作，提高土壤污染治理工作效率具有重要的意义。因此，本章从价值损失的角度出发，基于河北省黄骅市 2017 年的实地采样数据，利用经济价值损失评估模型与生态价值损失评估模型分别对河北省黄骅市不同重金属污染物产生的经济价值损失与生态价值损失展开评估，以期为后续开展土壤污染治理工作提供参考。

第一节　土壤污染损失确定与量化

一　研究区域概况

（一）社会经济状况

截至 2017 年末，河北省黄骅市总人口约 466456 人。根据有关资料，2017 年黄骅市地区生产总值为 2522216 万元，其中第一产业增加值为 531140 万元，占 21.06%；设施农业占地面积 248 公顷，粮食、棉花、油料、肉类总产量分别达到了 294562 吨、3756 吨、3838 吨和 49109 吨。

（二）自然地理与地形地貌

黄骅市地处华北平原东端，渤海湾西岸，地势平坦。属暖温带半湿润季风气候，具有明显的海洋气候特征，年平均气温 12.9 摄氏度，年平均降水量 567.8 毫米。有子牙新河、捷地减河等 12 条河道入海，地下水多为苦咸水，盐碱地分布广泛，截至 2017 年，黄骅市滨海盐化潮土遍布全市，面积近 133.19 万亩，土壤盐渍化特征明显。矿产资源以石油、天然气和地热为主。

黄骅市位于大陆和海岸的交界处，大地构造位置在新华夏系北东向

断裂结构的黄骅拗陷区。全境地势平坦，自西南向东北微倾，坡比约
1/15000，西部最高海拔 15.7 米，东部最高海拔 3 米。因黄河古道冲积作
用，河湖相沉积不均及海相沉积不均，出现微型起伏的小地貌，即一些
相对高地和相对洼地。洼地近海海拔 1—5 米，面积约 700 平方千米；南
部、西南部为相对高地，海拔约 7 米，面积约 944 平方千米。黄骅市海岸
线北起歧口，南至大口河，长 65.8 千米，属淤积型泥质海岸。海岸平坦
宽阔，上有贝壳堤、沼泽堤、海滩，组成物质以淤泥、粉砂和贝类动物
的壳体为主。滩涂面积约 266.7 平方千米，其中潮间带约 140 平方千米，
潮上带 126.7 平方千米。

二　土壤污染调查取样

为了全面真实测定黄骅全市土壤重金属含量分布情况，根据黄骅市
土地利用状况，课题组于 2017 年在全市均匀布置了 539 个样点，用于采
集 Ni、Pb、Cr、Hg、Cd、As、Cu、Zn 8 种重金属元素的含量。对于获取
的样品，采用特定的方法对其各种重金属元素含量进行测度，各种重金
属元素含量的描述性统计见表 5-1。

表 5-1　　　　　　　黄骅市土壤重金属元素含量的描述性统计

重金属	均值 （mg/kg）	最大值 （mg/kg）	最小值 （mg/kg）	标准差 （mg/kg）	变异系数	偏度系数	峰度系数
Cu	23.51	45.90	14.80	4.89	0.21	0.98	1.30
Zn	74.16	137.30	50.10	10.76	0.15	1.01	2.69
Ni	29.65	47.40	20.30	4.80	0.16	0.60	0.10
Pb	23.05	34.70	15.60	2.88	0.13	0.63	0.70
Hg	0.03	0.09	0.01	0.01	0.46	1.81	4.27
Cd	0.15	0.27	0.08	0.03	0.17	0.75	1.43
Cr	67.42	118.00	43.20	9.40	0.14	0.94	1.90
As	11.72	19.60	7.20	2.13	0.18	1.00	1.21

从表 5-1 可以看出，黄骅市 8 种重金属的含量范围分别为：铜（Cu）
14.80—45.90mg/kg；锌（Zn）50.10—137.30mg/kg；镍（Ni）20.30—
47.40mg/kg；铅（Pb）15.60—34.70mg/kg；汞（Hg）0.01—0.09mg/
kg；镉（Cd）0.08—0.27mg/kg；铬（Cr）43.20—118.00mg/kg；砷

（As）7.20—19.60mg/kg。变异系数从大到小的顺序为汞（Hg）＞铜（Cu）＞砷（As）＞镉（Cd）＞镍（Ni）＞锌（Zn）＞铬（Cr）＞铅（Pb），汞（Hg）和铜（Cu）超过了20%，属于中等变异，其余6种均在10%—20%，属于弱质变异。其中，汞（Hg）和锌（Zn）的偏度和峰度值较大，说明Hg、Zn元素在土壤中存在异常值，而其余重金属元素的含量基本接近于正态分布。

三　基线确定

确定土壤重金属污染物基线水平，是开展经济价值及生态价值损失测度的重要一环。多数文献中将环境标准值作为基线。我国过去在开展大量土壤环境标准工作的同时，曾制定过多项土壤环境质量标准，并于1995年对相关标准进行统一，颁布了《土壤环境质量标准（GB 15618—1995）》（以下简称《标准》）。《标准》具体将各项土壤重金属元素的污染程度划分为三级：一级为保护区域自然生态，维持自然背景的土壤环境质量的限制值；二级为保障农业生产，维护人体健康的土壤限制值；三级为保障农林业生产和植物正常生长的土壤临界值。标准的颁布为确定土壤环境价值损害参考值提供了重要的依据。具体取值见表2-1。

近年来，大多数研究采用《标准》中各项重金属元素一级标准值的一半为基准对土壤重金属污染经济损失量展开评估研究，因此本章在对经济价值损失进行测算时，也采用一级标准值的一半作为基准。为与经济价值损失标准值保持一致，在对生态价值损失展开测算时，同样采用该标准作为基准。

四　土壤污染损失计算内容

重金属污染对于环境的损害存在持久性和不可逆性，《全国土壤污染状况调查公报》显示，重金属污染是造成我国土壤环境失衡的重要原因之一。土壤重金属污染物一方面会破坏土壤微生物环境，影响土壤肥力，进而造成农作物减产，产生大量经济损失；另一方面会通过河流、扬尘等进入水环境和大气环境，进而对污染区的水源涵养功能和气候调节等生态功能产生破坏。因此，本章在测度土壤污染价值损失时分为两部分，首先测度土壤污染经济价值损失，其次评估土壤污染的生态价值损失。

在测度土壤污染经济价值损失中，由于经济价值损失主要体现在种植业、林业、畜牧业、渔业等产业，因此在549个样点的基础上剔除建成区样点，以剩余449个样点为数据基础，运用改进的污染损失模型对其土壤重金属污染程度进行测算，根据测算结果对不同采样地区的污染等级进行划分，并对其造成的经济损失状况进行了测算，从而深入了解黄骅市不同地区的土壤污染情况，有效地反映重金属污染造成的经济损失。

在评估土壤污染生态价值损失中，从生态价值损失的角度出发，在黄骅市 549 个样点的基础上剔除水体样点，基于 516 个实地样点的 8 种重金属含量数据，利用 Hakanson 潜在生态风险评估法对黄骅市不同重金属污染物的潜在生态风险展开评估。在此基础上，基于 Costanza 生态价值损失理论构建生态价值损失评估模型，货币化表示黄骅市土壤重金属污染的生态价值损失，以期为后续开展土壤污染治理工作提供参考。

第二节　土壤污染价值损失测度方法

一　经济价值损失测度模型

关于环境污染经济价值损失测度的计量模型有很多，不同类型的环境污染应采用不同的模型进行评价。例如：大气污染损失测度多采用暴露—反应模型、支付意愿法、疾病成本法等，水污染多采用市场价值法、机会成本法、人力资本法、防护或恢复费用法、剂量—反应法等方法测度。对于土壤质量评价的方法有指数法、聚类分析法、模糊数学法、神经网络法、层次分析法等。下面首先对当前土壤价值损失评价方法进行简要总结，其次构建土壤污染经济价值损失模型。

（一）土壤价值损失测算现有方法

1. 指数法

指数法主要包括单因子污染指数法和地积累指数法。单因子污染指数法是指以土壤元素背景值为标准来评价重金属污染程度，指数越大表明土壤重金属累积污染程度越高。该方法操作简单，但是只能分别反映每种重金属的污染程度，不能全面、综合地反映土壤的污染程度，仅适用于单一重金属污染区域的评价，该方法是其他环境质量综合评价的基础；地积累指数法是由德国海德堡大学沉积物研究所的科学家穆勒（Muller）于 1969 年提出的，用于定量评价沉积物中重金属的污染程度。该方法不仅考虑了自然地质过程对土壤背景值的影响，而且考虑了人为活动对重金属污染的影响，因此，该指数不仅能有效地反映出重金属分布的自然变化特征，还可以从人为活动对环境的影响角度做出判别，对于重金属污染级别的判定给出了直观的判断标准。

2. 聚类分析法

聚类分析法是指在无任何先验知识时，根据一组数据的群聚结构即样本间的距离与相似程度将样本分类，这包括以下 3 种基本内容：（1）样本间相似性度量；（2）行成簇的算法；（3）聚类准则的确定。有关聚类分析的方法比较多，有系统聚类、模糊聚类、图论聚类、动态聚类等，用于土壤研究中的聚类方法多为模糊聚类法和灰色聚类法。所谓模糊聚类分析法是将进行分类的对象，如监测点、污染因子等作为样本，通过模糊等价关系变换样本间存在的多元模糊关系，定量测度各样本之间的亲疏关系，从而对样本进行科学分类的方法。由于在大多数情况下样本都带有模糊性，因此将模糊数学方法引入聚类分析使得聚类分析更切合实际。而灰色聚类法是在聚类分析方法中，引进灰色理论的白化函数。它将聚类对象（评价对象）对不同聚类指标所拥有的白化数，用特定的数学模式按几个灰类进行归类，最后得到聚类对象所属的分类级别的一种方法。

3. 模糊数学法

模糊数学模型包括隶属度和因子权重两个概念，通过隶属函数来量化不同级别土壤重金属污染的模糊性和变异性。该模型因子权重主要通过土壤中污染物因子的测试浓度与其对应的分级标准比值来确定。不少学者基于重金属自身的毒性作用，提出了双权重因子的模糊数学模型，兼顾超标浓度和重金属毒性情况来确定各指标的最优权重，使评价结果更接近实际情况。但是这种方式存在较强的主观性，因此有研究者提出通过向量计算最优解来确定不同指标权重。该模型兼顾土壤重金属污染的模糊性和变异性特点，但在综合运算过程中受到极值的影响较大，导致部分因子的污染信息丢失，使得评价结果可能会受个别因素的干扰。此外，该方法不能揭示属于同一等级的两个对象的差异和优劣，其计算精度也会随着权重改变而改变。

4. 神经网络法

土壤中重金属含量具有较强的空间变异性，各样点的重金属含量往往仅代表样点本身的土壤重金属状况，由于重金属含量与空间位置、污染等级表现为复杂的非线性关系，利用样点数据进行简单的推算，显然无法真实有效地评价研究区域内土壤的污染程度和分布情况。人工神经网络（ANN）是一种仿生机制数学模型，通过模仿动物神经连接节点分布式并行处理信息的行为原理，建立一种信息处理系统，能较好地映射监测点重金属含量与其空间位置和污染程度的非线性关系，完成对空间各点的土壤重金属含量的预测和评价。其中 BP 神经网络易操作、工作状态稳定、算法比较成熟，在对土壤重金属污染评价中得到了广泛的使用。对于一些地形复杂的研究区域，采样难度大，可利用神经网络模型的预测，降低采样成本，更好地评价区域土壤重金属的潜在生态风险。

5. 层次分析法

在土壤污染过程中由于各种因子的污染影响不同，可能会出现复合因子多种污染的情况，因此可以采用层次分析法分析各因子对土壤污染的影响及权重。学者一般将层次分析与模糊数学方法相结合，首先评估出所有土壤污染因子中影响程度最大的因子；其次建立判断矩阵，采用方根法求出各指标的权重，进而进行检验和排序；最后得到污染程度。该方法计算简单，适合大规模多因素环境质量评价，但是该方法在将污染评价水平引入计算时，未充分利用污染含量的测定值，导致土壤评价结果信息使用率低。

上述方法或计算方便，如指数法；或将客观性与主观性相统一，如聚类分析法，但这些方法的共同点均是将实验得到的污染物浓度值与国家质量分级标准值相比较，确定污染的质量等级，但是并没有厘清污染与环境损害的机理，以及对环境造成的损失。为了弥补上述方法的缺陷，詹姆斯（1984）提出了污染损失率法。污染损失率法以詹姆斯污染—损害曲线为理论基础，从污染程度与危害、损失三者之间的关系角度出发测度某环境要素的价值。

（二）环境污染经济损失模型的构建

詹姆斯（1984）研究发现，污染物浓度与污染造成的损害及其经济损失呈"S"形关系，如图 5-1 所示，即污染物在低浓度时对环境造成的经济损失表现不明显；在污染物达到临界浓度之后，环境造成的经济损失随着污染浓度的继续增加会急剧增加；但当污染浓度增加到一定程度后，对环境造成的经济损失又呈缓慢增长趋势，达到污染损失的极限。

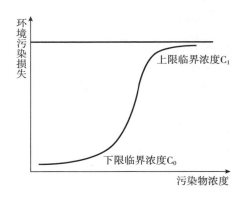

图 5-1 损失—浓度曲线

资料来源：陈凌珊、陈平、李静：《海洋环境污染损失的货币价值估算——以珠江入海口为例》，《海洋经济》2019 年第 1 期。

环境资源的经济损失是污染物造成的经济损失的总和，而造成环境资源经济损失的污染物往往有很多种，因此在估算环境资源经济损失时，通常要先计算单一污染物造成的经济损失，然后再汇总多种污染物造成的综合损失（刘静等，2011；易秀等，2012；高奇等，2014）。本书尝试借助这一污染经济损失模型估算土壤重金属污染造成的土壤资源经济损失量。

（三）土壤重金属污染经济损失模型

污染物对环境土壤组成的破坏，不是呈简单的线性关系，因而根据詹姆斯损失—浓度曲线得到土壤重金属污染损害模型。

1. 单项重金属污染损失模型

设土壤中共有 n 种重金属，第 j 种重金属对土壤造成的污染损失率为 R_j。为了求该单项重金属污染损失率，首先需建立重金属浓度与土壤环境经济损失的微分方程：

$$\frac{dS}{dc_j} = \beta_j \times \frac{1}{K} \times (K-L) \tag{5-1}$$

式中，c_j 为土壤中重金属 j 的浓度；S 为当重金属 j 的浓度为 c_j 时对土壤造成的重金属污染经济损失量；K 为土壤利用后可以实现的经济价值；β_j 为土壤中重金属 j 的比例系数。

对式（5-1）积分求解可得：

$$S = \frac{K}{1 + \alpha_j \times \exp(-\beta_j \times C_j)} \tag{5-2}$$

可以看出，式（5-2）符合 Logistic 方程，这里将其称为土壤重金属污染损失模型。

当 $c_j \to \infty$，$S \to K$，说明当土壤中某种重金属浓度很大时，土壤环境质量将完全受损。

为了研究方便，令 $R_j = \dfrac{K}{S}$，模型可以简化为：

$$R_j = \frac{K}{1 + \alpha_j \times \exp(-\beta_j \times C_j)} \tag{5-3}$$

式中，α_j 和 β_j 为待定参数，由第 j 种污染物的特性确定；R_j 为重金属 j 对土壤造成的污染损失率，表示资源的实际损害量与资源的拥有量或价值之比。显然，$0 < R_j < 0$，且 R_j 随着 c_j 的增大而增大，但并非简单线性关系，R_j 取决于 α_j 和 β_j，而 α_j 和 β_j 值作为仅仅与污染物自身特性和土壤使用功能有关的参数，对于作为耕地使用的土壤来说，参数值与土壤类型、土壤理化性质及相应的作物有关。因此，α_j 和 β_j 值应通过实验来确定，不能任意选取，具有客观性；污染损失率 R_j 具有明确的物理意义，具有客观性。

2. 综合重金属污染损失模型

当有多种重金属作用于土壤环境资源时，其作用并不是各重金属单独作用效果的简单相加，土壤重金属污染经济损失模型将多种重金属视为一个有机联系的整体，根据集合论及概率论来推导综合重金属污染损失率。如土壤中有两种重金属 A 和 B，相应的单项重金属污染损失率分别为 R_A 和 R_B，且认为重金属 A 和 B 之间是相互独立的，不考虑其间的协同效应，则 A 与 B 和的概率等于这两事件的概率的和减去这两事件概率的积，即 $R_{AB} = R_A + R_B - R_A \times R_B = (1 - R_A)(1 - R_B)$，以此递推到 n 种重金属的综合污染损失率 R 为：

$$R = 1 - \prod_{j=1}^{n}(1 - R_j) \tag{5-4}$$

由于不同重金属所占权重不同，对综合重金属污染损失率的贡献也存在一定的差异。因此，本书对式（5-4）进行了改进，即考虑了不同重金属对综合土壤重金属污染损失率的贡献率不同，各重金属的权重采用多元统计分析中的主成分分析法结合主观赋权法进行确定。主成分分析法为客观赋权法，严格根据样本数据特征进行赋权，容易受数据量纲影响，因此在主成分分析基础上，参考相关文献进行主观调整。具体步骤为：首先计算各重金属因子主成分的特征值和贡献率，其次计算相应的因子载荷矩阵，并求出各重金属的公因子方差，方差的大小反映了对综合变异的贡献率，由方差值计算各重金属的初步权重，再结合土壤重金属污染相关文献进行主观调整，确定最终权重。

$$R = 1 - \prod_{j=1}^{n}(1 - R_j \times w_j \times n) \tag{5-5}$$

式中，w_j 为第 j 种重金属所占的权重；n 为土壤中重金属的种类。单一重金属 j 对土壤造成的重金属污染经济损失量为：$S=K\times R_j$；n 种重金属对土壤造成的重金属污染经济损失量为：$S=K\times R$，其中 $n>1$。

（四）参数确定

1. 单项重金属污染经济损失模型参数的确定

在式（5-2）和式（5-3）中，α_j 和 β_j 均为求解过程中的常数，一般与特定重金属的污染特性有关。重金属对土壤的损害应体现在对应区域的影响上，因此两个参数值的确定应该基于毒理学实验或者对受污染区域实际调查取得，这种方法较为合理，但是由于涉及的毒理学实验受制于过程复杂性而没有较为统一的操作方法。鉴于此，本书对于基底浓度的确定，参考目前的大多数研究（刘静等，2011；易秀等，2012；高奇等，2014），采用土壤环境标准（GB 15618—1995）当中一级标准的一半来设置。同时借鉴农业环境标准使用手册中规定的浓度，将其作为严重污染的临界值。

假设土壤重金属 j 的基底浓度为 C_{0j}，相应的单项重金属污染损失率为 R_{0j}，土壤中重金属 j 的浓度为严重污染的临界值为 C_{tj}，相应的单项重金属污染损失率为 R_{tj}，代入式（5-5）可以得到二元一次方程组：

$$\begin{cases} R_{0j} = \dfrac{1}{1+\alpha_j \times \exp(-\beta_j \times C_{0j})} \\ R_{tj} = \dfrac{1}{1+\alpha_j \times \exp(-\beta_j \times C_{tj})} \end{cases} \tag{5-6}$$

引入中间参数 f_j，即：

$$f_j = \ln \frac{R_{tj} \times (1-R_{0j})}{R_{0j} \times (1-R_{tj})} \tag{5-7}$$

由于土壤具有一定的自愈能力，只有当土壤重金属浓度超过一定的阈值时，土壤价值才会受到损失。现有研究中，一般根据土壤重金属在背景值浓度和严重污染临界值浓度时对土壤的污染程度的不同，分别将土壤污染损失率设置为1%和99%，代入式（5-8）可以确定参数 α 和 β，结果如表 5-2 所示：

$$\alpha_j = \frac{1-R_{0j}}{R_{0j}} \times \exp\left(\frac{f_j \times C_{0j}}{C_{tj}-C_{0j}}\right), \quad \beta_j = \frac{f_j}{C_{tj}-C_{0j}} \tag{5-8}$$

表 5-2 参数 α 和 β 的值

参数	Cu	Zn	Ni	Pb	Hg	Cd	Cr	As
α	150.74	182.69	274.86	138.16	160.58	160.58	245.68	298.25
β	0.02	0.01	0.05	0.02	6.45	4.84	0.02	0.15

2. 多种重金属污染经济损失模型权重的确定

不同重金属元素经济损失的权重需要根据各元素对污染损失率的贡献率进行确定。具体步骤为：首先运用式（5-5）计算8种重金属对土壤的污染损失率，其次分别计算各单项重金属因子主成分的特征值和贡献率以及相应的因子载荷矩阵，并求出各重金属的公因子方差，方差的大小反映了对综合变异的贡献率，由方差值计算各重金属污染损失率的初步权重，结果如表 5-3 所示。

表 5-3 不同重金属污染损失率的权重

重金属	Cu	Zn	Ni	Pb	Hg	Cd	Cr	As
权重	0.12	0.14	0.06	0.12	0.09	0.18	0.16	0.13

3. 重金属污染等级划分标准

运用污染损失模型对土壤重金属污染损失状况进行测度，需要知道不同污染级别重金属的确切含量。在环境标准手册上查找出该8种土壤重金属含量的等级标准，然后结合本章式（5-3）、α 和 β 及各单项污染损失率权重，计算出各个等级的综合污染损失率即划分等级标准，计算结果见表5-4。即综合污染损失率低于10.31%，则为优质土壤；综合污染损失率在10.31%—19.02%，则土壤质量为良；综合污染损失率在19.02%—79.22%，土壤质量则为中；综合污染损失率在79.22%—

99.99%，土壤质量差；综合污染损失率在99.99%—100%，为劣质土壤。

表 5-4 土壤重金属污染等级标准

污染等级	重金属含量/（mg/kg）								综合污染损失率等级范围（%）
	Cu	Zn	Ni	Pb	Hg	Cd	Cr	As	
I 优	28.37	83.68	24.4	23.35	0.90	0.12	74.88	10	<10.31
II 良	40.63	116.75	50	36.09	0.26	0.25	99.54	17	10.31—19.02
III 中	120	240	200	150	0.45	0.6	150	30	19.02—79.22
IV 差	280	560	350	350	1.05	1.4	350	50	79.22—99.99
V 劣	400	800	500	500	1.50	2	500	70	99.99—100.00

二 生态价值损失测度模型

（一）哈肯森潜在生态风险评估法

哈肯森潜在生态风险评估法由瑞典科学家哈肯森（Hakanson）于1980年首次提出，是目前重金属元素潜在生态风险评价研究中最常用的方法。该方法最先应用于河流沉积物重金属污染的评价研究，后被逐步引进到土壤重金属污染的研究。该方法充分考虑了污染区域重金属元素的种类及其各自的毒性，在关于土壤重金属污染的生态价值损失领域的研究中，被广泛采用。本章将根据哈肯森潜在生态风险评估法，从毒理效应角度对黄骅市8种土壤重金属污染物的潜在生态风险展开全面评估。哈肯森潜在生态风险评估法的计算公式如下：

$$E_r^i = T_r^i \times C_j^i = T_r^i \times \frac{C_d^i}{C_n^i} \tag{5-9}$$

$$RI = \sum E_r^i \tag{5-10}$$

式中，T_r^i 表示第 i 种土壤重金属污染物的毒性响应系数。该系数反映了重金属污染物的毒性水平和生物对其污染的敏感程度，本章所涉及的8种土壤重金属污染物毒性响应系数取值参考《河北省农田土壤重金属污染修复技术规范（DB13/T2206—2015）》；C_j^i 为第 i 种土壤重金属污染物的富集系数；C_d^i 为黄骅市第 i 种土壤重金属的实测含量；C_n^i 为第 i 种土壤重金属的参考值。根据第二章研究结论，选择土壤重金属污染标准中一级标准值的一半作为本研究的参考值。E_r^i 为第 i 种土壤重金属的潜在综合生态风险水平，RI 为总风险水平。各项参数具体数值如表5-5所示。

表 5-5　　　　　　　　　潜在生态风险评估法各项参数取值

重金属元素	Cu	Zn	Ni	Pb	Hg	Cd	Cr	As
毒性系数（T_r^i）	5	1	5	5	40	30	2	10
参考值（C_n^i/mg·kg^{-1}）	17.500	50.000	20.000	17.500	0.075	0.100	45.000	7.500

哈肯森曾基于 PCB、Hg、Cd、As、Pb、Cu、Zn 和 Cr 8 种污染物提出潜在生态价值风险（E_r^i）与总风险（RI）的五级分级标准（见表 5-6）。由于研究对象和研究内容存在差异，参考李小平等（2015）的做法，本章对哈肯森的分级标准进行适当的调整。具体做法为：（1）E_r^i 的最低级上限值由 C_r^i 最低级上限值（1）与最大的毒性系数 T_r^i 值相乘得到，最大的毒性系数 T_r^i 值为 Hg 金属（40），故轻微污染风险的上限值为 1×40＝40，此后每一级的取值范围为上一级潜在生态风险值的整数倍。（2）RI 的最低级上限值由所研究的不同重金属污染物毒性系数之和取整得到，本章涉及的重金属污染物包括 Cu、Zn、Ni、Pb、Hg、Cd、Cr 和 As 共 8 种，毒性响应系数之和为（5+1+5+5+40+30+2+10＝98）。因此，RI 的最低风险上限值取值为 90，往后每一级潜在生态风险等级的上限值为上一级标准的整数倍。调整后的分级标准由表 5-6 给出。

表 5-6　　　　　　　　土壤重金属污染潜在生态风险级别划定

潜在生态风险等级	E_r^i			RI		
	哈肯森（1980）	李小平等（2015）	本书采用	哈肯森（1980）	李小平等（2015）	本书采用
轻微	<40	<30	<40	<150	<50	<90
中等	40—80	30—60	40—80	150—300	50—100	90—180
强	80—160	60—90	80—120	300—600	100—150	180—270
很强	160—320	90—120	120—160	600—1200	150—200	270—360
极强	>320	>120	>160	>1200	—	>360

（二）生态价值损失计量模型

在潜在生态风险价值损失的计量上，本章基于科斯坦萨（Costanza et

al.，1998）生态价值损失理论，通过将不同土地利用类型和土壤重金属不同污染等级概率纳入研究，构建黄骅市土壤重金属生态价值损失模型，进而对土壤重金属生态价值损失进行评估。计算公式如下所示：

$$H_i = \alpha \times \gamma_i \times \sum (R_i \times \beta_i^j) = \alpha \times \left(\frac{E_r^i}{RI}\right) \times \sum (R_i \times \beta_i^j) \qquad (5-11)$$

$$H = \sum H_i \qquad (5-12)$$

式中，H_i 为第 i 种土壤重金属污染物造成的经济损失（元/公顷）；α 为生态价值损失系数（元/公顷）；γ_i 为第 i 种土壤重金属污染物潜在生态风险占总潜在生态风险的比例系数；β_i^j 则为第 i 种土壤重金属污染物处于第 j 等级潜在生态风险的概率；R_i 为潜在生态风险权重值，不同潜在生态风险等级权重值如表 5-7 所示。

表 5-7 不同潜在生态风险等级权重

潜在生态风险等级	轻微	中等	强	很强	极强
R_i	0.0000	0.1250	0.2500	0.5000	1.0000

关于生态价值系数 α 的确定，科斯坦萨等（Costanza et al.，1998）对不同地类的生态系统的服务价值进行了详细测算，得出生态价值系数 α，如表 5-8 所示。考虑到黄骅市的所有样点中仅有 1 个样点位于林地、无样点位于草地，在实际测算时，未考虑林地与草地的生态价值损失。此外，黄骅市 80 个水体样点大都位于人工修建的水库坑塘，没有涉及湖泊/河流，因此不再对黄骅市水体样点的生态价值损失进行测算。采用蔡莹等（2021）研究中所使用的修正后的耕地、湿地、城镇生态价值系数完成相关计算。

表 5-8 生态价值系数（α）

生态价值系数	耕地	林地	草地	湿地	水体（湖泊/河流）	建成区
Costanza（美元/公顷）	92	4706	232	4879	8498	—
本书采用（元/公顷）	6114.3	—	—	40676.4	—	5372.1

第三节　土壤污染经济价值损失测度

一　污染损失率评估

（一）整体情况

根据式（5-3）、α、β 及权重计算出各单项污染损失率和综合污染损失率（见表 5-9），并按照表 5-4 污染等级划分标准对其进行污染等级划分。

表 5-9　　　　　　　　　　　重金属污染损失率结果

污染损失率 数据特征	单项污染损失率（%）								综合污染损失率（%）
	Cu	Zn	Ni	Pb	Hg	Cd	Cr	As	
均值	1.16	1.35	1.68	1.11	0.74	1.30	1.59	1.94	10.44
最大值	1.96	2.86	3.93	1.38	1.10	2.25	4.23	5.65	17.57
最小值	0.94	1.00	1.02	0.96	0.65	0.93	0.96	0.96	7.51

从单项污染损失率结果来看，在 449 个样点中，单项污染损失率均值大小排序为 As（1.94%）＞Ni（1.68%）＞Cr（1.59%）＞Zn（1.35%）＞Cd（1.30%）＞Cu（1.16%）＞Pb（1.11%）＞Hg（0.74%）。单项重金属污染损失率范围在 0.74%—1.94%，总体差异不大。As、Cr、Ni、Cd 的单项污染损失率在 449 个样点中变化范围分别为 0.96%—5.65%、0.96%—4.23%、1.02%—3.93%、0.93%—2.25%，说明黄骅市 As、Cr、Ni、Cd 4 种重金属污染程度差异较大。

从综合污染损失率结果来看，449 个样点的总体平均水平为 10.44%，污染等级为 Ⅱ 级，土壤质量属于"良"水平；变化范围在 7.51%—17.57%，总体差异较大，449 个样点中，264 个样点属于 Ⅰ 级优质土壤，185 个样点属于 Ⅱ 级，良性土壤。

（二）典型乡镇情况

为了进一步评估黄骅市 13 个乡镇的土壤污染损失情况，分别计算 13 个乡镇的单项污染损失率和综合污染损失率。从计算结果可以看出，吕桥镇综合污染损失率最高，为 12.35%，其次是南排河镇，综合污染损失率 11.28%，二者均为 Ⅱ 级污染水平。黄骅镇是黄骅市的城市功能核心区，旧城镇综合污染损失率最小。因此，重点分析以上四个乡镇。

从第四章 8 种土壤重金属含量的分析结果可以看出，吕桥镇是黄骅市污染最严重的地点。本章从污染损失率角度出发，无论是各种金属的单项污染损失率还是综合污染损失率，吕桥镇均最高，这与第四章分析结果一致。吕桥镇土壤重金属的单项污染损失率含量及排序为 As（2.56%）> Ni（2.27%）> Cr（1.99%）> Zn（1.57%）> Cd（1.41%）> Cu（1.35%）> Pb（1.18%）> Hg（0.76%）（见表 5-10），与黄骅市总体污染水平完全一致。

表 5-10　　　　　　　　　　吕桥镇重金属污染损失率结果

污染损失率 数据特征	单项污染损失率（%）								综合污染 损失率（%）
	Cu	Zn	Ni	Pb	Hg	Cd	Cr	As	
均值	1.35	1.57	2.27	1.18	0.76	1.41	1.99	2.56	12.35
最大值	1.96	2.04	3.93	1.38	0.98	2.04	2.86	5.49	17.57
最小值	1.01	1.16	1.34	1.06	0.68	1.05	1.36	1.09	8.62

从单项重金属污染损失率变化范围看，吕桥镇的单项污染损失率整体变化范围在 0.76%—2.56%，总体差异稍大；As 的单项污染损失率变化范围为 1.09%—5.49%，差异较大；其次是 Ni 变化范围为 1.34%—3.93%；其他重金属单项污染损失率变化差异较小。从综合污染损失率结果来看，总体平均水平为 12.35%，污染等级为 Ⅱ 级，土壤质量属于"良"水平；变化范围在 8.62%—17.57%，吕桥镇不同地区土壤污染程度差异较大。

南排河镇东邻渤海，该乡镇集聚的水产养殖的水域面积占整个行政区划的 73%，因此该镇拥有大量水产养殖企业，在南排水附近集聚的钢铁、石化等工业企业会对周围造成一定程度的污染，水体的特殊性质使得污染扩散面较大。南排河镇的土壤重金属污染从单项污染损失率看，As（2.42%）> Ni（2.01%）> Cr（1.69%）> Zn（1.39%）> Cd（1.28%）> Cu（1.25%）> Pb（1.14%）> Hg（0.75%）（见表 5-11），与黄骅市总体污染水平完全一致。

表5-11   南排河镇重金属污染损失率结果

数据特征＼污染损失率	单项污染损失率（%）								综合污染损失率（%）
	Cu	Zn	Ni	Pb	Hg	Cd	Cr	As	
均值	1.25	1.39	2.01	1.14	0.75	1.28	1.69	2.42	11.28
最大值	1.48	1.74	2.78	1.27	0.94	1.47	2.21	3.55	14.10
最小值	1.07	1.15	1.40	1.03	0.67	1.10	1.25	1.44	8.93

从单项重金属污染损失率变化范围看，南排河镇的单项污染损失率整体变化范围在0.75%—2.42%，总体差异稍大；As的单项污染损失率变化范围为1.44%—3.55%，差异稍大；其他重金属单项污染损失率变化差异较小。从综合污染损失率结果来看，总体平均水平为11.28%，在13个乡镇中排名第2，其污染等级为Ⅱ级，土壤质量属于"良"水平；变化范围在8.93%—14.10%，南排河镇不同地区土壤污染程度差异稍大。

黄骅镇是黄骅市的城市功能核心区，为综合型城区，土地利用主要是以商业、工业、居民居住为主的建成区，其重金属含量的富集可能是由于人类商业、工业以及长期居住等各种活动所导致。黄骅镇的土壤重金属污染从单项污染损失率看，As(1.77%)>Cr(1.36%)>Ni(1.30%)>Zn(1.21%)=Cd(1.21%)>Pb(1.08%)>Cu(1.05%)>Hg(0.72%)（见表5-12)，与黄骅市总体污染水平基本一致。

表5-12   黄骅镇重金属污染损失率结果

数据特征＼污染损失率	单项污染损失率（%）								综合污染损失率（%）
	Cu	Zn	Ni	Pb	Hg	Cd	Cr	As	
均值	1.05	1.21	1.30	1.08	0.72	1.21	1.36	1.77	9.45
最大值	1.18	1.38	1.69	1.15	0.87	1.33	1.65	4.39	12.64
最小值	0.95	1.09	1.06	1.03	0.67	1.10	1.17	1.07	8.07

从单项重金属污染损失率变化范围看，黄骅镇的单项污染损失率整体变化范围在0.72%—1.77%，总体差异不大；As的单项污染损失率变化范围为1.07%—4.39%，差异较大，其他重金属单项污染损失率变化差异较小。从综合污染损失率结果来看，总体平均水平为9.45%，其污染等级为Ⅰ级，土壤质量属于"优"水平；变化范围在8.07%—12.64%，

黄骅镇不同地区土壤污染程度差异稍大。

从第四章土壤 8 种重金属含量的分析结果可以看出，旧城镇重金属含量在 13 个乡镇中最低，是黄骅市污染最轻的地点。本章从污染损失率角度看，单项污染损失率中砷、铬、汞和综合污染损失率均为 13 个乡镇中最低，这与第四章分析结果基本一致。旧城镇的土壤重金属污染从单项污染损失率看，As（1.56%）＞ Cr（1.34%）＞ Ni（1.29%）＞ Cd（1.24%）＞Zn（1.21%）＞Pb（1.07%）＞Cu（1.05%）＞Hg（0.72%）（见表 5-13），与黄骅市总体污染水平基本一致。

表 5-13　　　　　　　　　旧城镇重金属污染损失率结果

数据特征＼污染损失率	单项污染损失率（%）								综合污染损失率（%）
	Cu	Zn	Ni	Pb	Hg	Cd	Cr	As	
均值	1.05	1.21	1.29	1.07	0.72	1.24	1.34	1.56	9.26
最大值	1.16	1.38	1.54	1.13	0.86	1.40	1.47	2.22	10.28
最小值	0.95	1.06	1.02	1.00	0.68	1.10	1.16	1.24	8.44

从单项重金属污染损失率变化范围看，旧城镇的单项污染损失率整体变化范围在 0.72%—1.56%，总体差异较小；其他重金属单项污染损失率自身变化差异均较小，最大的砷（As）的也只是在 1.24%—2.22%。从综合污染损失率结果来看，总体平均水平为 9.26%，在 13 个乡镇污染损失率最低，其污染等级为 Ⅰ 级，土壤质量属于"优"水平；变化范围在 8.44%—10.28%，旧城镇不同地区土壤污染程度差异较小。

以上是对 4 个典型乡镇的具体分析，表 5-14 是其余 9 个乡镇的 8 种重金属单项污染损失率和综合污染损失率计算结果。

表 5-14　　　　　　　　　其余城镇重金属污染损失率结果

乡镇	数据特征	单项污染损失率（%）								综合污染损失率（%）
		Cu	Zn	Ni	Pb	Hg	Cd	Cr	As	
羊三木乡	均值	1.21	1.31	1.55	1.11	0.74	1.24	1.82	1.57	10.25
	最大值	1.74	1.40	1.80	1.15	0.91	1.47	4.23	1.98	13.44
	最小值	1.04	1.13	1.31	1.03	0.69	1.10	1.33	1.14	8.84

续表

乡镇	数据特征	单项污染损失率（%）								综合污染损失率（%）
		Cu	Zn	Ni	Pb	Hg	Cd	Cr	As	
滕庄子乡	均值	1.18	1.39	1.74	1.12	0.73	1.33	1.64	1.85	10.55
	最大值	1.43	1.74	2.37	1.24	0.94	1.77	2.12	2.87	13.00
	最小值	1.01	1.17	1.17	1.04	0.68	1.15	1.26	1.30	8.92
齐家务乡	均值	1.13	1.34	1.51	1.12	0.76	1.41	1.49	1.73	10.18
	最大值	1.44	1.65	2.48	1.23	0.97	2.04	2.13	4.45	14.94
	最小值	1.00	1.13	1.20	1.03	0.69	1.15	1.18	1.09	8.63
骅中街道	均值	1.15	1.35	1.77	1.11	0.72	1.26	1.62	2.10	10.58
	最大值	1.58	1.73	2.91	1.25	0.99	1.69	2.26	5.65	16.32
	最小值	0.96	1.11	1.20	1.00	0.68	1.05	1.24	1.17	8.36
骅西街道	均值	1.23	1.42	1.86	1.14	0.74	1.30	1.74	2.04	10.95
	最大值	1.61	1.71	2.63	1.33	0.95	1.69	2.50	3.87	14.54
	最小值	1.02	1.14	1.21	1.00	0.68	1.00	1.31	1.16	8.40
骅东街道	均值	1.12	1.24	1.68	1.08	0.69	1.24	1.47	2.11	10.18
	最大值	1.18	1.36	1.94	1.10	0.72	1.40	1.62	2.35	11.11
	最小值	1.00	1.06	1.31	1.06	0.66	1.10	1.20	1.79	8.88
官庄乡	均值	1.21	1.49	1.79	1.14	0.77	1.43	1.67	1.86	10.93
	最大值	1.46	2.86	2.21	1.31	1.10	1.86	2.04	2.49	13.73
	最小值	1.00	1.12	1.27	1.03	0.70	1.27	1.26	1.17	8.75
常郭乡	均值	1.03	1.17	1.22	1.06	0.73	1.22	1.28	1.85	9.35
	最大值	1.18	1.27	1.45	1.11	0.91	1.40	1.46	2.79	10.32
	最小值	0.96	1.08	1.07	0.96	0.68	1.10	1.11	1.14	8.19
羊二庄回族乡	均值	1.13	1.31	1.60	1.09	0.74	1.26	1.49	1.84	10.06
	最大值	1.60	2.31	3.09	1.21	1.09	2.25	2.65	4.91	16.12
	最小值	0.94	1.00	1.15	0.96	0.65	0.93	0.96	0.96	7.51

二　经济损失估算

土壤重金属污染造成的经济损失主要体现在农林牧渔业产值的减少上，因此土壤重金属污染的经济损失＝污染损失率×农林牧渔业总产值。首先，估算出黄骅市整体的土壤重金属污染的经济损失，其次为了了解黄骅市各乡镇土壤污染的经济损失情况，分乡镇估算了经济损失。

根据《河北经济年鉴（2018）》得到黄骅市 2017 年农林牧渔业总产值为 531140 万元，黄骅市综合污染损失率平均为 10.44%，由此可以计算出，由于土壤污染造成的经济损失为：531140 万元×10.44% = 55451.02 万元。

计算各乡镇土壤污染的经济损失。各乡镇农林牧渔业产值数据缺失，因此采用主客观相结合的方法确定各乡镇农林牧渔业产值分配权重。具体做法：选取各乡镇行政区划面积在黄骅市总面积中的占比、各乡镇人口数量在黄骅市总人口中的占比，采用主成分分析法计算产值在各乡镇分配的权重，采用主成分分析法计算产值分配权重，并结合可获取到的部分乡镇农林牧渔业产值进行主观调整，得到的最终权重、分配的农林牧渔业产值及经济损失结果如表 5-15 所示。

表 5-15　　　　　　各乡镇权重及农林牧渔业产值分配结果

乡镇	农林牧渔业产值占比（%）	农林牧渔业产值分配（万元）	综合污染损失率（%）	经济损失（万元）	排序
羊三木乡	2.62	13938.14	10.25	1428.08	11
滕庄子乡	16.48	87546.25	10.55	9239.94	1
齐家务乡	9.33	49576.72	10.18	5049.08	5
南排河镇	5.94	31557.14	11.28	3560.25	8
吕桥镇	8.85	47027.06	12.35	5807.12	3
旧城镇	8.38	44534.06	9.26	4121.78	7
黄骅镇	4.57	24261.71	9.45	2292.15	9
骅中街道	2.43	12918.28	10.58	1366.54	12
骅西街道	3.70	19635.21	10.95	2150.80	10
骅东街道	2.18	11558.46	10.18	1176.88	13
官庄乡	9.20	48844.11	10.93	5338.16	4
常郭乡	9.63	51163.17	9.35	4781.57	6
羊二庄回族乡	16.68	88579.71	10.06	8908.61	2
全市	100.00	531140	10.44	55451.02	—

从表 5-15 可以看出，由于土壤污染造成的经济损失，排名前四位的分别是滕庄子乡、羊二庄回族乡、吕桥镇、官庄乡，其中滕庄子乡最严重，达到了 9239.94 万元，其次是羊二庄回族乡，经济损失为 8908.61 万

元，排名第三是吕桥镇，经济损失为 5807.12 万元，然后是官庄乡 5338.16 万元。其原因是滕庄子乡、羊二庄回族乡、官庄乡三个乡镇区划面积相较于其他乡镇较大，且均以第一产业发展为主，属于农贸型乡镇；而吕桥镇是因为污染损失率最高导致经济损失较大。黄骅镇是多功能的综合型乡镇，其发展并不以第一产业为主，因此经济损失较小。排名后四位的骅西街道、羊三木乡、骅中街道、骅东街道，经济损失小的主要原因：一方面，其行政区划面积相对较小，农林牧渔业发展所依靠的耕地、林地、水体、湿地面积更小；另一方面，这些乡镇或为工贸型、工业型或综合型，第一产业发展比重较低。

第四节　土壤污染生态价值损失测度

一　潜在生态价值损失评估

依据式（5-9）和式（5-10），本章测算了 2017 年黄骅市不同土壤重金属污染物的潜在生态风险水平，并得到总风险水平，结果如表 5-16 所示。在黄骅市主要的八种重金属污染物中，Cd 金属具有最高的潜在生态风险水平。所有重金属元素的潜在生态风险水平依照平均值大小排序为 Cd（45.9173）>As（15.6472）>Hg（14.5375）>Ni（7.3954）>Cu（6.7197）>Pb（6.5944）>Cr（2.9884）>Zn（1.4867）。黄骅市 516 个样点总风险水平处在 61.8942—165.6158，全部处于轻微污染与中度污染区间。总风险水平最大的样点位于官庄乡，编号为 1561。

表 5-16　　　　　土壤重金属潜在生态风险水平描述性统计

潜在生态风险水平	Cu	Zn	Ni	Pb	Hg	Cd	Cr	As	总风险 RI
最大值	13.1143	2.7460	11.8500	10.7429	48.0000	81.0000	5.2444	26.1333	165.6158
最小值	4.2286	1.0020	5.0750	4.4571	3.7333	25.1970	1.9200	9.6000	61.8942
平均值	6.7197	1.4867	7.3954	6.5944	14.5375	45.9173	2.9884	15.6472	101.2866

如表 5-6 所示的潜在生态风险等级划分标准，本章对黄骅市 516 个样点土壤重金属污染物的潜在生态风险等级进行划分，包括轻微、中等、强、很强和极强生态污染风险 5 级，结果如表 5-17 所示。在黄骅市 516

个样点中，Cu、Zn、Ni、Pb、Cr 和 As 金属均处在轻微生态污染等级。绝大部分样点的 Hg 金属潜在生态风险落在轻微生态污染等级内，部分样点（编号 1628、2581）的 Hg 金属呈现中等生态污染。有 278 个样点的 Cd 金属呈现中等生态污染，占总数的 75.39%，69 个样点的 Cd 金属呈现轻微生态污染，占总数的 24.42%。样点总风险的潜在生态风险等级基本特征与 Cd 金属类似，在 516 个有效样点中，有 255 个样点的生态价值总风险呈现中等生态污染，占总数的 72.67%，93 个样点的生态价值总风险呈现轻微生态污染，占总数的 27.33%。

表 5-17　　　　　黄骅市所有样点潜在生态风险等级概率　　　单位：%

等级	Cu	Zn	Ni	Pb	Hg	Cd	Cr	As	综合
轻微	100	100	100	100	99.22	24.42	100	100	27.33
中等	0.00	0.00	0.00	0.00	0.78	75.39	0.00	0.00	72.67
强	0.00	0.00	0.00	0.00	0.00	0.19	0.00	0.00	0.00
很强	0.00	0.00	0.00	0.00	0.00	0.00	0.00	0.00	0.00
极强	0.00	0.00	0.00	0.00	0.00	0.00	0.00	0.00	0.00

图 5-2 为黄骅市所有样点的 8 种重金属污染物潜在生态风险水平占总风险水平比重的平均值、最大值和最小值。从图 5-2 的结果来看，黄骅市土壤重金属污染物的潜在生态风险主要由 Cd 金属产生，在黄骅市 516 个有效样点中，Cd 金属的潜在生态风险贡献率达到 56.37%。其次为 As 金属，贡献率均值为 15.53%。Hg 金属的潜在生态风险贡献率波动较大，部分样点的贡献率超过 30%，如编号 2581、2546、1628、2529 和 2565。其余重金属污染物的潜在生态风险贡献率相对较低。

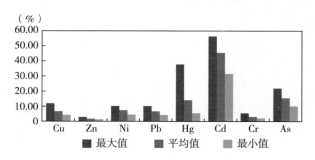

图 5-2　黄骅市 8 种重金属污染物潜在生态风险占比

二　生态价值损失估算

（一）整体分析

由于黄骅市的土地利用类型包含了耕地、建成区、湿地等在内的多种用地类型，因此在对生态价值损失进行评估测算之前，按照分级标准，将不同地类的 8 种重金属污染物潜在生态风险进行分级，进而针对不同的用地类型进行考虑。表 5-18 给出黄骅市不同用地类型土壤重金属污染物潜在生态风险的等级概率。

表 5-18　不同用地类型土壤重金属污染物潜在生态风险等级概率　单位：%

重金属	土地类型	轻微	中等	强	很强	极强
Cu	耕地	100.00	0.00	0.00	0.00	0.00
	建成区	100.00	0.00	0.00	0.00	0.00
	湿地	100.00	0.00	0.00	0.00	0.00
Zn	耕地	100.00	0.00	0.00	0.00	0.00
	建成区	100.00	0.00	0.00	0.00	0.00
	湿地	100.00	0.00	0.00	0.00	0.00
Ni	耕地	100.00	0.00	0.00	0.00	0.00
	建成区	100.00	0.00	0.00	0.00	0.00
	湿地	100.00	0.00	0.00	0.00	0.00
Pb	耕地	100.00	0.00	0.00	0.00	0.00
	建成区	100.00	0.00	0.00	0.00	0.00
	湿地	100.00	0.00	0.00	0.00	0.00
Hg	耕地	99.43	0.57	0.00	0.00	0.00
	建成区	98.51	1.49	0.00	0.00	0.00
	湿地	95.00	5.00	0.00	0.00	0.00
Cd	耕地	19.83	79.89	0.29	0.00	0.00
	建成区	23.88	76.12	0.00	0.00	0.00
	湿地	10.00	90.00	0.00	0.00	0.00
Cr	耕地	100.00	0.00	0.00	0.00	0.00
	建成区	100.00	0.00	0.00	0.00	0.00
	湿地	100.00	0.00	0.00	0.00	0.00

续表

重金属	土地类型	轻微	中等	强	很强	极强
As	耕地	100.00	0.00	0.00	0.00	0.00
	建成区	100.00	0.00	0.00	0.00	0.00
	湿地	100.00	0.00	0.00	0.00	0.00
总体	耕地	26.72	73.28	0.00	0.00	0.00
	建成区	22.39	77.61	0.00	0.00	0.00
	湿地	5.00	95.00	0.00	0.00	0.00

根据式（5-11）和式（5-12），对各个样点生态价值损失进行测算，表5-19给出黄骅市不同用地类型生态价值损失的测算结果。根据测算结果，黄骅市土壤重金属污染生态价值损失主要由Cd和Hg金属引起，其余重金属污染物产生的生态价值损失可以忽略不计。具体来看：

黄骅市每公顷耕地每年因Cd金属污染物造成的生态价值损失在216.9398—346.6417元/公顷，平均值为282.7754元/公顷；因Hg金属污染产生的生态价值损失在0.3555—1.4998元/公顷，平均值为0.6211元/公顷。

建成区每年因Cd金属污染物造成的生态价值损失在184.3303—265.5295元/公顷，平均值为233.0746元/公顷；因Hg金属污染物造成的生态价值损失在0.8543—3.3222元/公顷，平均值为1.4203元/公顷。

湿地相较于耕地和建成区，具有更大的生态价值损失。每公顷湿地因Cd金属污染产生的生态价值损失在1254.3063—1788.0083元/公顷，平均值为1537.2000元/公顷；因Hg金属造成的生态价值损失在68.3457—199.3912元/公顷，平均值为109.9110元/公顷。

表5-19　　　　黄骅市不同用地类型生态价值损失描述性统计

土地类型	数据特征	Cu	Zn	Ni	Pb	Cr	As	Hg	Cd	综合（元/公顷）
耕地	最大值	0	0	0	0	0	0	1.4998	346.6417	348.1415
	最小值	0	0	0	0	0	0	0.3555	216.9398	217.2953
	平均值	0	0	0	0	0	0	0.6211	282.7754	283.3965
建成区	最大值	0	0	0	0	0	0	3.3222	265.5295	268.8517
	最小值	0	0	0	0	0	0	0.8543	184.3303	185.1846
	平均值	0	0	0	0	0	0	1.4203	233.0746	234.4948

续表

土地类型	数据特征	Cu	Zn	Ni	Pb	Cr	As	Hg	Cd	综合（元/公顷）
湿地	最大值	0	0	0	0	0	0	199.3912	1788.0083	1987.3995
	最小值	0	0	0	0	0	0	68.3457	1254.3063	1322.6520
	平均值	0	0	0	0	0	0	109.9110	1537.2000	1647.1109

根据 2017 年黄骅市各地类面积及综合生态价值损失平均值，对黄骅市不同地类生态价值总损失进行估算，结果如表 5-20 所示。根据表 5-20，2017 年黄骅市土壤重金属污染物给耕地、建成区和湿地带来的总生态价值损失分别为 4180.93 万元、639.30 万元及 1572.00 万元。

表 5-20　　　　　黄骅市不同用地类型面积及总生态价值损失

指标名称	耕地	建成区	湿地
面积（公顷）	147529.26	27262.98	9543.96
总生态价值损失（万元）	4180.93	639.30	1572.00

注：黄骅市各地类面积利用 Globeland30 提供的 30×30 米栅格数据进行估算。

综上所述，对黄骅市而言，不同地类的生态价值损失均主要是由 Cd 金属及 Hg 金属污染，且每公顷湿地的生态价值损失显著高于耕地及建成区。因此在今后的土壤重金属污染防治工作中，应将湿地中 Cd 和 Hg 金属污染作为首要治理对象。此外，耕地重金属污染的治理也不可忽视，虽然黄骅市耕地的生态价值损失平均值仅为湿地的 1/5 左右，但 2017 年黄骅市耕地面积却达到了总面积的 59.84%，耕地生态价值损失的影响无疑会更加广泛。

（二）典型乡镇分析

湿地是具有高生态价值的土地类型之一，也被称为"地球之肾"，其与森林和海洋统称为三大生态系统，是自然界中最具有生物多样性的生态景观。湿地在保护生态平衡、维护生物多样性、调节气候以及涵养水源等方面具有重要意义，其生态价值系数达到了 40676.4 元/公顷。由于湿地的生态较为脆弱，容易受到人类活动的影响，因此，此处对包括大面积湿地的吕桥镇和骅西街道进行生态价值损失的详细分析。此外，在黄骅市，吕桥镇和骅西街道的土壤重金属污染水平最高，需要进行生态价值损失的具体评估。黄骅市的市区主要集中于黄骅镇，除大面积的耕地外，还包括大量的建成区，对考察商贸活动带来的生态价值损失有重要意义。同样，此处将详细考察黄骅镇的生态价值损失。旧城镇位于黄骅市的最南部，重金属污染水平较低，除少数呈岛状分布的村落外，绝大部分土地类型为耕地。综上所述，选择包括吕桥镇、骅西街道、黄骅镇以及旧城镇在内的四个乡镇进行生态价值损失的详细分析。

1. 吕桥镇

吕桥镇各样点潜在生态风险水平描述性统计如表5-21所示。由表5-21可知，吕桥镇各样点总生态风险均值为115.7911，处在中等风险等级。不同重金属元素潜在生态风险均值大小排序为 Cd（51.1986）> As（17.8148）> Hg（16.9481）> Ni（8.8383）> Cu（8.3314）> Pb（7.4648）> Cr（3.4634）> Zn（1.7316）。

表 5-21   **吕桥镇潜在生态风险水平描述性统计**

风险	数据特征	Cu	Zn	Ni	Pb	Hg	Cd	Cr	As	综合
潜在生态风险水平	最大值	13.1143	2.1780	11.8500	9.9143	38.4000	75.0000	4.3556	25.8667	147.7421
	最小值	5.0857	1.2460	6.4500	5.8571	8.0000	32.9970	2.6844	10.7867	76.5625
	平均值	8.3314	1.7316	8.8383	7.4648	16.9481	51.1986	3.4634	17.8148	115.7911

表5-22进一步分析了不同重金属元素对不同土地利用类型产生的潜在生态风险情况，主要分析耕地、建成区和湿地。平均来看，Cu、Zn、Ni、Pb、Cr 和 As 在耕地中的潜在生态风险分别为 8.8833、1.8317、9.3885、7.9250、3.6457 和 19.2278，在建成区中的潜在生态风险分别为 7.5381、1.7180、8.3500、7.1048、3.2600 和 16.7333，在湿地中的潜在生态风险分别为 8.7886、1.6320、8.3450、6.9257、3.3209 和 16.0693。由于这六种金属在黄骅市的潜在生态风险等级有100%的概率为轻微生态污染，因此也不会对吕桥镇造成生态价值损失。相反，Hg 有 0.78% 的概率为中等生态污染，Cd 元素分别有 75.39% 和 0.19% 的概率为中等生态污染和强生态污染。

具体而言，在吕桥镇的湿地中，Hg 和 Cd 元素是潜在生态风险最大的重金属，平均值达到了 16.4267 和 47.3988。湿地的生态价值在几种地类中最高，为 40676.4（元/公顷），因此重金属污染对湿地造成的生态价值损失也相对较大。平均来看，Hg 和 Cd 元素对吕桥镇造成的湿地生态价值损失达到了 123.5069（元/公顷）和 1500.6646（元/公顷）。在耕地中，Hg 和 Cd 元素的潜在生态风险为 17.7333 和 54.8738，相应的生态价值损失平均值为 0.6261（元/公顷）和 273.7141（元/公顷）。在建成区中，Hg 和 Cd 元素的潜在生态风险为 14.9333 和 50.9985，相应的生态价值损失平均值为 1.3426（元/公顷）和 235.6964（元/公顷）。

表 5-22　　　　　　　　吕桥镇潜在生态风险和生态价值损失

指标	土地地类	数据特征	Cu	Zn	Ni	Pb	Hg	Cd	Cr	As	综合
潜在生态风险水平	耕地	最大值	11.9143	2.1780	11.8500	9.9143	28.2667	75.0000	4.3556	25.8667	147.7421
		最小值	6.7429	1.5180	7.7250	6.7429	10.6667	42.0000	3.0622	14.5333	94.6426
		平均值	8.8833	1.8317	9.3885	7.9250	17.7333	54.8738	3.6457	19.2278	123.5091
	建成区	最大值	8.1143	1.9080	9.2750	7.3429	18.6667	54.0000	3.4267	17.2000	117.7430
		最小值	7.0571	1.5720	7.7250	6.6571	10.6667	47.9970	3.0356	16.1333	102.1046
		平均值	7.5381	1.7180	8.3500	7.1048	14.9333	50.9985	3.2600	16.7333	110.6360
	湿地	最大值	13.1143	1.7520	8.9500	7.4000	27.7333	54.0000	3.5911	17.7333	116.9517
		最小值	6.2857	1.4120	7.2250	6.1143	9.0667	42.0000	2.8222	12.7467	98.4696
		平均值	8.7886	1.6320	8.3450	6.9257	16.4267	47.3988	3.3209	16.0693	108.9070
生态价值损失（元/公顷）	耕地	最大值	0.0000	0.0000	0.0000	0.0000	0.9926	312.1710	0.0000	0.0000	312.7259
		最小值	0.0000	0.0000	0.0000	0.0000	0.4832	234.5039	0.0000	0.0000	235.4965
		平均值	0.0000	0.0000	0.0000	0.0000	0.6261	273.7141	0.0000	0.0000	274.3402
	建成区	最大值	0.0000	0.0000	0.0000	0.0000	1.6204	240.2805	0.0000	0.0000	241.3275
		最小值	0.0000	0.0000	0.0000	0.0000	1.0470	223.3137	0.0000	0.0000	224.7734
		平均值	0.0000	0.0000	0.0000	0.0000	1.3426	235.6964	0.0000	0.0000	237.0390
	湿地	最大值	0.0000	0.0000	0.0000	0.0000	199.3912	1690.8608	0.0000	0.0000	1789.2465
		最小值	0.0000	0.0000	0.0000	0.0000	68.3457	1254.3063	0.0000	0.0000	1453.6975
		平均值	0.0000	0.0000	0.0000	0.0000	123.5069	1500.6646	0.0000	0.0000	1624.1714

吕桥镇的综合生态价值损失空间分布趋势如图 5-3 所示。综合生态价值损失在东西方向上为东部高西部低，在南北方向上为北部高南部低，整体而言在东北部最高。吕桥镇东北部的综合生态价值损失高的原因主要是该地的土地类型为湿地，本身具有很高的生态价值，重金属对其造

成的污染相对于耕地和建成区会带来更高的损失。相对而言，除湿地外的土地类型都为耕地和建成区，重金属对吕桥镇的两种土地类型中的生态价值损失比较接近，变化趋势较小，且与湿地存在明显的差距。因此，在进行土壤资源污染治理的过程中，应考虑到湿地本身的高生态价值，并将湿地作为重点保护对象，这对降低黄骅市的生态价值损失是十分关键的。

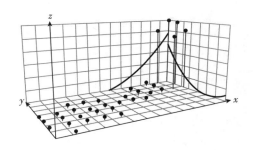

图 5-3　吕桥镇综合生态价值损失空间分布趋势

2. 骅西街道

骅西街道潜在生态风险水平描述性统计如表 5-23 所示。由表 5-23 可知，骅西街道各样点总潜在生态风险均值为 104.8672，处在中等风险等级。不同重金属元素潜在生态风险均值大小排序为 Cd（46.4179）>As（16.2472）> Hg（15.2144）> Ni（7.9490）> Cu（7.3822）> Pb（6.8822）>Cr（3.1994）>Zn（1.5748）。

表 5-23　　　　　　　骅西街道潜在生态风险水平描述性统计

风险	数据特征	Cu	Zn	Ni	Pb	Hg	Cd	Cr	As	综合
潜在生态风险水平	最大值	10.7143	1.8900	9.8250	9.2857	42.6667	69.0000	4.0489	22.5333	141.6942
	最小值	5.2286	1.2100	5.8750	5.0571	8.0000	30.0000	2.5022	11.3867	73.8556
	平均值	7.3822	1.5748	7.9490	6.8822	15.2144	46.4179	3.1994	16.2472	104.8672

骅西街道的土地类型包括耕地、建成区以及湿地，每种重金属对不同土地类型的潜在生态风险和生态价值损失如表 5-24 所示。由于骅西街道有大面积的湿地，所以土壤中的 Hg 元素和 Cd 元素对其影响较大。平

均来看，Hg 元素和 Cd 元素在湿地中的潜在生态风险分别为 13.8182 和 48.8176，综合潜在生态风险为 107.3769，两种元素相应的生态价值损失分别为 107.0123 元/公顷和 1557.0423 元/公顷，综合生态价值损失达到了 1664.0546 元/公顷。说明这两种元素对湿地造成了较为严重的破坏，使得本身生态价值较高的湿地的生态涵养功能受到了影响。相比较而言，Hg 元素和 Cd 元素对耕地和建成区造成的生态价值损失较小，对耕地造成的平均损失分别为 0.6382 元/公顷和 271.1089 元/公顷，综合损失为 271.7472 元/公顷，对建成区造成的平均损失分别为 1.5104 元/公顷和 238.1417 元/公顷，综合损失为 239.6520 元/公顷。

表 5-24　　　　　　骅西街道潜在生态风险和生态价值损失

指标	土地类型	数据特征	Cu	Zn	Ni	Pb	Hg	Cd	Cr	As	综合
潜在生态风险水平	耕地	最大值	10.7143	1.8900	9.8250	9.2857	35.7333	62.9970	4.0489	22.5333	141.6942
		最小值	5.2286	1.2220	6.0250	5.0571	8.0000	38.9970	2.6000	12.5733	84.3765
		平均值	7.4383	1.5786	7.9888	6.9477	15.5801	46.2754	3.2214	16.2965	105.3268
	建成区	最大值	8.1143	1.8300	8.0000	8.1714	42.6667	69.0000	3.2444	18.5333	132.8268
		最小值	5.4000	1.2640	5.8750	5.3714	8.0000	35.9970	2.5022	14.0000	80.0142
		平均值	6.8286	1.5270	7.1000	6.4238	17.2444	50.4995	2.9222	15.7778	108.3233
	湿地	最大值	8.6000	1.7600	9.0250	7.8286	19.7333	56.9970	3.5911	19.7333	115.5046
		最小值	6.6286	1.4920	7.1250	5.8571	9.6000	42.0000	3.0000	12.4400	98.9747
		平均值	7.6208	1.6313	8.2727	7.0623	13.8182	48.8176	3.2897	16.8642	107.3769
生态价值损失（元/公顷）	耕地	最大值	0.0000	0.0000	0.0000	0.0000	1.2305	320.7930	0.0000	0.0000	321.1524
		最小值	0.0000	0.0000	0.0000	0.0000	0.3594	216.9398	0.0000	0.0000	218.1703
		平均值	0.0000	0.0000	0.0000	0.0000	0.6382	271.1089	0.0000	0.0000	271.7472
	建成区	最大值	0.0000	0.0000	0.0000	0.0000	3.3222	265.5295	0.0000	0.0000	266.7368
		最小值	0.0000	0.0000	0.0000	0.0000	0.9070	202.5248	0.0000	0.0000	205.8470
		平均值	0.0000	0.0000	0.0000	0.0000	1.5104	238.1417	0.0000	0.0000	239.6520
	湿地	最大值	0.0000	0.0000	0.0000	0.0000	160.9479	1693.5926	0.0000	0.0000	1781.3397
		最小值	0.0000	0.0000	0.0000	0.0000	71.8953	1422.9332	0.0000	0.0000	1567.7087
		平均值	0.0000	0.0000	0.0000	0.0000	107.0123	1557.0423	0.0000	0.0000	1664.0546

将骅西街道样点中的综合生态价值损失空间分布趋势进行可视化，

如图 5-4 所示。综合生态价值损失在东西方向上为西部低东部高，在南北方向上为南部低北部高。整体而言，在骅西街道的东北部存在较为严重的生态价值损失，这是因为湿地的生态价值很高，这些地点的损失达到了 1664.0546（元/公顷）。从趋势变化来看，从西南向东北生态价值损失逐渐上升，这是因为建成区位于湿地的西南部，且呈狭长的分布形状，密集的商贸和工业活动集聚在狭长的建成区中，使得周围的生态价值损失呈现这种变化趋势。总体而言，骅西街道存在大面积的湿地，其在黄骅市的生态涵养和城市绿色发展功能中占据不可或缺的地位，在土壤污染防治中，须将湿地作为重点治理对象。此外，根据生态价值损失在骅西街道的变化趋势，将湿地周围耕地的污染进行合理治理，不但可以降低耕地中的生态价值损失，同时也可以降低周围环境对湿地的影响。

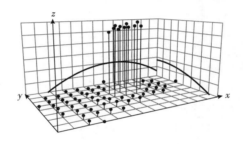

图 5-4 骅西街道综合生态价值损失空间分布趋势

3. 黄骅镇

黄骅镇各样点潜在生态风险水平描述性统计如表 5-25 所示。由表 5-25 可知，黄骅镇各样点总潜在生态风险均值为 92.2696，处在中等风险等级。不同重金属元素潜在生态风险均值大小排序为：Cd（42.4152）>As（14.8119）>Hg（12.8296）>Ni（6.3222）>Pb（6.1714）>Cu（5.6770）>Cr（2.6854）>Zn（1.3569）。

表 5-25 黄骅镇潜在生态风险水平描述性统计

风险	数据特征	Cu	Zn	Ni	Pb	Hg	Cd	Cr	As	综合
潜在生态风险水平	最大值	8.5714	2.1560	7.6000	8.1714	34.1333	65.9970	3.1200	23.7333	146.6259
	最小值	4.3714	1.1440	5.3000	5.4857	6.9333	32.9970	2.3511	10.5867	72.3172
	平均值	5.6770	1.3569	6.3222	6.1714	12.8296	42.4152	2.6854	14.8119	92.2696

位于黄骅镇的样点分布在耕地和建成区中，不同重金属元素对不同地类产生的潜在生态风险和生态价值损失如表 5-26 所示。无论在耕地中，还是在建成区中，Cu、Zn、Ni、Pb、Cr 和 As 的最大值均处于轻微生态污染等级，并且这些重金属在黄骅镇所有的样点中处于中等生态污染等级及以上的概率均为零，因此并不会对黄骅镇的土壤造成生态价值损失。相比较而言，Hg 元素和 Cd 元素在黄骅镇的平均潜在生态风险在耕地中分别为 12.1436 和 41.6523，综合潜在生态风险为 90.4772；相应的生态价值损失为 0.5721 元/公顷和 284.8046 元/公顷，综合生态价值损失为 285.3767 元/公顷。在黄骅镇的建成区中，两种元素的平均潜在生态风险分别为 14.9926 和 44.6650，相应的生态价值损失分别为 1.4661 元/公顷和 234.1665 元/公顷，综合潜在生态风险为 97.6112，综合生态价值损失为 235.6327 元/公顷。

表 5-26　　　　　　黄骅镇潜在生态风险和生态价值损失

指标	土地类型	数据特征	Cu	Zn	Ni	Pb	Hg	Cd	Cr	As	综合
潜在生态风险水平	耕地	最大值	7.0000	1.5360	7.6000	7.0857	28.2667	47.9970	3.1200	23.7333	123.9273
		最小值	4.3714	1.1440	5.3000	5.4857	6.9333	35.9970	2.3511	10.5867	72.3172
		平均值	5.5220	1.3063	6.2567	6.0769	12.1436	41.6523	2.6639	14.8554	90.4772
	建成区	最大值	8.5714	2.1560	7.4500	8.1714	34.1333	65.9970	3.1111	18.4000	146.6259
		最小值	4.9429	1.2580	5.6750	5.6000	7.4667	32.9970	2.5200	13.2533	77.2387
		平均值	6.0857	1.4896	6.4417	6.3683	14.9926	44.6650	2.7328	14.8356	97.6112
生态价值损失（元/公顷）	耕地	最大值	0.0000	0.0000	0.0000	0.0000	1.0019	324.7054	0.0000	0.0000	325.0902
		最小值	0.0000	0.0000	0.0000	0.0000	0.3555	234.9280	0.0000	0.0000	235.7733
		平均值	0.0000	0.0000	0.0000	0.0000	0.5721	284.8046	0.0000	0.0000	285.3767
	建成区	最大值	0.0000	0.0000	0.0000	0.0000	2.3332	248.4446	0.0000	0.0000	249.8303
		最小值	0.0000	0.0000	0.0000	0.0000	0.8993	218.3679	0.0000	0.0000	219.4752
		平均值	0.0000	0.0000	0.0000	0.0000	1.4661	234.1665	0.0000	0.0000	235.6327

黄骅镇的综合生态价值损失空间分布趋势如图 5-5 所示。综合生态价值损失在东西方向上为西部高东部低，在南北方向上为南部高北部低，整体上西南部最高而东北部最低。这种分布趋势与黄骅镇的土地利用类型分布之间有重要关系。在黄骅镇，大面积的建成区位于该乡镇的北部，而南部主要为耕地和呈岛状分布的村落，这会导致商贸和工业活动都主

要集中在黄骅镇的北部。但建成区和耕地的单位生态价值系数分别为5372.1元/公顷和6114.3元/公顷，即相对于建成区而言，单位面积的耕地具备更高的生态价值，这就会导致生态价值损失在黄骅镇呈现出从南部到北部和从西部到东部含量逐渐降低的变化趋势。耕地是人类粮食等农作物的主要来源，关乎着人们的食品安全。因此，在土壤重金属污染防治中，需要重点关注重金属对耕地带来的影响，将土壤重金属带来的人类健康风险和生态价值损失降到最低。

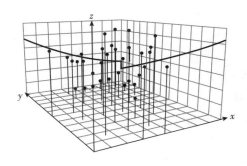

图5-5 黄骅镇综合生态价值损失空间分布趋势

4. 旧城镇

表5-27给出旧城镇各种土壤重金属污染物潜在生态风险水平描述性统计。由表5-27可知，旧城镇各样点总潜在生态风险均值为91.3227，处在中等风险等级。不同重金属元素潜在生态风险均值大小排序为Cd（43.0525）＞As（14.0573）＞Hg（12.4973）＞Ni（6.2318）＞Pb（5.9691）＞Cu（5.5537）＞Cr（2.6479）＞Zn（1.3131）。

表5-27　　　　　　　　旧城镇潜在生态风险水平描述性统计

风险	数据特征	Cu	Zn	Ni	Pb	Hg	Cd	Cr	As	综合
潜在生态风险水平	最大值	6.7429	1.5280	7.1250	6.8857	27.7333	51.0000	2.8578	17.3333	109.4693
	最小值	4.3429	1.0980	5.0750	5.0571	8.0000	35.9970	2.3333	11.9600	77.0843
	平均值	5.5537	1.3131	6.2318	5.9691	12.4973	43.0525	2.6479	14.0573	91.3227

不同重金属元素对不同地类造成的潜在生态风险和生态价值损失如表5-28所示。这些样点分布在耕地和建成区中，平均来看，Hg元素和

Cd 元素在耕地中的潜在生态风险为 12.2667 和 43.2338，相应的生态价值损失为 0.5721 元/公顷和 292.2312 元/公顷；在建成区中，这两种重金属的潜在生态风险为 14.9926 和 44.6650，相应的生态价值损失为 1.6204 元/公顷和 227.0474 元/公顷。旧城镇所有的样点中，Cu、Zn、Ni、Pb、Cr 和 As 的最大值均处于轻微生态污染等级，并且在黄骅市的中等生态污染等级及以上的概率为零，因此这些元素相应的生态价值损失也为零。耕地和建成区的综合潜在生态风险为 91.2226 和 97.6112，相应的综合生态价值损失为 292.8033 元/公顷和 228.6678 元/公顷。

表 5-28　　　　　　旧城镇潜在生态风险和生态价值损失

指标	土地类型	数据特征	Cu	Zn	Ni	Pb	Hg	Cd	Cr	As	综合
潜在生态风险水平	耕地	最大值	6.7429	1.5280	7.1250	6.8857	27.7333	51.0000	2.8578	17.3333	109.4693
		最小值	4.3429	1.0980	5.0750	5.0571	8.0000	35.9970	2.3333	11.9600	77.0843
		平均值	5.5445	1.3169	6.2544	5.9882	12.2667	43.2338	2.6498	13.9682	91.2226
	建成区	最大值	8.5714	2.1560	7.4500	8.1714	34.1333	65.9970	3.1111	18.4000	146.6259
		最小值	4.9429	1.2580	5.6750	5.6000	7.4667	32.9970	2.5200	13.2533	77.2387
		平均值	6.0857	1.4896	6.4417	6.3683	14.9926	44.6650	2.7328	14.8356	97.6112
生态价值损失（元/公顷）	耕地	最大值	0.0000	0.0000	0.0000	0.0000	1.1263	320.9869	0.0000	0.0000	321.4425
		最小值	0.0000	0.0000	0.0000	0.0000	0.3987	255.8492	0.0000	0.0000	256.9755
		平均值	0.0000	0.0000	0.0000	0.0000	0.5721	292.2312	0.0000	0.0000	292.8033
	建成区	最大值	0.0000	0.0000	0.0000	0.0000	2.1974	245.0560	0.0000	0.0000	246.4797
		最小值	0.0000	0.0000	0.0000	0.0000	1.2401	204.8620	0.0000	0.0000	207.0595
		平均值	0.0000	0.0000	0.0000	0.0000	1.6204	227.0474	0.0000	0.0000	228.6678

旧城镇综合生态价值损失空间分布趋势如图 5-6 所示。综合生态价值损失在东西方向上东部略高，在南北方向上北部略高，整体为东北部略高。旧城镇的综合生态价值损失趋势变化不但与该乡镇的土地利用方式有关，也与该乡镇的区位有着密切联系。在旧城镇，土地类型以耕地为主，除此之外主要是呈岛状散落分布在耕地中的村落。虽然村落中频繁的人类活动会影响重金属含量，但并没有带来大面积的污染。因此，相似的污染水平和以耕地为主的土地类型使得旧城镇的综合生态价值损失整体变化趋势较小。

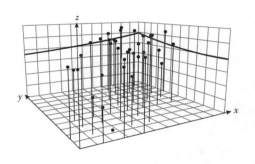

图5-6　旧城镇综合生态价值损失空间分布趋势

综上所述，黄骅市的单位面积生态价值损失较高的区域主要分布在吕桥镇和骅西街道的大面积湿地。相比较而言，骅西街道的湿地受到的生态价值损失比吕桥镇略高，平均相差39.8832元/公顷。黄骅镇建成区中的生态价值损失为235.6327元/公顷，由于此乡镇的重金属污染水平很低，因此该损失意味着黄骅市中一般的商业贸易活动所带来的生态成本。吕桥镇中建成区的生态价值损失相比黄骅镇高了1.4063元/公顷，这代表吕桥镇较高的重金属污染对建成区带来额外的生态价值损失。另外，旧城镇位于黄骅市的最南部，重金属污染水平最低且绝大部分面积为耕地，耕地的生态价值损失为292.8033元/公顷，可以作为黄骅市的耕地及其他土地利用类型的最低生态价值损失参考。相反，吕桥镇中耕地的生态价值损失比旧城镇高45.6724元/公顷，这对吕桥镇的耕地造成较大生态价值损失的同时也对其粮食的生产安全造成了很大隐患。因此，在黄骅市的生态价值损失补偿中，需要根据不同土地类型和不同乡镇进行分区分类治理，并将重金属污染相对较高的吕桥镇、骅西街道等乡镇进行重点治理，在重视耕地和建成区的生态价值损失的同时，也需要更加重视大面积的湿地所带来的高额生态价值损失。

第五节　小　　结

本章基于2017年实地采样获取的黄骅市8种土壤重金属污染物含量数据，从价值损失评估的角度出发，首先，利用环境污染损失模型测度了黄骅市各项土壤重金属污染物的综合污染损失率，并在此基础上对黄骅市土壤重金属污染带来的经济价值损失展开估算；其次，利用哈肯森潜在生态风险评估法量化评价了黄骅市整体及各乡镇土壤重金属污染的潜在生态风险，并进一步引入科斯坦萨生态价值损失估算方法对黄骅市土壤重金属污染带来的生态价值损失进行估算。研究发现：

（1）综合污染损失率：黄骅市各有效样点的土壤重金属综合污染损失率总体平均水平为10.44%，污染等级为Ⅱ级，土壤整体质量处于"良"水平。8种重金属污染物综合污染损失率大小排序为As（1.94%）>Ni（1.68%）>Cr（1.59%）>Zn（1.35%）>Cd（1.30%）>Cu（1.16%）>Pb（1.11%）>Hg（0.74%）。从不同乡镇来看，吕桥镇的综合污染损失率最高，达到12.35%；其次是南排河镇，综合污染损失率达到11.28%；综合污染损失率最小的乡镇为旧城镇，为9.26%。黄骅镇作为黄骅市核心区，其综合污染损失率为9.46%。

（2）经济价值损失：黄骅市2017年因土壤重金属污染造成的经济损失约为55451.02万元。滕庄子乡、羊二庄回族乡、吕桥镇与官庄乡经济价值损失较高，分别达到9239.94万元、8908.61万元、5807.12万元和5338.16万元。

（3）潜在生态风险：黄骅市各有效样点土壤重金属污染的总风险水平均值为101.2860，处于中等生态风险等级，总风险水平最大的样点位于官庄乡，编号为1561。不同重金属元素潜在生态风险均值的大小排序为Cd（45.92）>As（15.65）>Hg（14.54）>Ni（7.40）>Cu（6.72）>Pb（6.59）>Cr（2.99）>Zn（1.49）。四大典型乡镇的分析结果表明，吕桥镇具有更高的总生态风险水平，其次为骅西街道、黄骅镇和旧城镇。

（4）生态价值损失：根据2017年数据，土壤重金属污染物给黄骅市的耕地、建成区和湿地分别带来了4180.93万元、639.30万元和1572.00万元的生态价值损失。从地均损失的角度来看，湿地遭受的生态价值损失更大，平均为1537.20元/公顷。趋势面分析的结果表明：吕桥镇、骅西街道和旧城镇生态价值损失最高的区域位于乡镇东北部；黄骅镇生态价值损失最高的区域位于乡镇西南部。

第六章　土壤污染经济价值损失测度

　　土壤是一种重要的自然资本，是物质循环的核心。土壤功能损失导致的价值损失即土壤自然资本受损价值。土壤污染价值损失的计量是对土壤功能遭受破坏或失衡而产生的相关价值损失的测算。为了在更大尺度上估算土壤污染的经济价值损失，本章将以河北省调研数据为基础，土壤污染所致使的损失主体作为危害终端，例如土壤功能、公众健康、有效利用和生态环境，建立土壤污染价值损失测度指标体系，对河北省土壤污染价值损失进行测度，对危害终端的直接经济损失进行合理分解，并对相关危害主体的间接经济损失进行评估。首先，建立初步土壤污染价值损失测度指标体系，采用德尔菲法对所建立的土壤污染价值损失测度指标体系的维度和指标进行筛选及优化；其次，基于优化后的指标体系进行维度测算，结合"过—张"模型，从经济层面、社会层面和环境层面对土壤污染直接经济损失进行估算，同时，采用投入产出模型从需求端和供给端对土壤污染间接经济损失进行计量；最后，综合分析土壤污染价值损失测度结果。

第一节　研究区域与数据来源

一　研究区域

　　本章以河北省为研究区域对土壤污染价值损失进行计量分析。河北省在经济发展过程中，受限于水资源禀赋，自 20 世纪 60 年代开始，保定市、石家庄市等城市最早使用污水灌溉农田，发展至今除承德市外，全省其他地级市均存在污水灌溉地区，污水水源为工矿企业排放废水和城镇居民生活污水，导致了较为严重的耕地土壤污染。为了更全面地了解河北省土壤污染程度，多维度评价河北省土壤污染经济损失分布情况，需要对河北省综合污染经济损失展开进一步测度。2004 年《河北省环境状况公报》①中数据显示，全省污水灌溉面积为 53277.67 公顷，累计废耕农田面积 94 公顷，污染耕地面积 938.5 公顷，造成农产品产量损失 152627.1 吨。从城市土壤污染情况来看，石家庄市处于警戒和污染的土壤面积达全市国土面积的 3.18%，其中 Cd、Hg、Zn 和 Cr 四种重金属污染面积较大。对于综合环境状况相对较好的承德市来说，轻微土壤污染面积占全市国土面积的 3.2%，轻度污染占比为 0.8%，中度污染占比为 0.6%，重度污染占比为 1.3%。对比石家庄市和承德市两市的土壤污染数据，可以看出，即使两市在经济发展程度和环境保护措施上存在较大差异，其土壤污染状况大致相同。这表明河北省存在较突出的土壤污染问题，使得生态环境和食品安全受到较大威胁。鉴于此，通过构建土壤污染价值损失测度指标体系和计量模型，对河北省土壤污染价值损失进行量化研究是非常有必要的。

二　数据来源

本章所需数据来源于课题组于 2019 年 11 月在河北省进行的实地调研数据、公开可获取的相关统计年鉴和文献资料，除此之外，对于少量缺失数据采用线性插值等方式进行补全。

其中土壤污染价值损失测度指标体系构建所需文献数据均来自公开数据库，包括 Elsevier 期刊全文库 Science Direct、中国知网（CNKI）、超星数字图书数据库、百链云图书馆、读秀学术搜索等；所需文本资料则以国土资源部、环境保护部、环境保护厅等政府官网上公布的与土壤污染相关的政策法规、公告和标准等为主。在计算土壤污染直接经济损失过程中，河北省土壤中重金属含量表征数据主要参考王元仲等（2006）、柴立立等（2019）的成果。在计算土壤污染间接经济损失过程中，选择使用 2017 年河北省投入产出表（42 部门）作为基础数据。其余研究变量所需的原始数据均来自相关统计年鉴和公开文献资料，如《2005 年河北省环境状况公报》《2018 年河北农村统计年鉴》，以及 2018 年《中国人口和就业统计年鉴》、2013—2018 年《河北经济年鉴》、《河北省预算执行情况和预算草案的报告》等。

---

① 数据来源：http://hbepb.hebei.gov.cn/hjzlzkgb/200507/P020050701659624062034.pdf.

第二节　指标体系设计及优化

一　指标体系的构建

在构建土壤污染价值损失测度指标体系过程中，首先进行资料收集，其次课题组成员依据专业组成混合小组对文献资料进行分析，最后确定初版指标体系。

（一）资料收集

（1）文献收集。以中文关键词"土壤污染""环境污染""环境污染经济损失""大气污染""水污染""自然资本""土地退化"等和相应的英文关键词在目标数据库内检索国内外土壤污染相关文献。

（2）资料收集。以国土资源部、环境保护部、环境保护厅等政府官网上公布的与土壤污染、环境污染、土壤污染防治有关的政策、法规、公告和标准等文本资料为主，相关书籍资料为辅，分析整理出与土壤污染价值损失有关的指标。

（二）混合小组讨论

通过召集相同或相近专业背景的同学及老师组成混合小组对某一问题进行讨论，其优势在于短时间内提炼出所研究问题的核心，并以半结构化式的讨论将烦琐的问题变得通俗易懂。混合小组共 6 人，包括统计学、经济学、土地资源管理和土壤学等专业的师生，经过多次讨论确定初步的土壤污染价值损失测度指标和德尔菲法实施的相关内容。

（三）指标体系的建立

以过孝民等（1990）、夏光等（1995）、郑易生等（1999）、卫立冬（2008）和李瑞等（2015）相关学者在环境污染价值损失评价中的估算范围和阮俊华等（2002）、常影等（2003）、苏县龙等（2008）相关学者在农田土壤污染价值损失评价的研究为参考，以我国土壤污染相关政策和法律为依据，结合混合小组讨论结果，建立初步的土壤污染价值损失测度指标体系，如表 6-1 所示，包含经济层面、社会层面及环境层面 3 个维度，共 20 个指标。

表 6-1　　　　　　　　　　初步的土壤污染价值损失测度指标体系

目标层	指标层		
	一级指标	二级指标	量化指标
土壤污染价值损失测度指标体系	经济层面	种植业损失	粮食产量、市场平均价格
		林业损失	木材产量、市场平均价格
		牧业损失	因草地破坏导致多出的购买草料的成本
		土壤原材料污染损失	土壤作为原材料，因污染而受到的损失
		周边土地价值损失	因土壤污染导致周边土地贬值
		旅游景观收入损失	受土壤污染影响，原自然景观遭受损失
		草地破坏损失	因农药使用过度、重金属含量过高等原因导致草地经济损失
		税收损失	因土壤污染导致的相关税收损失
	社会层面	政府与环保组织公信力损失	环境问题政治成本核算
		造成人员死亡的损失	基于人力资本法，核算因土壤污染导致人员死亡而产生的经济损失
		导致人体产生疾病的损失	因土壤污染导致疾病而产生的直接和间接的经济损失
		周边居民就业率下降损失	因土壤污染使周边居民工作岗位减少导致就业率下降
		周边居民保护土壤环境参与度	周边居民对土壤环境保护的支付意愿
	环境层面	水资源损失	土壤含水量和地下水治理费用
		风险管理	因技术或者成本等原因导致土壤污染暂时无法修复而支出的风险管控费用
		空气质量损失	因土壤污染导致周边空气中有害物质含量过高而产生的治理费用
		野生动植物损失	因土壤污染导致野生动植物死亡而产生的损失
		土地资源损失	因土壤污染导致土地本身贬值
		土壤治理费用	为修复土壤污染而支付的人工、耗材、技术等费用
		污染治理时间成本	因土壤治理而导致土壤不能作为他用的机会成本损失

（四）专家组成员的确定

2019 年 11 月，采用方便抽样的方法选取河北省高等院校和科研单位内从事土地资源管理、区域经济学、土壤污染和环境资源管理等相关研究工作的专家 28 人作为咨询对象。具体纳入标准如下：（1）具有副教授以上职称；（2）从事相关领域工作 5 年以上；（3）对环境资源管理、价值测度、经济学等专业知识较为熟悉；（4）愿意参加本调查。选取专家情况如下：男 18 人（64.3%），女 10 人（35.7%）；最终学历为硕士的 15 人（53.6%），为博士的 13 人（46.4%）；当前职称为副教授的 16 人（57.1%），教授 1 人（3.6%），副研究员 1 人（3.6%），研究员 2 人（7.1%），讲师 8 人（28.6%）；研究领域涵盖了财务管理、管理学、环境管理、金融分析、空气污染、区域经济、土地资源评价、资源与环境经济学等方向。

二 指标体系的筛选与优化

（一）德尔菲法

1964 年美国兰德公司首先提出德尔菲法（Delphi Method）并将该方法应用到定性预测领域。起初德尔菲法主要应用于长期预测中，以特定领域的专家为调研对象。具体执行方式如下：就某些或宽泛、或抽象的议题，通过若干轮匿名的、反馈的书面函询，不断对函询专家的观点进行聚焦、归类并具体化，综合专家经验和主观判断，以在最大限度上达成共识并形成结论。目前研究主要将德尔菲法应用于指标评价体系优化中。以本研究为例，该方法在实施过程中主要包含了以下几个步骤：

（1）指标体系的建立。以河北省土壤污染为研究对象，相关文献和资料为参考，设计初步的土壤污染价值损失测度指标体系。

（2）调查问卷的设计。依据研究内容和设计完成的指标体系，进行专家调查问卷的设计。

（3）确定调查专家组成员。德尔菲法在理想状态下，应该广泛地调查相关研究领域的专家，但是在实际实施过程中，受限于时间、空间和成本等因素，主要保证专家组成员对所调查内容有一定的熟悉程度，并且在该领域做出了一定的成果，以此来保证调查所获结果的相对客观性。

（4）调查实施过程。德尔菲法调查过程中，一般实施两轮调查。在第一轮调查结束后，除了依据专家意见对指标体系进行增加、删除、修改等，还要根据专家对指标体系的熟悉程度，调整专家组成员，即对指标体系熟悉程度较低的专家将不再进行第二轮的咨询。如果第二轮调查结果表明专家对相关指标没有形成一致性的意见，将根据实际情况判断是否要进行第三轮的咨询。

（5）调查结果的综合分析。依据相关统计指标，对两轮调查结果进行综合分析，并形成最终优化的指标体系。

（二）德尔菲法的实施

（1）设计专家咨询问卷。专家咨询问卷有 3 个部分：问卷说明，包括调查目的、实施方法、完成时间、调查背景和填表说明；专家基本信息调查，包括年龄、性别、最终学历、研究方向、职称等；土壤污染价值损失测度指标评估。考虑到目前与土壤污染价值损失测度相关的文献较少，对于计量土壤污染价值损失还没有较为全面的研究，所以在 Likert 五级量表的维度和指标基础上，采用九级量表，让受访专家更加清楚地表达自己的反馈内容，减少评分误差。评分量级分为："1——非常重要"；"2——介于非常重要和重要之间"；"3——重要"；"4——介于重要和一般之间"；"5——一般"；"6——介于一般和不重要之间"；"7——不重要"；"8——介于不重要和很不重要之间"；"9——很不重要"。同时设置修改、增加和删减的意见栏，方便专家在填写过程中，更加详细地表达对指标的不同看法。

（2）实际调查。2019 年 11 月进行了德尔菲法的实际咨询，考虑到专家组成员分散在河北省各个城市，为方便起见，将编制好的第一轮咨询问卷以电子问卷的形式发送给各专家组成员，并约定好问卷回收的时间，统一回收后由本调查小组对问卷结果进行汇总、整理、分析和集中讨论，对下一轮咨询的专家组成员选择、各维度和指标的增加与删改以及设问的表达方式进行总结和调整。在专家组成员的选择上，如果专家在第一轮咨询中对各维度和指标的权威系数<0.6，则在下一轮中将会取消对专家的咨询。在各维度和指标的增加和删改上，将专家对重要性评分在 7 以下，或离散系数≥0.3 的维度和指标进行删除或修改。如果专家提出需要修改或增加某一维度和指标，那么经研究小组讨论后再确定是否加入下一轮的咨询问卷中。

第二轮专家咨询过程中，为避免全部反馈结果对专家应答产生不必要的影响，调查只将部分结果回馈给专家，并将修改后的咨询问卷以同样的方式发送给专家，请专家在综合第一轮咨询修改意见的基础上对土壤污染价值损失测度指标体系的维度和指标重新评判。问卷结果回收后，研究小组整理分析第二轮专家咨询反馈意见，进行统计学分析后进行最终的指标优化工作。经过基本的数据分析，在第二轮专家咨询后，专家意见出现明显的集中趋势，并以此确定了土壤污染价值损失测度指标体系。

综合第一轮、第二轮咨询结果，依据专家对各维度和指标的重要性评分，计算重要性评分和离散系数，删除专家对于某一指标重要性评分在 7 分以下，或离散系数 ≥0.3 的指标。同时，结合专家所提出的删除、增加、修改指标的意见反馈，经混合小组讨论后确定。

（三）相关统计指标

1. 专家响应系数

经过梳理德尔菲法相关文献，发现专家对咨询表的回复率统称为专家积极系数。课题组认为，应将此系数表达为在词义上更为中性的专家响应系数较为合理。

$$R_e = \frac{n}{m} \tag{6-1}$$

式中，R_e 表示专家响应系数；n 表示规定时间内参与咨询的专家数；m 表示发放专家咨询表的份数。

2. 专家意见集中程度

在两轮专家咨询中，均采用重要性评分的算术平均值（$\bar{x}_j$）、满分率（k_j）来表示专家意见集中程度。$\bar{x}_j$、k_j 的数值越大，表明该指标在指标体系中的作用越重要，专家对该指标的意见集中程度越高。

算术平均值。算术平均值为所有专家对每一指标的重要性评分的算术平均。该值越大，表明专家对该指标重要性评分的集中趋势越集中，认可度就越高。

$$\bar{x}_j = \frac{1}{m_j} \sum_{i=1}^{m_j} C_{ij} \tag{6-2}$$

式中，$\bar{x}_j$ 表示 j 指标所得分数的平均值；C_{ij} 表示 i 专家给 j 指标的评分值；m_j 表示参与 j 指标打分的专家数。

满分率。本调查中对重要性评分采用九级量表，故满分率是指，在第一轮、第二轮咨询中，认为某指标重要，或介于非常重要和重要之间，或非常重要的专家人数占总人数的比例，用来描述该指标重要性程度。

当 $k_j \leqslant 50\%$ 时，表示专家认为该指标在指标体系中的重要性较小。k_j 是综合考虑增加、删除和修改指标的参考依据之一。

$$k_j = \frac{m'_j}{m_j} \times 100\% \tag{6-3}$$

式中，k_j 表示 j 指标的满分率；m'_j 表示给 j 指标打 7 分及以上的专家数；m_j 表示参与 j 指标打分的专家数。

3. 专家意见协调程度

（1）离散系数。统计学中，离散系数又称为变异系数，是用来测度数据的相对离散程度。离散系数越大，说明专家对 j 指标评价的相对重要性波动程度或协调程度越大；反之，v_j 越小，说明专家对 j 指标的协调程度越大。一般认为，$v_j < 0.3$ 较为合适。

$$v_j = \frac{\sigma_j}{x_j}; \quad \sigma_j = \sqrt{\frac{1}{m_j} \sum_{i=1}^{m_j} (C_{ij} - \bar{x}_j)^2} \tag{6-4}$$

式中，v_j 表示专家对 j 指标打分的离散系数；σ_j 表示 j 指标所得分数的标准差。

（2）专家协调系数。又称为肯德尔协同系数（Kendall's W）或专家一致性系数。离散系数只能用来衡量所有专家对某一指标的意见协调程度，若需要衡量所有专家对所有指标的意见协调程度，需要用到专家协调系数，通常用 W 来表示。专家协调系数的计算有三种情况：第一种是所有专家就全部指标给出相同的分数；第二种是所有专家就全部指标给出不同的分数；第三种是所有专家就全部指标给出的分数部分相同。根据两次咨询的结果，本研究属于第三种情况，计算步骤如下：

第一步：计算专家对 j 指标的评分和 S_j。

$$S_j = \sum_{i=1}^{m_j} C_{ij} \tag{6-5}$$

第二步：计算评分和的算术平均值 M_{Sj}。

$$M_{Sj} = \frac{1}{n} \sum_{j=1}^{n} S_j \tag{6-6}$$

第三步：计算各指标的评分和与全部评分和算术平均值的离差平方和 $\sum_{j=1}^{n} d_j^2$。

$$\sum_{j=1}^{n} d_j^2 = \sum_{j=1}^{n} (S_j - M_{Sj})^2 \tag{6-7}$$

第四步：计算专家协调系数 W。

$$W = \frac{12}{m^2(n^3 - n) - m\sum\limits_{i=1}^{m} T_i} \sum\limits_{j=1}^{n} d_j^2 \tag{6-8}$$

式中，T_i 为评分中有相同评分时的修正系数，$T_i = \sum\limits_{j=1}^{L} (t_{ij}^3 - t_{ij})$。式中，$L$ 表示 i 专家给出相同评价的组数；t_{ij} 表示 i 专家在 j 组中的相同评分数。

专家协调系数显著性检验采用 χ^2 统计量：

$$\chi_R^2 = \frac{1}{mn(n+1) - \frac{1}{n-1}\sum\limits_{i=1}^{m} T_i} \cdot \sum\limits_{j=1}^{n} d_j^2$$

该式的自由度 $df = n-1$。W 值在 0—1，W 值大，表明协调程度较好。我们采用 SPSS 18.0 软件中的非参数检验，进行专家意见的一致性检验，$P<0.05$ 表明统计意义显著。

（3）专家权威程度。专家权威程度是用来描述专家评价指标的可靠性，通常用 Cr 表示。在计算结果上，使用判断系数 C_a 和熟悉系数 C_s 的算术平均值表示。一般认为，$Cr>0.7$ 表明咨询结果较为可靠，并且 Cr 越大，表明专家的评价结果可靠性越高。专家对指标的熟悉程度和判断依据的量化值见表 6-2。

$$Cr = \frac{C_a + C_s}{2} \tag{6-9}$$

式中，Cr 表示专家对评价指标的权威系数；C_a 表示专家对评价指标的判断系数；C_s 表示专家对评价指标的熟悉系数。

表 6-2　　　　　专家对指标的熟悉程度和判断依据的量化值

熟悉程度	量化值	判断依据	量化值
非常熟悉	1	工作经验	1
熟悉	0.8	理论分析	0.8
介于两者之间	0.6	相关资料参考	0.6
较不熟悉	0.4	直观感觉	0.4
很不熟悉	0	—	—

三　德尔菲法结果分析

（一）统计指标结果分析

1. 专家响应系数

第一轮专家咨询问卷发出 28 份，回收 23 份，专家响应系数为 82.1%；经过计算，停止对指标熟悉程度小于 0.6 的专家的第二轮咨询，即停止对问卷内容不熟悉的专家的咨询，共有 5 名。第二轮共发放问卷 18 份，回收问卷 14 份，专家响应系数为 77.8%。两轮专家响应系数均大于 70%，表明专家对调查较为关心，合作状态良好。

2. 专家意见协调程度

（1）离散系数。第一轮专家咨询结果中，指标的离散系数在 0.112—0.341。其中，"C. 环境层面"的"C1. 水资源损失"离散系数最低，为 0.112，表明专家在这个指标上意见较为一致；而"C. 环境层面"维度里"C3. 空气质量损失"的离散系数是最大的，为 0.341，表明专家对该指标的争议较大。根据专家的相关意见反馈，其主要原因在于测度土壤污染价值损失时，土壤污染对空气质量的影响相较于导致空气质量恶化的主要原因（如重工业企业废气排放、汽车尾气等）来说可以忽略不计，同时也并没有比较合理的测度方法来区分土壤污染给空气质量恶化所造成的损失。

第二轮专家咨询结果中，指标的离散系数在 0.111—0.233。其中，"B. 社会层面"的"B1. 政府与环保组织公信力损失"离散系数最低，为 0.111，表明专家对政府与环保组织公信力的损失较为重视，在最初的指标设计中，"政府与环保组织公信力损失"这一指标的测度采用因土壤污染导致的宣传费用来计算。"C. 环境层面"的"C3. 野生动植物损失"离散系数最大，为 0.233，在第一轮咨询中，该指标的离散系数为 0.238，因为专家对其评分的算术平均值为 7.384，所以在第一轮指标修改时并没有删除该指标。第二轮结果中，其算术平均分为 6.643，结合离散系数值来看，专家对"野生动植物损失"这一指标同样存在较大的争议，该指标需要在后续的分析中进行删除。

（2）专家协调系数。采用 SPSS 18.0 软件对专家意见进行一致性检验，表 6-3 中的结果表明，两轮专家意见均有一定程度的一致性，协调程度较好。第一轮专家协调系数为 $W = 0.155$，$\chi_R^2 = 67.82$；第二轮专家协调系数为 $W = 0.194$，$\chi_R^2 = 35.241$。相较于第一轮咨询，第二轮专家意见协调程度有一定的上升，两轮专家协调系数检验结果 P 值均小于 0.05，统计意义显著。

表 6-3 　　　　　　　　　　　专家协调系数

轮次	专家协调系数 W	χ_R^2	P 值
1	0.155	67.82	P<0.05
2	0.194	35.241	P<0.05

3. 专家权威程度

第一轮专家权威程度 Cr 为 0.647，大于 0.6，表明权威程度居中，结果可取。其中，熟悉系数 C_s 为 0.628，大于 0.6，表明专家熟悉程度居中。判断系数 C_a 为 0.665，大于 0.6，表明专家在判断指标评分时，主要依据工作经验、理论依据和相关资料参考。第二轮专家权威程度 Cr 为 0.708，大于 0.7，比第一轮增长了 8.61%，权威程度较高，说明以熟悉程度的选择为"较不熟悉"和"不熟悉"为标准，停止对 5 名专家进行第二轮咨询的做法是有效的。其中，熟悉系数 C_s 为 0.655，大于 0.6，相较于第一轮有一定程度的增加。判断系数 C_a 为 0.761，大于 0.7，表明专家在判断指标评分时，主要依据工作经验和理论依据。两轮咨询结果的专家权威程度都处在中上水平，熟悉系数和判断系数都比较高，表明咨询结果可取。

（二）指标修改情况

1. 第一轮指标修改情况

根据有效问卷中专家对指标重要性评分的结果，选择指标重要性评分算术平均值和离散系数作为筛选标准。指标体系各维度与指标得分和离散系数如表 6-4 所示，将 $\bar{x}_j < 7.0$ 或 $v_j \geqslant 0.30$ 的指标进行删除。

根据这一标准，删掉的指标为：A. 经济层面：A2. 林业损失（$\bar{x}_j = 6.913$，$v_j = 0.235$）、A6. 旅游景观收入损失（$\bar{x}_j = 6.609$，$v_j = 0.218$）、A8. 税收损失（$\bar{x}_j = 6.000$，$v_j = 0.266$）；B. 社会层面：B4. 周边居民就业率下降损失（$\bar{x}_j = 6.304$，$v_j = 0.255$）；C. 环境层面：C3. 空气质量损失（$\bar{x}_j = 6.739$，$v_j = 0.341$）。以上 5 个指标分散在三个维度之中，除"C3. 空气质量损失"的算术平均值和离散系数均达到删除标准外，其余 4 个

指标算术平均值 $\bar{x}_j$ 均大于 7.0，并且离散系数 v_j 都大于 0.2，表明专家对这 5 个指标的意见较为分散，存在较大争议。在第一轮指标处理过程中，除上述 5 个指标外，研究小组根据专家反馈意见展开讨论后，也将"C7. 污染治理时间成本"（$\bar{x}_j = 7.130$，$v_j = 0.240$）进行删除。主要原因在于，土壤污染具有累积性、隐蔽性和不可逆性等特点，在使用指标体系进行土壤污染价值损失测度时，应该考虑指标的实际可行性，"C7. 污染治理时间成本"在理论上无法进行粗略估算来得出一个具体值，并且该指标的满分率为 65.22%，表明专家对于该指标也是看法不一，存在一定的争论。

同时，根据专家反馈意见，有专家认为"C5. 土地资源损失"需要修改，理由是"土地资源是一个大类概念，结合土壤污染的环境影响，应具体考虑是使土地资源的哪方面受到了影响"。综合专家反馈意见和相关文献分析，将"C5. 土地资源损失"修改为"C5. 土地价值损失"，即受土壤污染影响而产生的土地价值的损失。

2. 第二轮指标修改情况

经过第一轮的指标修改，在维度不变的情况下，重新设计问卷进行咨询。从第二轮咨询结果（见表 6-4）来看，将下列指标进行删除。A. 经济层面：A2. 牧业损失（$\bar{x}_j = 6.500$，$v_j = 0.178$）、A3. 土壤原材料污染损失（$\bar{x}_j = 6.286$，$v_j = 0.181$）、A4. 周边土地价值（$\bar{x}_j = 6.786$，$v_j = 0.175$）、A5. 草地破坏损失（$\bar{x}_j = 6.500$，$v_j = 0.117$）；C. 环境层面：C2. 风险管理（$\bar{x}_j = 6.857$，$v_j = 0.170$）、C3. 野生动植物损失（$\bar{x}_j = 6.640$，$v_j = 0.233$）、C5. 土壤治理费用（$\bar{x}_j = 6.860$，$v_j = 0.150$）。

与第一轮删除的指标所在维度相比较，第二轮删除的指标分散在"A. 经济层面"和"C. 环境层面"两个维度。其中，"A. 经济层面"维度中被删除指标较多，表明专家从经济层面看土壤污染价值损失存在较大的争议，广泛认同以"A1. 种植业损失"来表示经济层面的损失，这与已有的土壤污染价值损失核算的相关文献中的观点不谋而合，如徐勇贤等（2009）、刘静等（2011）核算土壤重金属污染对蔬菜种植带来的经济损失；杨丹辉等（2010）在核算环境污染损失时，虽没有涉及土壤污染，但在内容上也是主要核算空气污染和水污染对农业所带来的经济损失。"C. 环境层面"维度的"C2. 风险管理""C3. 野生动植物损失"和"C5. 土壤治理费用"的满分率分别为 78.57%、57.14% 和 78.57%，结合这三个指标的评分算术平均值来看，大部分专家对这三个指标存在较为一致的意见，即认为其重要性为"一般"或"不太重要"。

表 6-4　土壤污染价值损失测度指标各维度和指标得分和离散系数

指标（第一轮）	$\bar{x}_j$	s	v_j	指标（第二轮）	$\bar{x}_j$	s	v_j
A. 经济层面	7.478	1.702	0.228	A. 经济层面	7.000	1.109	0.158
A1. 种植业损失	7.696	1.222	0.159	A1. 种植业损失	7.210	1.311	0.182
A2. 林业损失	6.913	1.621	0.235	A2. 牧业损失	6.500	1.160	0.178
A3. 牧业损失	7.261	1.514	0.209	A3. 土壤原材料污染损失	6.286	1.139	0.181
A4. 土壤原材料污染损失	7.217	1.38	0.191	A4. 周边土地价值	6.786	1.188	0.175
A5. 周边土地价值	7.348	1.152	0.157	A5. 草地破坏损失	6.500	0.760	0.117
A6. 旅游景观收入损失	6.609	1.438	0.218	B. 社会层面	7.070	1.207	0.171
A7. 草地破坏损失	7.565	1.273	0.168	B1. 政府与环保组织公信力损失	7.210	0.802	0.111
A8. 税收损失	6.000	1.595	0.266	B2. 造成人员死亡的损失	7.570	1.604	0.212
B. 社会层面	7.087	1.535	0.217	B3. 导致人体产生疾病的损失	7.710	1.326	0.172
B1. 政府与环保组织公信力损失	7.130	1.456	0.204	B4. 周边居民保护土壤环境参与度	7.210	0.975	0.135
B2. 造成人员死亡的损失	7.478	1.702	0.228	C. 环境层面	7.500	0.941	0.125
B3. 导致人体产生疾病的损失	8.087	1.203	0.149	C1. 水资源损失	8.000	1.109	0.139
B4. 周边居民就业率下降损失	6.304	1.608	0.255	C2. 风险管理	6.857	1.167	0.170
B5. 周边居民保护土壤环境参与度	7.043	2.056	0.292	C3. 野生动植物损失	6.640	1.550	0.233
C. 环境层面	8.261	1.054	0.128	C4. 土地价值损失	7.430	1.016	0.137
C1. 水资源损失	8.348	0.935	0.112	C5. 土壤治理费用	6.860	1.027	0.150
C2. 风险管理	7.174	1.37	0.191	—	—	—	—
C3. 空气质量损失	6.739	2.301	0.341	—	—	—	—
C4. 野生动植物损失	7.348	1.748	0.238	—	—	—	—

续表

指标（第一轮）	$\bar{x}_j$	s	v_j	指标（第二轮）	$\bar{x}_j$	s	v_j
C5. 土地资源损失	7.783	1.38	0.177	—	—	—	—
C6. 土壤治理费用	7.217	1.506	0.209	—	—	—	—
C7. 污染治理时间成本	7.130	1.714	0.240	—	—	—	—

（三）结果分析

在文献分析和混合小组讨论的基础上，同时以全面性、目的性、客观性和可行性为原则选取指标，根据《中华人民共和国土壤污染防治法》中对土壤污染的定义，认为对土壤污染价值损失的测度范围应该从危害终端中去界定，即土壤功能、公众健康、生态环境和有效利用，以此来建立初步的土壤污染价值损失测度指标体系，结合德尔菲法的客观性和实用性来对指标进行选取，形成最终的土壤污染价值损失测度指标体系，如表6-5所示。

表6-5　　　　　　　　最终的土壤污染价值损失测度指标体系

目标层	指标层		
	一级指标	二级指标	量化指标
土壤污染价值损失测度指标体系	A. 经济层面	A1. 种植业损失	粮食产量、市场平均价格
	B. 社会层面	B1. 政府与环保组织的公信力损失	因土壤污染导致的相关宣传费用
		B2. 造成人死亡的损失	基于人力资本法，核算因土壤污染导致人员死亡而产生的经济损失
		B3. 导致人体产生疾病的损失	因土壤污染导致疾病而产生的直接和间接的经济损失
		B4. 周边居民保护土壤环境参与度	周边居民对土壤环境保护的支付意愿
	C. 环境层面	C1. 水资源损失	污染损失模型
		C2. 土地价值损失	因土壤污染导致土地本身贬值

从维度上来看，两轮专家咨询结果显示：第一轮中，A. 经济层面（$\bar{x}_j = 7.478$，$v_j = 0.228$）、B. 社会层面（$\bar{x}_j = 7.087$，$v_j = 0.217$）、C. 环境

层面（$\bar{x}_j = 8.261$，$v_j = 0.128$）。三个维度评分的算术平均值均大于 7，离散系数均小于 0.30。从数值来看，C. 环境层面的 $\bar{x}_j$ 大于 8 且 v_j 小于 0.15，表明专家认为从环境层面测度土壤污染价值损失测度更为重要。第二轮中，A. 经济层面（$\bar{x}_j = 7.000$，$v_j = 0.158$）、B. 社会层面（$\bar{x}_j = 7.070$，$v_j = 0.171$）、C. 环境层面（$\bar{x}_j = 7.500$，$v_j = 0.125$）。从离散系数来看，相较于第一轮咨询结果，第二轮结果中三个维度评分的离散系数均有一定程度的下降，都小于 0.2，这表明停止对调查主题不太熟悉的专家进行咨询的效果显著。同时，C. 环境层面的评分算术平均值最高、离散系数最低，再次证明专家比较看重土壤污染对环境的影响，在以后的研究中，可以更多关注土壤污染对环境的影响。以上表明专家对从经济层面、社会层面和环境层面测度土壤污染价值损失持较为同意的态度。

从指标修改情况来看，研究小组在专家反馈意见和指标删减标准（$\bar{x}_j < 7.0$ 或 $v_j \geq 0.30$）的基础上，经过两轮专家咨询，指标数量由最初的 20 个提炼为 7 个。

与初步建立的土壤污染价值损失测度指标相比，最终形成的指标体系在"A. 经济层面"维度删除了 7 个指标，"B. 社会层面"维度删除了 1 个指标，"C. 环境层面"删除了 5 个指标。虽然上文提到专家比较认同从环境层面测度土壤污染价值损失，但是从最终的指标来看，留下了"C1. 水资源损失"和"C2. 土地价值损失"两个指标。结合专家反馈意见，这一结果与当前测度指标的可行性有较大关系，专家认为测度指标应该更加具体、细致地核算土壤污染所带来的具体影响，对水资源损失和土地价值损失进行核算，更为容易且更好理解。对于表 6-4 中的"C2. 风险管理"，研究小组认为应该进行测度。当前我国面临的土壤污染问题较为严重，而相应的修复资源，如人力、资金等方面，都比较紧缺。对于那些并未开始修复的土壤污染需要进行风险管控，以免其污染程度更加恶化，这样的一笔支出也应计算在土壤污染价值损失中。但研究小组最终选择尊重专家的意见，删除该指标。

此外，从两轮专家咨询的结果中可以看出，专家对土壤污染给人们带来的健康影响较为关注。这两个指标的算术平均值在两轮咨询中都大于 7.0，且离散系数均小于 0.3，表明专家的意见非常一致，认为测度因土壤污染而造成人死亡的损失和导致人体产生疾病的损失非常重要。在这一点上，参考已有文献，无论是水污染经济损失，还是空气污染经济损失均对人体健康损失颇为关注。建议相关部门在土壤污染的危害宣传上，着重宣传其对人体健康的危害。基于德尔菲法对指标体系进行优化后最终形成土壤污染价值损失测度指标体系，为后续构建"过—张"模型确定基准维度框架，即从经济、社会和环境三个层面对土壤污染危害终端的直接经济损失进行估算打下基础。

第三节　土壤污染价值损失计量模型构建

一　"过—张"模型

"过—张"模型是对过孝民等在 1990 年所发表的论文《我国环境污染造成经济损失估算》中评估环境污染经济损失时所使用的思路和方法的总结，该模型在估算方法、数据分析、结果表达等多项内容上都具有很高的学术水平和参考价值。该模型的主体思路是对环境污染所导致的受害主体的经济损失先分类、后加总：在一级层面，将环境污染分为大气污染、水污染、固体废物、农药污染；在二级层面，将大气环境污染和水污染的损失分解为各主体的损失，如人体健康、农作物等；最后对每一项的经济损失计算之后，汇总成为环境污染经济损失。"过—张"模型的经典之处，不仅在于它是国内环境污染经济损失评估的开山之作，更重要的是，时至今日这种方法和思路仍未过时。而且在其计算过程中使用的方法和参数，例如修正的人力资本法和大气污染、水污染对人体健康损失计算所选取的参数，仍然是环境价值损失评估领域的重要参考。

本部分主要基于"过—张"模型分解求和的主体思路，通过德尔菲法优化后的土壤污染价值损失指标体系，对土壤污染的危害终端的直接经济损失进行估算。具体的计算公式如下：

$$L_{直} = L_1 + L_2 + L_3$$
$$L_1 = L_{11}$$
$$L_2 = L_{21} + L_{22} + L_{23}$$
$$L_3 + L_{31} + L_{32} \tag{6-10}$$

式中，$L_{直}$ 为土壤污染导致的直接经济损失（万元），L_1 为经济层面损失（万元），L_2 为社会层面损失（万元），L_3 为环境层面损失（万元）。

经济层面：L_{11} 表示种植业损失（万元）；

社会层面：L_{21} 表示政府与环保组织的公信力损失（万元）；L_{22} 表示造成人员死亡和罹患疾病损失（万元）；L_{23} 表示周边居民保护土壤环境参与度（万元）；

环境层面：L_{31} 表示水资源损失（万元）；L_{32} 表示土地价值损失（万元）。

在经济层面，主要采用生产率变动法量化土壤污染导致的种植业损失。该方法在理论上观察和测量由环境恶化导致产量和质量的变化所表现出来的环境价值损失。在社会层面，对于指标"造成人员死亡和罹患疾病损失"，相关文献多采用修正的人力资本法评估环境污染所带来的人力资本损失。土壤环境的基本服务之一就是为人类生命的存在提供必要的支持。土壤污染将导致土壤环境生命支持能力的变化，会对人体健康产生很大的影响。从大方向来看，修正的人力资本法用于计算大气污染和水污染所导致的人力资本损失是合适的，但是将该方法运用到土壤污染导致的人力资本损失并不合适。其主要原因在于食品中的重金属在人体内积累，采用修正的人力资本法评估土壤污染导致的人力资本损失所需要研究的疾病过多，而且数据获取受限，因此本章在修正的人力资本法的基础上建立了预期寿命损失模型来展开相应经济损失的评估。在环境层面，对农田污染导致的地下水污染经济损失进行货币化，同时采用收益还原法对河北省存在土壤污染的耕地进行直接经济损失的评估。

二 投入产出模型

（一）投入产出模型的应用

投入产出模型是指在投入产出表的基础上，以投入产出方程组为表现形式，从而反映国民经济各部门和社会再生产环节间经济技术联系的经济计量模型。自 1936 年美国哈佛大学教授列昂惕夫（Leontief W. W.）在其论文 "*Quantitative Input and Output Relations in the Economic Systems of the United States*" 中首次公布其对"投入产出分析"的相关研究之后，学者一直在对该方法进行完善和应用拓展，目前投入产出模型已经在经济、环境和能源等领域得到了广泛应用。

由于冰雪、洪灾以及雾霾等自然灾害导致的间接经济损失测量数据的不可获得性，以及投入产出模型在分析产业关联效应上存在显著优势，20 世纪 70 年代开始，学者将投入产出模型引入灾害影响评估中。如黄渝祥等（1994）利用城市投入产出表从间接停产损失、中间投入挤压增加损失和投资溢价损失三个方面研究了灾害经济损失。但是，此种计算将所有的注意力都放在了自然灾害中人类社会的利益损失，而忽视了自然灾害既作用于人类，同时也破坏着自然界本身的事实。由此，徐嵩龄（1998）在拓展灾害经济损失概念的基础上，提出了以外生变量为限定的新的产业关联间接经济损失计算方法。Adam 等（1997）基于投入产出和线性规划模型来评价区域灾难性地震给电力生命线带来的影响。路琼等（2002）基于投入产出法，讨论了灾害所带来的直接和间接经济损失在投入产出表中的表达方式，并重点分析了自然灾害造成的直接农业损失及其间接与经济社会系统的关联程度。

近几年，随着极端天气危害的影响逐渐扩大，有更多的学者开始关注于极端天气给整个经济社会系统所带来的间接经济损失。如胡爱军等（2009）运用投入产出模型评估了 2008 年中国南方低温雨雪冰冻灾害对电力和交通基础设施破坏所带来的间接损失。王桂芝等（2015）引入多部门直接损失值，以 2012 年 7 月北京特大暴雨为例，分析了关联效应下其他部门所受影响。其他相关研究也多是将投入产出模型应用于评估灾害对相关领域的直接损失或因产业关联效应导致的相关部门的间接损失，但是对于环境污染，尤其是土壤污染导致农业部门的直接经济损失而带来的社会经济系统间接经济损失的评估鲜有研究。

因此，本章尝试用投入产出法，以 2017 年河北省投入产出表为数据基础，构建静态投入产出模型来分析土壤污染给社会经济系统带来的间接影响。在这之前需要假定三个前提条件：一是土壤污染给农业部门直接经济损失与间接经济损失的影响均属于总产出或者总投入层次；二是土壤污染对经济系统中的产业结构关系不产生相关影响，即整个系统中部门的关联性保持稳定；三是各部门之间的投入结构和工艺技术生产的产品均为异质的，不同部门之间的产品不能相互替代。

表 6-6 为价值型投入产出表的主体部分。投入产出表是反映各种社会生产投入来源和产出的棋盘式表格。一方面，它从产量和结构的角度出发，综合反映了一个国家或地区整体的经济社会发展和生产过程中的恒等联系；另一方面，投入产出表也反映了社会经济运行中不同部门之间的技术联系。

表 6-6 价值型投入产出表

产出 投入		中间使用					最终使用	总产品
		部门 1	部门 2	⋯	⋯	部门 n		
中间投入	部门 1	x_{11}	x_{12}	⋯	⋯	x_{1n}	Y_1	X_1
	部门 2	x_{21}	x_{22}	⋯	⋯	x_{2n}	Y_2	X_2
	⋯	⋯	⋯	⋯	⋯	⋯	⋯	
	部门 n	x_{n1}	x_{n2}	⋯	⋯	x_{nn}	Y_n	X_n
增加值		Z_1	Z_2	⋯	⋯	Z_n	—	—
总投入		X_1	X_2	⋯	⋯	X_n	—	—

（二）静态投入产出模型

投入产出表中，各产业间关联性可表示为：

$$AX + Y = X \tag{6-11}$$

即 $\sum_j a_{ij} X_j + Y_j = X_i \quad (i, j = 1, 2, \cdots, n)$

其中：$a_{ij} = x_{ij}/X_i$ 为直接消耗系数；X_i 为部门 i 的总产出；Y_i 为部门 i 的最终使用。式（6-11）用矩阵形式可表示为：

$$
\begin{bmatrix}
a_{11} & a_{12} & \cdots & a_{1i} & \cdots & a_{1n} \\
a_{21} & a_{22} & \cdots & a_{2i} & \cdots & a_{2n} \\
\cdots & \cdots & \cdots & \cdots & \cdots & \cdots \\
a_{i1} & a_{i1} & \cdots & a_{ii} & \cdots & a_{in} \\
\cdots & \cdots & \cdots & \cdots & \cdots & \cdots \\
a_{n1} & a_{n2} & \cdots & a_{ni} & \cdots & a_{nn}
\end{bmatrix}
\begin{bmatrix}
X_1 \\ X_2 \\ \cdots \\ X_i \\ \cdots \\ X_n
\end{bmatrix}
+
\begin{bmatrix}
Y_1 \\ Y_2 \\ \cdots \\ Y_i \\ \cdots \\ Y_n
\end{bmatrix}
=
\begin{bmatrix}
X_1 \\ X_2 \\ \cdots \\ X_i \\ \cdots \\ X_n
\end{bmatrix}
\tag{6-12}
$$

式（6-12）转换可得：

$$X = (I-A)^{-1}Y \tag{6-13}$$

式中，I 是单位矩阵，$(I-A)^{-1}$ 为列昂惕夫逆矩阵。

若将土壤污染对农业部门所造成的直接经济损失看成最终产品损失，将投入产出模型中的行模型改为增量的形式，即 $\Delta Y = (\Delta Y_1, \Delta Y_2, \cdots, \Delta Y_n)^T$，则总产品损失为：

$$\Delta X = (I-A)^{-1}\Delta Y \tag{6-14}$$

在这里面，使用中间投入的减少量来表示其他部门的间接经济损失，即 $\Delta X - \Delta Y$。

现有的研究成果已经证实了与直接消耗系数相比，完全消耗系数所反映出的结果综合考虑了直接消耗的中间产品和可能发生的间接消耗中间产品。因此，为了准确计量各部门的间接损失，使用完全消耗系数展开分析。完全消耗系数矩阵 B 由直接消耗系数矩阵 A 转换得到，即 $B=(I-A)^{-1}-I$，则式（6-14）可表示为：

$$\Delta X=(B+I)\Delta Y \tag{6-15}$$

假设污染对第 i 部门造成了损失，其他部门的最终使用不变，由式（6-14）可得整个经济系统总产出变化：

$$\begin{bmatrix} \Delta X_1 \\ \Delta X_2 \\ \cdots \\ \Delta X_i \\ \cdots \\ \Delta X_n \end{bmatrix} = \left(\begin{bmatrix} b_{11} & b_{12} & \cdots & b_{1j} & \cdots & b_{1n} \\ b_{21} & b_{22} & \cdots & b_{2j} & \cdots & b_{2n} \\ \cdots & \cdots & \cdots & \cdots & \cdots & \cdots \\ b_{i1} & b_{i2} & \cdots & b_{ij} & \cdots & b_{in} \\ \cdots & \cdots & \cdots & \cdots & \cdots & \cdots \\ b_{n1} & b_{n2} & \cdots & b_{nj} & \cdots & b_{nn} \end{bmatrix} + \begin{bmatrix} 1 & 0 & 0 & \cdots & 0 & 0 \\ 0 & 1 & 0 & \cdots & 0 & 0 \\ 0 & 0 & 1 & \cdots & 0 & 0 \\ \cdots & \cdots & \cdots & \cdots & \cdots & \cdots \\ 0 & 0 & 0 & \cdots & 1 & 0 \\ 0 & 0 & 0 & \cdots & 0 & 1 \end{bmatrix} \right) \begin{bmatrix} 0 \\ 0 \\ \cdots \\ \Delta Y_i \\ \cdots \\ 0 \end{bmatrix}$$

$$= \begin{bmatrix} b_{1i}\Delta Y_i \\ b_{2i}\Delta Y_i \\ \cdots \\ b_{ii}\Delta Y_i \\ \cdots \\ b_{ni}\Delta Y_i \end{bmatrix} + \begin{bmatrix} 0 \\ 0 \\ \cdots \\ \Delta Y_i \\ \cdots \\ 0 \end{bmatrix} \tag{6-16}$$

式中，b_{ij} 为完全消耗系数。若污染发生在农业部门，则农业部门的总产品损失为：

$$\Delta X_1 = b_{11}\Delta Y_1 + \Delta Y_1 \tag{6-17}$$

式中，ΔY_1 为农业部门的直接经济损失，$b_{11}\Delta Y_1$ 为农业部门的间接经济损失。

式（6-17）可以转化为：

$$\Delta Y_1 = \frac{\Delta X_1}{1+b_{11}} \tag{6-18}$$

土壤污染导致农业部门最终产品减少 $\dfrac{\Delta X_1}{1+b_{11}}$，由于农业部门生产能力的降低而导致的用于自身中间产品消耗的减少量为 $\dfrac{b_{11}\Delta X_1}{1+b_{11}}$，两者之和为土壤污染给该产业带来的经济损失值 ΔX_1。

其他部门的最终产品 $\Delta Y_i(i\neq1)$ 不变的情况下，相应的损失则会体现在各自对农业部门中间产品的消耗上，从而形成其他各部门生产能力的停滞或剩余。由此，假设其他部门 i 的最终产品保持不变，那么 i 部门的总产出减少量为 $\Delta X_i(i\neq1)$。

$$\Delta X_i = b_{i1}\Delta Y_1 (i\neq1) \tag{6-19}$$

第四节　土壤污染价值损失测度

一　土壤污染直接经济损失货币化

（一）经济层面

1. 河北省农作物种植情况

河北省的主要粮食作物是小麦和玉米。2012—2017 年，河北省各年粮食播种面积浮动不大，除 2012 年为 655.36 万公顷之外，其余年份均保持在 660 万公顷以上，如图 6-1 所示。2017 年河北省粮食播种面积为665.85 万公顷。

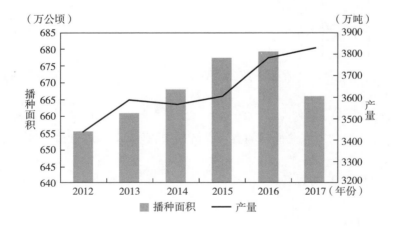

图 6-1　2012—2017 年河北省粮食作物播种面积和产量

资料来源：《河北农村统计年鉴（2018）》。

其中，小麦和玉米播种面积分别为 237.34 万公顷和 354.41 万公顷，分别占粮食播种面积的 38.34% 和 57.25%；2017 年粮食总产量为 3829.2 万吨，其中小麦、玉米和谷物总产量分别为 1504.1 万吨、2035.5 万吨和 3674.4 万吨，小麦、玉米总产量分别占粮食总产量的 39.28% 和 53.16%。具体情况见表 6-7。

表 6-7　　　　　　　2016—2017 年河北省粮食作物生产情况

品种 年份 指标	粮食		小麦		玉米		谷物	
	2016	2017	2016	2017	2016	2017	2016	2017
播种面积（万公顷）	679.14	665.85	238.98	237.34	369.61	354.41	649.06	635.67
总产量（万吨）	3783.0	3829.2	1480.2	1504.1	2031.2	2035.5	3645.6	3674.4

资料来源：《河北农村统计年鉴（2018 年）》。

相对于其他土壤污染类型，重金属污染对土壤和农作物的影响范围和深度都更加严重，因此，本章主要考虑土壤重金属污染所导致的种植业经济损失。虽然已有的研究成果大多认为河北省的土壤污染还处在可控范围内，但是从表 6-8 中的数据来看，河北省土壤中的重金属含量的变异系数除 Cr 在 15% 之下以外，其他重金属含量的变异系数均超过全省平均值，而且 Pb、Hg 和 Cd 的变异系数超过了 30%，这表明了土壤中的重金属含量存在较为显著的区域差异性。这一点可以从保定市的土壤数据得以证实，在保定市土壤中，除了 As 的含量低于全省平均值，其余均超过了这一数值。由此可见，虽然从土壤重金属含量平均值来看，河北省的土壤污染情况还在可控范围内，但是，部分区域的污染情况依然严重，不仅会给农业生产带来损失，对人体健康也有着更为严重的影响。

表 6-8　　　　　　　河北省土壤中重金属含量表征

监测单元	统计参数	Cu	Zn	Ni	Pb	Cr	Hg	As	Cd
全省	平均值（毫克/千克）	22.84	67.71	27.03	19.83	60.4.	0.058	10.07	0.118
	标准偏差	6.85	13.25	5.86	3.42	12.42	0.03	1.86	0.04
	变异系数（%）	20.8	23.8	19.5	32.1	14.5	48.6	16.8	31.3

续表

监测单元	统计参数	Cu	Zn	Ni	Pb	Cr	Hg	As	Cd
保定	平均值（毫克/千克）	29.1	122.4	28.05	38.99	66.3	0.21	9.75	0.18
	标准偏差	4.26	97.47	1.82	20.17	6.14	0.16	0.92	0.04
	变异系数（%）	14.64	79.65	6.49	51.73	9.26	76.19	9.44	22.22

资料来源：王元仲、李冬梅、高云凤：《河北省优势农产品——小麦、玉米主产区土壤重金属分布研究》，《农业环境科学学报》2006 年第 S2 期；柴立立、崔邢涛：《保定城市土壤重金属污染及潜在生态危害评价》，《安全与环境学报》2019 年第 19 期。

2. 种植业经济损失

对于耕地土壤污染来说，其主要的污染源来自污水灌溉、化肥农药以及农膜的使用。因此，在计算范围上本着"宁大勿小，宁细勿粗"的原则，使用河北省污水灌溉的耕地面积作为基底数据。本部分主要依据学者采用的生产率变动法来估算土壤污染对种植业带来的直接经济损失。

土壤污染对种植业的影响主要体现在农作物产量和质量的下降，因此，生产率变动法计算分为两部分。一是农作物产量下降导致的经济损失，二是农作物质量下降导致的经济损失。具体计算公式如下：

$$L_{11} = \sum_{i=1}^{k} \{ S_i Q_i P_i [R_i + (1 - R_i) y_i] \} \tag{6-20}$$

式中，L_{11} 为生产率变动法计算的土壤污染导致的农作物经济损失（万元），S_i 为第 i 种农作物的土壤污染面积（万公顷），Q_i 为污染前第 i 种农作物的单位面积产量（千克/公顷），P_i 为第 i 种农作物的当年市场价格（元/千克），R_i 为第 i 种农作物的减产率，y_i 为第 i 种农作物因质量下降导致的市场价格下降率。

首先，需要获得河北省不同农作物在污染耕地的播种面积，依据耕地土壤污染的原因，采用污水灌溉区的播种面积。对于不同农作物播种面积的数据资料，依据已有的统计数据进行估算，即采用耕地复种指数[①]来计算。2005 年，全省污水灌溉地区的总耕地面积为 52356 公顷，全省农作物总播种面积为 878.55 万公顷，总耕地面积为 598.89 万公顷（见表 6-9），因此，2005 年耕地复种指数为 146.7%，从而可以估算出 2005 年河北省污水灌溉地区的总播种面积为 76804.36 公顷，占比为 0.874%。虽

---

① 耕地复种指数为一年内耕地上农作物播种面积与耕地面积之比。

然，在 2012 年以后河北省严格控制了污水灌溉耕地的行为，但是，农药和化肥的使用、大气沉降以及地下水灌溉等依然会加剧土壤中重金属含量的集聚。因此，为了方便计算，假设河北省农作物的复种指数不发生变化，并以 2005 年污水灌溉土壤的总耕地面积比率作为土壤重金属污染面积率，以此来计算河北省土壤重金属污染的面积，得到 2012—2017 年小麦、玉米、棉花、蔬菜在土壤重金属污染地区的播种面积，如表 6-10 所示。

表 6-9　　　　2005 年全省和污水灌溉区农作物播种与总耕地面积

	农作物总播种面积	总耕地面积	复种指数
全省（万公顷）	878.55	598.89	146.7%
污水灌溉区（公顷）	76804.36	52356.00	146.7%

资料来源：《2005 年河北省环境状况公报》《河北农村统计年鉴（2018）》。

表 6-10　　　　　　　河北省主要农作物污染面积　　　　单位：万公顷

年份		2012	2013	2014	2015	2016	2017
小麦	播种面积	245.71	243.20	240.40	239.42	238.98	237.34
	污染面积	2.15	2.13	2.10	2.09	2.09	2.07
玉米	播种面积	332.32	342.85	354.21	365.44	369.61	354.41
	污染面积	2.91	3.00	3.10	3.19	3.23	3.10
棉花	播种面积	45.12	37.55	32.25	23.09	23.07	22.06
	污染面积	0.39	0.33	0.28	0.20	0.20	0.19
蔬菜	播种面积	73.40	74.36	75.47	75.51	75.16	74.86
	污染面积	0.64	0.65	0.66	0.66	0.66	0.65

资料来源：《河北农村统计年鉴（2018）》。

过孝民等（1990）的研究成果表明：采用 V 类以下水质的污水灌溉农田后，因土壤污染，农作物减产率在 10%—25%；高奇等（2014）的研究成果表明复垦村庄的农地土壤重金属污染综合损失率为 11.6%。通过对比河北省与相关文献研究区域的土壤中重金属含量，本章中将小麦、玉米和棉花的减产率取值为 15%，蔬菜取值为 20%。[1] 农作物因土壤污染

① 依据王凌等（2016）和孙硕等（2019）对河北省蔬菜产地土壤重金属环境的研究，无公害地区和大棚菜地表层土壤中的镉积累受大气沉降的影响，那么对于河北省其他区域，蔬菜种植将会受重金属污染的影响更甚。

导致的质量下降损失率按照吴迪梅等（2003）的研究成果，选取质量损失率为10%。此外，未受污染的农作物的单位产量按历年农作物的平均产量计算。

依据上述分析和式（6-20），采用生产率变动法估算出河北省土壤污染导致的详细农业经济损失，见表6-11。为了更加清晰地表达2012—2017年河北省土壤污染导致的种植业损失分布情况，依据该表数据资料绘制图6-2。如图6-2所示，2017年土壤污染导致的河北省种植业总损失为46732.76万元，占当年第一产业增加值的0.14%。其中，小麦损失值为7478.69万元，玉米为6732.21万元，棉花为328.89万元，蔬菜为32192.96万元。五年间种植业总经济损失呈现出逐年增长的趋势，这与粮食作物的种植情况和实际市场价格有关。从粮食作物的经济损失分布来看，蔬菜的相对损失值最高，其中2016年蔬菜经济损失达34873.89万元。

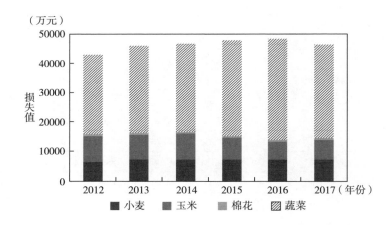

图6-2　2012—2017年河北省土壤污染导致的种植业损失分布

表6-11　　　　　　　　河北省土壤污染导致的种植业经济损失

年份		2012	2013	2014	2015	2016	2017
小麦	单位产量（千克/公顷）	5551	5835	6008	6193	6194	6338
	农产品价格（元/千克）	2.44	2.52	2.58	2.38	2.47	2.42
	经济损失（万元）	6829.91	7347.60	7642.87	7249.79	7511.33	7478.69

续表

年份		2012	2013	2014	2015	2016	2017
玉米	单位产量（千克/公顷）	5586	5608	5361	5193	5495	5743
	农产品价格（元/千克）	2.21	2.18	2.22	1.99	1.46	1.61
	经济损失（万元）	8438.50	8617.81	8664.41	7758.45	6091.88	6732.21
棉花	单位产量（千克/公顷）	977	956	1051	1003	1035	1088
	农产品价格（元/千克）	5.91	6.19	6.17	6.16	5.88	6.67
	经济损失（万元）	535.50	456.57	429.80	293.08	288.44	328.89
蔬菜	单位产量（千克/公顷）	64072	64870	65790	66512	67037	67571
	农产品价格（元/千克）	2.38	2.52	2.49	2.67	2.83	2.60
	经济损失（万元）	27357.06	29799.77	30213.43	32862.45	34873.89	32192.96
经济损失合计（万元）		43160.96	46221.75	46950.52	48163.78	48765.54	46732.76

资料来源：依据《河北农村统计年鉴（2018）》、《河北经济年鉴》（2013—2018 年）数据计算。

（二）社会层面

1. 政府与环保组织的公信力损失

政府公信力通常被表述为"政府信任"，是政治体系中形成良好政府的重要有机推动因素。在环境治理过程中，具有较高公信力的政府在实施相关治理政策时，将会得到公众更多的信任和配合。当前，我国正处于高质量发展时期，正确处理环境问题和经济发展问题是保障经济高质量发展的前提。就目前的土壤污染问题来看，国家和政府需要消耗大量的政治资源来消除土壤环境问题带来的政治影响和政治后果，由此产生土壤环境问题政治成本。换言之，就是在土壤污染问题治理过程中，如果政府自身积累的政治资源无法弥补消耗的资源，则会导致制度权威、政府公信力下降等一系列问题，即土壤环境问题政治成本会上升。依据白彬（2017）对环境问题政治成本内容的划分，土壤污染问题导致政府与环保组织公信力下降属于组织性政治成本的提高。对于该指标的测度，则是选用政府权威和行政效能来具体表示。此外，因环境问题具有难量化、隐蔽性、积累性和修复成本高等特点，本章选择政府对土壤污染治理的财政预算和政府公信力损失率两个指标对政府公信力损失进行货币化。计算公式如下：

$$L_{21} = G \times \beta$$

$$\beta = \frac{\mu + v}{2} \tag{6-21}$$

式中，G 表示 2017 年河北省土壤污染治理的财政预算，β 表示政府公信力损失率，μ 表示公共设施不满意度，v 表示土壤污染信息的非一致性。

表 6-12 为 2016—2020 年河北省环境污染治理财政预算情况。从表中数据可以看出，为了实现首都保卫圈这一政治任务，河北省在大气污染治理上的资金投入呈现指数型增长，从 2016 年的 8 亿元增长到 2020 年的 92.3 亿元，增长了 10.54 倍。相较于大气污染治理的资金投入，河北省在水污染治理上的资金投入同样明显比土壤污染治理更多。不过，随着国家对粮食安全和土壤安全的重视，河北省对土壤污染治理的财政预算资金量明显增多，这说明河北省相关部门对土壤安全的关注程度明显加强。由于 2017 年的具体土壤污染治理财政预算并不清晰，因此采用 2018—2020 年的财政预算资金量的算术平均值。

表 6-12　　　　　2016—2020 年河北省环境污染治理财政预算　　　单位：亿元

年份	2020	2019	2018	2017	2016
大气	92.3	82.3	49.3	21.5	8
土壤	5.5	3	0.5	18.8[①]	—
水	—	—	4	5	—

资料来源：《河北省预算执行情况和预算草案的报告（书面）（2015—2019 年）》。

政府公信力损失率采用课题组于 2019 年 11 月进行的实地调研数据计算。在问卷中，主要通过两个问题来衡量政府公信力：一是"我对居住地周边的公共设施很满意"；二是"我对土壤污染的感受与政府发布的信息一致"。这两个问题均采用五级量表，即"1——非常不同意"；"2——不太同意"；"3——一般"；"4——比较同意"；"5——非常同意"。针对受访者对这两个问题的回答，问卷结果汇总表现为"1、2"的即视为

---

① 2017 年的财政预算中在此处的表述为"土地综合治理 18.8 亿元，支持开展'净土行动'，实施土地综合整治"。因此，预算的 18.8 亿元不仅仅是土壤污染治理投入，更多的是土地治理。

"不满意"和"非一致",由此计算出不满意度 $\mu=14.44\%$ 和非一致性率 $\upsilon=11.59\%$。依据问卷结果,可计算出政府公信力损失率 β。

$$\beta=\frac{14.44\%+11.59\%}{2}=13.015\%$$

依据式（6-21）可计算出政府和环保组织的公信力损失。

$$L_{21}=\frac{4.5+3+5.5}{3}\times13.015\%\times10000$$

$$=5639.83\ 万元$$

因此,土壤污染导致的组织性政治成本的提升,即政府和环保组织公信力损失为 5639.83 万元。

2. 造成人死亡和罹患疾病损失

本章依据安玉琴等（2016）的研究成果,即镉造成的成人预期寿命损失为 0.03—1.17 分钟,铬为 29.22—269.77 分钟,以及韩明霞等（2006）提出的以人均 GDP 替代个体收入的修正的人力资本法来计算土壤污染导致人死亡和罹患疾病的经济损失。这样操作的合理性主要体现在以下三点：（1）现有研究中,在估算环境污染给人力资本造成的损失时,大多采用与污染类型相关的疾病来进行计算,这种计算方法在实际操作中具有相当的便利性,数据获得性较高。但是,相比大气污染和水污染,土壤污染对食品安全、人居环境和水资源都有着较为显著的影响,因此所导致的人体罹患疾病是在潜移默化的过程中产生的,且疾病种类过多,无法单就一种或几种疾病进行分析。（2）人体罹患某种疾病的原因是多样的,存在各种原因交叉的可能性。（3）土壤中的重金属通过食物链渠道进入人体,一旦超过人体所能承受的含量,就会导致人的罹患疾病或预期寿命减少。

根据以上分析以及现有研究,选取致癌风险显著的镉元素和铬元素进行人力资本损失测算。其中镉元素造成的成人预期寿命损失 1.17 分钟,铬元素为 269.77 分钟。修正的人力资本法计算公式如下：

$$HCL_m=\sum_i^r GDP_{pci}^{dv}=GDP_{pc0}\times\sum_i^t\frac{(1+\alpha)^i}{(1+r)^i} \tag{6-22}$$

式中：HCL_m 为修正的人均人力资本损失；t 为人均损失寿命时间,以年计量；GDP_{pci}^{dv} 为未来第 i 年人均 GDP 贴现值；GDP_{pc0} 为基准年的人均 GDP；α 为人均 GDP 增长率；r 为社会贴现率。

式（6-22）是基于空气污染导致的具体疾病使人过早死亡而产生的预期寿命损失。相对于本书所使用的数据来说，基于重金属元素导致人的预期寿命损失，将计算公式转换为：

$$L_{22} = GDP_{pc0} \times D_c \times T \tag{6-23}$$

式中，L_{22} 为河北省居民预期寿命减少的经济损失，GDP_{pc0} 为基准年的人均 GDP，T 为人均寿命损失时间。

2017 年河北省人均地区生产总值为 47772 元，年末常住人口为 7556.30 万人，2017 年中国 15 周岁以上的人口比重为 83.2%[1]，因此，河北省 2017 年 15 周岁以上的常住人口为 6286.84 万人。镉元素和铬元素给人预期寿命总的损失时间为 270.91 分钟，这里取 271 分钟，因此，人均预期寿命损失时间为 5.2×10^{-4} 年。

$$L_{22} = 47772 \times 7556.30 \times 0.832 \times 10^4 \times 5.2 \times 10^{-4} = 156174 \text{ 万元}$$

因此，两种对人体影响较为严重的重金属元素所导致的河北省居民预期寿命减少的经济损失为 156174 万元。

3. 周边居民保护土壤环境参与度

对于这一指标的量化，课题组选择支付意愿法进行测度。课题组在 2019 年 11 月以河北省为研究区域进行了问卷调查。问卷的主要内容有：（1）是否愿意参与土壤污染治理；（2）如果愿意参与希望能够选择何种方式；（3）是否愿意为土壤污染治理支付一定的费用；（4）影响其支付意愿的相关因素。

本次问卷调查共发放问卷 600 份，有效问卷为 561 份，其中具有支付意愿的有 446 人。在支付金额上对支付范围细分为 7 种不同支付水平（每月），分别为 5 元以下、5—10 元、11—20 元、21—50 元、51—100 元、101—200 元和 200 元以上。具体分布如图 6-3 所示。

从受访者支付意愿分布可以看出，多数居民的支付金额集中在 5—10 元，占 26.91%，其次为 11—20 元阶段，占 22.42%。从不同金额阶段的人数变动来看，具有相对较低支付意愿的受访者占比较大，愿意支付 10 元以下的人数多，而 10 元以上阶段表现出人数逐渐下降的趋势，呈现出倒"U"形分布特征。

---

[1] 资料来源：《中国人口和就业统计年鉴（2018）》。

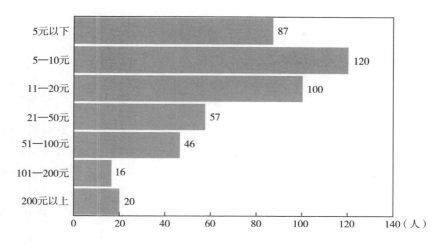

图6-3　受访者愿意支付金额分布

此外，问卷对居民倾向的支付方式进行了统计，共设计了三种方式：以税收方式从收入中扣除，以多缴水电费的方式进行支付，提倡居民自愿缴纳、鼓励捐款。而且，为了不让受访者局限于一种选择方式，在问卷中此项题目设置为多选题。从频数分布来看，三种方式差别不大，愿意以多缴水电费的方式进行支付的人数最多，为219人，选择提倡居民自愿缴纳、鼓励捐款的人数次之，为186人，选择以税收方式从收入中扣除的人数最少，为156人（见表6-13）。从受访者选择方式的比例来看，居民更愿意接受将土壤污染治理费用在水电费中进行支付这种方式；同时，受访者对税收支出方式较为敏感，仅有27.81%认为应该将这类费用以税收的方式支出。

表6-13　　　　　　　　居民支付方式统计结果

支付方式	频数（人）	百分比（%）
以税收方式从收入中扣除	156	27.81
以多缴水电费的方式进行支付	219	39.04
提倡居民自愿缴纳、鼓励捐款	186	33.15

采用支付意愿法衡量居民的土壤污染治理参与度，首先需要计算受访者的平均支付意愿，计算公式如下：

$$E(WTP > 0) = \sum_{i=1}^{n} X_i W_i (i = 1, 2, \cdots, n)$$

$$E(WTP) = E(WTP > 0) \times \alpha_{WTP}$$

$$\alpha_{WTP} = \frac{S_{WTP>0}}{S_{总}} \qquad\qquad (6-24)$$

式中，$E(WTP)_{正}$ 表示受访者正支付意愿的平均值；X_i 表示受访者愿意支付的第 i 个投标值；W_i 表示第 i 个投标值的频数，n 表示投标值的个数。$E(WTP)$ 表示受访者的平均支付意愿；α_{WTP} 表示受访者的支付意愿率；$S_{WTP>0}$ 表示支付意愿大于零的样本数；$S_{总}$ 表示总的样本数。

根据以上公式，计算得出居民土壤污染治理平均支付意愿为 333.24 元/（年·户），通过价格指数，将计算所的值换算为 2017 年可比数据，为 316.046 元/（年·户）。2017 年河北省年末总家庭户数为 2014.7 万户，因此河北省居民参与土壤污染治理的平均支付金额为 636737.81 万元，即河北省 2017 年居民保护土壤环境参与度 L_{23} = 636737.81 万元。

（三）环境层面

1. 水资源损失

水资源损失是指在农业生产过程中为提高农作物的产量和质量，过量或不合理投入的物质随着积累和沉降进入地下水环境中造成水体污染而导致的损失。从污染过程和结果来看，土壤污染对水资源的影响主要在地下水资源。河北省是我国的农业大省，与其他省份或地区的粮食产量相比，河北省的粮食产量处于领先地位。因此，土壤污染导致地下水污染问题不容忽视，污染主要有两个途径：一是化肥、农药的过量施用；二是用污染较严重的地表水灌溉农田。

中国地质科学院水文环境地质环境研究所展开的华北平原地下水质量调查结果显示[①]，浅层地下水方面，华北平原综合质量整体较差，全境几乎无 I 类地下水。其中，I—III 类地下水仅占 22.2%，IV 类地下水占 21.25%，V 类地下水占 56.55%。深层地下水方面，综合质量略好于浅层地下水，污染较轻。其中，I—II 类地下水仅占 26.45%，IV 类地下水占 23.13%，V 类地下水占 50.42%。虽然近几年的河北省环境状况公报中并

---

① 资料来源：中国地质科学院水文环境地质环境研究所：《华北平原浅层地下水污染严重》，《城市地质》2013 年第 1 期。

未提到相关地下水污染数据，但是从农田污染情况来看，仍然存在较大的污染问题，因此，对农田污染导致的地下水污染经济损失的货币化十分有必要。

对于土壤污染导致的地下水资源损失，主要关注由农田污染引起的损失。计算公式如下：

$$L_{31} = NCRQ\beta \left(W_背 - W_基 \right)^k \tag{6-25}$$

式中，N 表示地下水受到污染后恢复到正常水平或原先状态所需年限数；C 表示地下水资源遭受污染后的累积效应系数；R 表示单位水资源量的价值，单位为元/立方米；Q 表示地下水资源量，单位为立方米；β 表示地下水污染损失系数；$W_背$、$W_基$ 分别表示研究区域内的地下水主要污染物的浓度背景值和基底值；k 表示计算参数。

2008 年河北省地下水资源量为 150 亿立方米，其中平原区水资源量为 90.5 亿立方米。因河北省受污染的农田在平原地带居多，因此选用平原区水资源量数据来计算，即 Q 为 90.5 亿立方米，β 采用上文中的土壤污染面积占总播种面积的比率 0.874%。参考相关文献成果，地下水环境污染后的 $\left(W_背 - W_基 \right)^k$ 最大为 0.023，地下水自净年限和完全解决用水需求年限的加权平均并经过修正后的值是 10 年，累积效应系数 C 为 1.5，R 为 2017 年的水价 4.73 元/立方米。

由式（6-25）可以计算：

$$L_{31} = 10 \times 1.5 \times 4.73 \times 90.5 \times 10^8 \times 0.874 \times 10^{-2} \times 0.023 = 12907.44 \text{ 万元}$$

因此，河北省土壤污染导致的水资源损失 L_{31} 为 12907.44 万元。

2. 土地价值损失

当污染物经排放等途径进入土壤，破坏土壤生态环境的自净能力后导致土壤污染。而因土壤污染所导致的直接经济价值损失除了上述内容，还有对土地本身的影响。当前，被污染的土地也被称为"褐地"或"棕地"。这一名词主要包含那些因工厂搬迁而遗留、闲置或非充分利用的土地，并不包含耕地等农用地。农用地价格的实质是土地质量的价格，而土壤污染问题的出现必然会导致土地质量的下降，因此本章采用收益还原法评估河北省存在土壤污染的耕地的直接经济损失。

收益还原法在本质上是依据所需估值的土地的预期收益进行土地现值评估的方法，是在估算土地未来每年预期纯收益的基础上，以设定好的土地还原率，将所需评估土地在未来每年的纯收益折算为评估时日收益总和（艾东等，2010）。有限年期的一般公式如下：

$$P = \frac{a}{r}\left[1 - \frac{1}{(1+r)^n}\right] \tag{6-26}$$

式中，P 表示土地价值；a 表示土地纯收益，假定年期内不变；r 表示土地还原率；n 表示假定年期，此处选取年期为 20 年。

土壤污染导致的土地价值损失，可以表述为土地价值与主要农作物经济损失率之积，计算公式如下：

$$L_{32} = P \times \beta$$
$$\beta = \frac{E_{ci}}{E_总} \quad (i = 1, 2, 3, 4) \tag{6-27}$$

式中，P 为土地价值；β 为主要农作物经济损失率；E_{ci} 表示主要粮食作物的经济损失值；$E_总$ 为主要粮食作物的收益。

由上述计算公式可知，要计算土壤污染导致的农用地价值损失，需要确定土地价格。这里主要介绍一下土地纯收益和土地还原率的确定过程。（1）土地纯收益。使用河北省 2017 年主要粮食作物的总产值与年收益率（50%）之积计算得到。（2）土地还原率。土地还原率的确定方法一般有五种：银行利率或国债利率法；纯收益与价格比率法；安全利率加风险调整值法；投资收益风险与投资收益率综合排序插入法；实质利率法。本书采用第二种，即安全利率加风险调整值法。首先，通过一年期的银行利率与当年的居民消费价格指数计算出安全利率；其次，使用专家打分法综合加权确定风险调整值。由此，计算得出土地还原率为 3.95%。详细结果如表 6-14 所示。

从计算结果可知，河北省 2017 年因土壤污染导致的农用地价值损失值为 1202880.02 万元。其中，种植小麦的土地价值损失为 218411.46 万元，种植玉米的土地价值损失为 195637.08 万元，种植棉花的土地价值损失为 9410.94 万元，种植蔬菜的土地价值损失为 779420.54 万元。

表 6-14 土地价值损失情况

	小麦	玉米	棉花	蔬菜
播种面积（公顷）	2373400	3544100	220600	748600
污染面积（公顷）	20700	31000	1900	6500

续表

	小麦	玉米	棉花	蔬菜
单位产量（千克/公顷）	6388	5743	1088	67571
农产品价格（元/千克）	2.42	1.61	6.67	2.6
总产值（万元）	3669029.57	3276956.37	160088.54	13151749.16
污染损失值（万元）	32000.05	28663.31	1378.82	114194.99
污染损失率（%）	0.87	0.87	0.86	0.87
年收益率（%）	50	50	50	50
年纯收益（万元）	1834514.78	1638478.19	80044.27	6575874.58
土地还原率（%）	3.95	3.95	3.95	3.95
土地价格（万元）	25042403.37	22366367.42	1092659.969	89765263.93
土地价值损失（万元）	218411.46	195637.08	9410.94	779420.54
损失合计（万元）	1202880.02			

二 土壤污染间接经济损失评估

（一）数据处理

在数据选择上，主要考虑两个方面：一是能够验证所使用的方法的可行性；二是保证评估结果的可参考性。因此，课题组使用 2017 年河北省投入产出表（42 部门）作为基础研究数据。以 2017 年为基年计算完全消耗系数矩阵 B，同时假设在一定的时间段内各产业部门之间的关联效应处于稳定状态，不发生特殊的变化。对于土壤污染给农业部门带来的经济损失，基于对数据的可获得性和研究内容的综合考虑，选择上文中"经济层面"里估算的"种植业损失值"来代替，即 2017 年由土壤污染导致的农业部门直接经济损失为 46732.76 万元（见表 6-11）。

根据 2017 年河北省投入产出表和上文中所列公式，分别计算出各部门的直接消耗系数 a_{ij}、列昂惕夫逆矩阵 $(I-A)^{-1}$ 以及完全消耗系数矩阵 B，其中行和列中部门顺序与河北省投入产出表中的部门顺序一致。式 （6-28）为计算出的完全消耗系数矩阵（小数点保留后六位）。

$$B = \begin{bmatrix} 0.187965 & 0.011494 & 0.010512 & 0.014515 & 0.017319 & \cdots & 0.03579 & 0.027328 & 0.021795 \\ 0.054053 & 0.388964 & 0.133898 & 0.409299 & 0.271123 & \cdots & 0.140416 & 0.08539 & 0.066139 \\ 0.005198 & 0.006029 & 0.039795 & 0.01489 & 0.009095 & \cdots & 0.015049 & 0.008772 & 0.006904 \\ 0.007298 & 0.0181 & 0.013337 & 0.451131 & 0.02602 & \cdots & 0.019763 & 0.02117 & 0.013084 \\ \vdots & \vdots & \vdots & \vdots & \vdots & & \vdots & \vdots & \vdots \\ 0.001868 & 0.002078 & 0.002219 & 0.00546 & 0.002958 & \cdots & 0.005145 & 0.006854 & 0.0238878 \end{bmatrix}$$

$$(6-28)$$

（二）需求侧和供给侧间接经济损失分析

将农业部门的直接经济损失作为最终产品损失,从供给侧和需求侧来分析土壤污染引起的 42 部门间接经济损失。根据式（6-17）和式（6-18）可得土壤污染造成的农业总经济损失为 55516.89 万元,其中最终产品损失为 46732.76 万元,中间消耗损失为 8784.13 万元。其他部门的损失值如表 6-15 所示。

分析表 6-15,发现需求减少引起的部门损失总量为 116195.08 万元,对应均值为 2766.55 万元,供给受限引起的部门总损失为 45574.11 万元,对应均值为 1085.10 万元。这表明河北省土壤污染导致的需求受限引起的间接经济损失比供给侧的更为严重。另外,分析部门经济损失之间差异性发现,需求受限引起的部门经济损失最大值为 25791.89 万元;最小值为 400.68 万元,土壤污染引起供给侧间接经济损失最大值为 8789.15 万元,最小值为 14.02 万元。土壤污染引起的需求侧间接经济损失的标准差为 4533.01 万元,供给侧间接经济损失的标准差为 1991.47 万元,同样仍是前者大于后者。

图 6-4 为三次产业在供给侧和需求侧的损失分布。土壤污染给农业部门带来的负外部性,即农业部门因土壤污染导致的经济损失,主要表现在农产品质量和产量上的下降。因产业间的关联效应,分别表现为农业部门对其他部门中间产品的完全消耗减少,即购买的农业生产资料减少和其他部门对农业中间产品的完全消耗减少,使生产和供应农业生产资料的部门以及以农产品作为原料的部门受到影响。从供给角度来看,总间接经济损失为 45574.11 万元,其中受影响最大的是第二产业,间接经济损失为 28175.24 万元;从需求角度来看,总间接经济损失为 116195.08 万元,仍然是第二产业受影响最大,间接经济损失值达 74073.00 万元,其中主要是农产品加工业,如食品和烟草业。

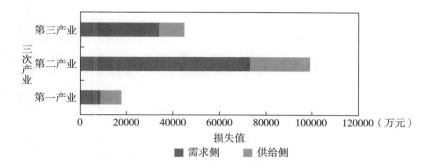

图6-4 三次产业在需求侧和供给侧的损失分布

无论是从需求侧还是从供给侧来分析，受产业间关联效应的影响，第二产业中的相关部门总是对农业部门的损失更加敏感。因此，下文采用静态投入产出模型，从供给侧的角度进一步分析相关部门对土壤污染问题的敏感性。

表6-15 河北省土壤污染农业损失引起的部门间接经济损失及比例关系

部门名称	序号	需求驱动路径的损失评估			供给驱动路径的损失评估		
		部门损失值（万元）	部门损失值占总间接损失比例（%）	部门损失占其总产出比例（%）	部门损失值（万元）	部门损失值占总间接损失比例（%）	部门损失占其总产出比例（%）
农林牧渔产品和服务	01	8784.13	7.5598	0.0163	8784.13	19.2744	0.0163
煤炭采选产品	02	537.13	0.4623	0.0100	2526.05	5.5427	0.0470
石油和天然气开采产品	03	491.27	0.4228	0.0331	242.94	0.5331	0.0164
金属矿采选产品	04	678.30	0.5838	0.0025	341.03	0.7483	0.0013
非金属矿和其他矿采选产品	05	809.37	0.6966	0.0897	124.62	0.2735	0.0138
食品和烟草	06	25791.89	22.1971	0.0537	8789.15	19.2854	0.0183
纺织品	07	9805.60	8.4389	0.0498	109.48	0.2402	0.0006
纺织服装鞋帽皮革羽绒及其制品	08	11914.42	10.2538	0.0589	102.89	0.2258	0.0005
木材加工品和家具	09	5231.59	4.5024	0.0778	114.54	0.2513	0.0017
造纸印刷和文教体育用品	10	2758.17	2.3737	0.0207	661.03	1.4505	0.0050
石油、炼焦产品和核燃料加工品	11	638.31	0.5493	0.0030	1268.40	2.7832	0.0059

续表

部门名称	序号	需求驱动路径的损失评估			供给驱动路径的损失评估		
		部门损失值（万元）	部门损失值占总间接损失比例（%）	部门损失占其总产出比例（%）	部门损失值（万元）	部门损失值占总间接损失比例（%）	部门损失占其总产出比例（%）
化学产品	12	2982.23	2.5666	0.0047	5194.12	11.3971	0.0082
非金属矿物制品	13	1336.66	1.1504	0.0051	147.01	0.3226	0.0006
金属冶炼和压延加工品	14	535.54	0.4609	0.0005	1160.90	2.5473	0.0010
金属制品	15	535.83	0.4612	0.0010	641.75	1.4081	0.0012
通用设备	16	568.60	0.4894	0.0026	291.31	0.6392	0.0013
专用设备	17	585.44	0.5038	0.0033	543.81	1.1932	0.0031
交通运输设备	18	820.43	0.7061	0.0025	312.67	0.6861	0.0009
电气机械和器材	19	805.40	0.6931	0.0032	151.48	0.3324	0.0006
通信设备、计算机和其他电子设备	20	740.12	0.6370	0.0127	129.86	0.2849	0.0022
仪器仪表	21	631.51	0.5435	0.0347	33.80	0.0742	0.0019
其他制造产品	22	1810.39	1.5581	0.0451	369.59	0.8110	0.0092
废品废料	23	863.20	0.7429	0.0503	251.84	0.5526	0.0147
金属制品、机械和设备修理服务	24	412.01	0.3546	0.0016	2184.08	4.7924	0.0085
电力、热力的生产和供应	25	400.68	0.3448	0.0136	147.82	0.3243	0.0050
燃气生产和供应	26	457.00	0.3933	0.0741	85.05	0.1866	0.0138
水的生产和供应	27	1447.11	1.2454	0.0017	72.42	0.1589	0.0001
建筑	28	484.80	0.4172	0.0011	2177.60	4.7782	0.0050
批发和零售	29	2012.98	1.7324	0.0036	2761.81	6.0600	0.0049
交通运输、仓储和邮政	30	8966.16	7.7165	0.0743	297.83	0.6535	0.0025
住宿和餐饮	31	1149.29	0.9891	0.0067	210.88	0.4627	0.0012
信息传输、软件和信息技术服务	32	733.01	0.6308	0.0022	1726.27	3.7878	0.0052
金融	33	650.16	0.5595	0.0024	255.92	0.5615	0.0010
房地产	34	3223.90	2.7746	0.0221	997.95	2.1897	0.0068
租赁和商务服务	35	4110.88	3.5379	0.3783	24.28	0.0533	0.0022
科学研究和技术服务	36	2153.22	1.8531	0.0219	822.21	1.8041	0.0084
水利、环境和公共设施管理	37	4465.00	3.8427	0.1425	69.17	0.1518	0.0022

续表

部门名称	序号	需求驱动路径的损失评估			供给驱动路径的损失评估		
		部门损失值（万元）	部门损失值占总间接损失比例（%）	部门损失占其总产出比例（%）	部门损失值（万元）	部门损失值占总间接损失比例（%）	部门损失占其总产出比例（%）
居民服务、修理和其他服务	38	1040.94	0.8959	0.0038	1194.46	2.6209	0.0043
教育	39	864.17	0.7437	0.0090	121.39	0.2664	0.0013
卫生和社会工作	40	1672.56	1.4394	0.0095	14.02	0.0308	0.0001
文化、体育和娱乐	41	1277.09	1.0991	0.0416	31.27	0.0686	0.0010
公共管理、社会保障和社会组织	42	1018.56	0.8766	0.0053	87.29	0.1915	0.0005
总和	—	116195.08	—	—	45574.11	—	—
均值	—	2766.55			1085.10		
最大值	—	25791.89			8789.15		
最小值	—	400.68			14.02		
标准差	—	4533.01			1991.47		

（三）静态投入产出模型评估分析

按照各部门总产品损失大小进行排序绘制表 6-16。由表中结果可知，农林牧渔产品和服务业受部门自身影响最严重。其余依次为食品和烟草业，化学产品业，批发和零售业，煤炭采选产品业，金属制品、机械和设备修理服务业，建筑业等，其中有 10 个部门的总产品损失均超过 1000 万元，且有 2 个超过了 5000 万元。土壤污染使得农林牧渔产品和服务业受损造成的全社会总产品经济损失为 92306.87 万元。其中，第二产业受土壤污染问题的传导影响较深，租赁和商务服务业及卫生和社会工作业这两个部门所受影响较小。从总产品损失比例角度来看，受影响最大的 10 个部门依次为：煤炭采选产品业（0.0470%）；食品和烟草业（0.0183%）；石油和天然气开采产品业（0.0164%）；废品废料业（0.0147%）；非金属矿和其他矿采选产品业（0.0138%）；燃气生产和供应业（0.0138%）；其他制造产品业（0.0092%）；金属制品、机械和设备修理服务业（0.0085%）；科学研究和技术服务业（0.0084%）；化学产品业（0.0082%）。

按照总产品损失值和总产出损失比例两个维度对所有 42 个部门进行

排序，结果如图6-5所示，总产品损失值大且总产出损失比例高的部门是与土壤污染问题高度敏感的行业。经过排序、对比后，将排在上述维度前20位中的15个行业依据与原点（0，0）的直接距离由近至远进行排序，若某一行业与原点之间的距离越远则说明该行业与土壤污染不够敏感，反之距离越近则是对土壤污染越敏感。图6-5中所示的15个行业部门的损失值合计为86733.42万元，占整个经济系统总损失的93.963%。

表6-16　　　　　　　　供给侧部门总产品损失

部门	损失（万元）	部门	损失（万元）
农林牧渔产品和服务	55516.89	金融	255.92
食品和烟草	8789.15	废品废料	251.84
化学产品	5194.12	石油和天然气开采产品	242.94
批发和零售	2761.81	住宿和餐饮	210.88
煤炭采选产品	2526.05	电气机械和器材	151.48
金属制品、机械和设备修理服务	2184.08	电力、热力的生产和供应	147.82
建筑	2177.60	非金属矿物制品	147.01
信息传输、软件和信息技术服务	1726.27	通信设备、计算机和其他电子设备	129.86
石油、炼焦产品和核燃料加工品	1268.40	非金属矿和其他矿采选产品	124.62
居民服务、修理和其他服务	1194.46	教育	121.39
金属冶炼和压延加工品	1160.90	木材加工品和家具	114.54
房地产	997.95	纺织品	109.48
科学研究和技术服务	822.21	纺织服装鞋帽皮革羽绒及其制品	102.89
造纸印刷和文教体育用品	661.03	公共管理、社会保障和社会组织	87.29
金属制品	641.75	燃气生产和供应	85.05
专用设备	543.81	水的生产和供应	72.42
其他制造产品	369.59	水利、环境和公共设施管理	69.17
金属矿采选产品	341.03	仪器仪表	33.80
交通运输设备	312.67	文化、体育和娱乐	31.27
交通运输、仓储和邮政	297.83	租赁和商务服务	24.28
通用设备	291.31	卫生和社会工作	14.02

根据表6-15中各部门供给端和需求端的经济损失数据，对土壤污染供给需求影响进行分析。选取同时处于供给端和需求端间接经济损失值

前20位中的部门，共有10个部门，制作了农业部门土壤污染区域供给与需求影响矩阵（见图6-6，图中部门编号与表6-15一致）。该图意在说明农业部门遭受到土壤污染问题的冲击过程中，造成的其他产业部门及其自身中间消耗的影响。综合考虑供给和需求两个方面后，可依据总影响的大小将矩阵分为3个区域：很严重、较严重和一般。从部门来看，食品和烟草业、农林牧渔产品和服务业是总影响最大的行业，其中以食品和烟草业两部门所受影响最深。这表明在目前土壤污染问题治理过程中，应该首先对经济社会效益相对高的区域进行治理，同时在重大土壤环境破坏事故发生后，应该优先考虑进行上述两个部门的效益恢复和物料储备。处于较为严重区域的行业有五个：造纸印刷和文教体育用品、化学产品、批发和零售、房地产、科学研究和技术服务。处于一般影响区域的有三个行业：其他制造产品，交通运输、仓储和邮政，居民服务、修理和其他服务。

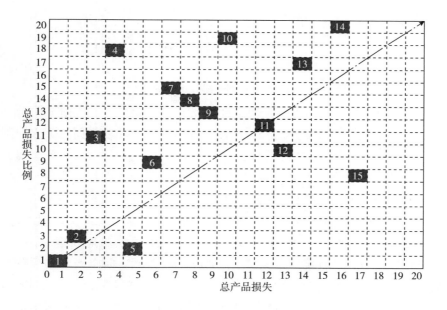

1. 农林牧渔产品和服务；2. 食品和烟草；3. 化学产品；4. 批发和零售；5. 煤炭采选产品；

6. 金属制品、机械和设备修理服务；7. 建筑；8. 信息传输、软件和信息技术服务；

9. 石油、炼焦产品和核燃料加工品；10. 居民服务、修理和其他服务；11. 房地产；

12. 科学研究和技术服务；13. 造纸印刷和文教体育用品；14. 专用设备；15. 其他制造产品。

图6-5　受土壤污染影响前15位的高度敏感行业

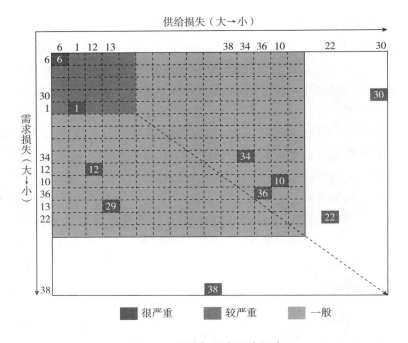

图 6-6　供给与需求影响矩阵

三　土壤污染经济总损失及对比分析

本章将土壤污染经济损失分为直接经济损失和间接经济损失两个部分。其中，直接经济损失从经济层面、社会层面和环境层面三个方向测度。经济层面的货币化指标种植业损失为 46732.76 万元。社会层面的政府与环保组织公信力损失为 5639.83 万元，将原本设计的造成人死亡和罹患疾病损失两个指标合并，采用重金属元素导致人预期寿命损失来表示，即 156174.00 万元；周边群众保护土壤环境参与度为 636737.81 万元。环境层面的水资源损失为 12907.44 万元，土地价值损失为 1202880.02 万元。直接经济损失为 206171.86 万元。间接经济损失分别从需求端和供给端两个方面展开分析，需求端经济损失为 116195.08 万元，供给端经济损失为 45574.11 万元，考虑到农业部门对关联部门的经济损失影响，选用供给端的经济损失作为土壤污染间接经济损失，即 45574.11 万元。详细情况见表 6-17。因此，土壤污染所导致的总经济损失为 2106645.47 万元。

表 6-17　　　　　　　　　土壤污染经济损失情况　　　　　单位：万元

直接经济损失						间接经济损失		合计
经济层面	社会层面			环境层面				
种植业损失	政府与环保组织公信力损失	造成人死亡和罹患疾病损失	周边群众保护土壤环境参与度	水资源损失	土地价值损失	需求端	供给端	
46732.76	5639.83	156174.00	636737.81	12907.44	1202880.02	116195.08	45574.11	2106645.97

（一）直接经济损失对比分析

从经济层面来看，主要是采用种植业损失来衡量该层面的损失，该指标占总直接经济损失的 2.2674%（见图 6-7）；从社会层面来看，主要是采用政府与环保组织公信力损失、造成人员死亡和罹患疾病损失、周边群众保护土壤环境参与度三个方面来衡量，该层面的损失占总直接经济损失的 38.7445%；从环境层面来看，主要采用水资源损失和土地价值损失来衡量。其中，水资源损失主要衡量的是由土壤污染物质沉降导致的地下水污染损失，土地价值损失主要衡量的是农地污染而导致的土地价值受损。两指标测算损失结果占总直接经济损失的 58.9881%，其中土地价值损失占总直接经济损失的 58.3619%，为主要损失方式。

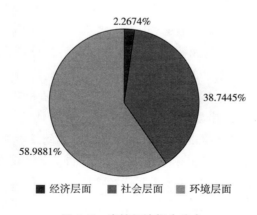

图 6-7　直接经济损失分布

总的来看，环境层面的直接经济损失最高，甚至比经济层面和社会层面两个方面的损失值之和都高。这表明土壤污染给环境带来的影响巨大，而我们往往关注经济层面的损失和社会层面的负面影响，却忽略了环境资源损失。这也与目前公众对环境资源的认识不足有一定的关系，相关部门应当对环境资源价值开展足够的宣传，给予环境资源价值足够的重视。

（二）部门间接经济损失对比分析

在间接损失的货币化上，从需求端和供给端分别计算了土壤污染导致的间接经济损失值。在从需求端来看，间接经济总损失值为116195.08万元，其中三次产业里受影响较大的前五个部门分别是：第一产业，农林牧渔产品和服务间接经济损失值为8784.13万元；第二产业，食品和烟草间接经济损失值为25791.89万元，纺织服装鞋帽皮革羽绒及其制品间接经济损失值为11914.42万元，纺织品间接经济损失值为9805.60万元，木材加工品和家具间接经济损失值为5231.59万元，化学产品间接经济损失值为2982.23万元；第三产业，交通运输、仓储和邮政间接经济损失值为8966.16万元，水利、环境和公共设施管理间接经济损失值为4465.00万元，租赁和商务服务间接经济损失值为4110.88万元，房地产间接经济损失值为3223.90万元，科学研究和技术服务间接经济损失值为2153.22万元（见表6-18）。由此可见，当土壤污染导致农业部门需求受限时，所受影响最大的部门为第二产业的食品和烟草及第三产业的交通运输、仓储和邮政这两个部门。原因主要在于需求减少，经产业链传导，给农业部门提供原材料和物资运输的相关部门必然是受影响最严重的。

从供给端来看，总的间接经济损失值为45574.11万元，其中三次产业里受影响较大的前五个部门分别是：第一产业，农林牧渔产品和服务间接经济损失值占比为19.2744%；第二产业，食品和烟草间接经济损失值占比为19.2854%，化学产品间接经济损失值占比为11.3971%，煤炭采选产品间接经济损失值占比为5.5427%，建筑间接经济损失值占比为4.7782%，石油、炼焦产品和核燃料加工品间接经济损失值占比为2.7832%；第三产业，批发和零售间接经济损失值占比为6.0600%，金属制品、机械和设备修理服务间接经济损失值占比为4.7924%，信息传输、软件和信息技术服务间接经济损失值占比为3.7878%，居民服务、修理和其他服务间接经济损失值占比为2.6209%，房地产间接经济损失值占比为2.1897%。

表 6-18　　　　　　　　需求端和供给端间接经济损失中
三次产业部门损失前五名　　　　　　　单位：万元

	排名	第一产业	间接经济损失	第二产业	间接经济损失	第三产业	间接经济损失
需求端	1	农林牧渔产品和服务	8784.13	食品和烟草	25791.89	交通运输、仓储和邮政	8966.16
	2			纺织服装鞋帽皮革羽绒及其制品	11914.42	水利、环境和公共设施管理	4465.00
	3			纺织品	9805.60	租赁和商务服务	4110.88
	4			木材加工品和家具	5231.59	房地产	3223.90
	5			化学产品	2982.23	科学研究和技术服务	2153.22
供给端	1	农林牧渔产品和服务	8784.13	食品和烟草	8789.15	批发和零售	2761.81
	2			化学产品	5194.12	金属制品、机械和设备修理服务	2184.08
	3			煤炭采选产品	2526.05	信息传输、软件和信息技术服务	1726.27
	4			建筑	2177.60	居民服务、修理和其他服务	1194.46
	5			石油、炼焦产品和核燃料加工品	1268.40	房地产	997.95

　　对比来看，在需求端和供给端的间接经济损失占比中，均为第二产业所占比重最大，接近 50%。其中食品和烟草均是损失最大的行业。由此可以看出，因产业间的关联效应，当土壤污染导致农业部门需求减少和供给受限时，食品和烟草行业受到的影响最大。

第五节 小 结

　　土壤环境可持续发展是推动经济高质量发展的重要组成部分。土壤污染问题已经严重威胁到我国经济社会发展和公共环境，只有正确把握经济发展和环境可持续之间的平衡，才能在保障生态环境系统良好运行的同时维持经济社会的高质量发展。开展土壤污染价值损失研究，测度土壤污染对社会经济系统的影响程度，不仅可以使人们更直观地了解土壤污染损失程度，并且可以全面考虑区域经济活动的成本和收益。因此，本章以河北省为研究区域对土壤污染价值损失进行计量分析。首先，建立土壤污染价值损失测度指标体系，并采用德尔菲法对指标体系进行了优化，得到较为科学合理的量化指标；其次，在直接经济损失与间接经济损失货币化方面，引入在环境经济损失测度中使用较为广泛的"过—张"模型与投入产出模型，对土壤污染价值损失进行了量化；最后，在价值损失评估分析中，基于过渡性的思路，从土壤污染影响方面出发，将土壤污染直接经济损失分为经济影响、社会影响和环境影响三个层面进行货币化评估。对于土壤污染间接经济损失，分别从供给端和需求端两个方向，通过对与土壤污染关联性较强的部门进行分析。综合得出以下结果：

　　（1）从直接经济损失来看，经济层面损失值为 46732.76 万元，社会层面损失值为 798551.64 万元，环境层面损失值为 1215787.64 万元。其中，土地价值损失最大，为 1202880.02 万元。

　　（2）从间接经济损失来看，采用投入产出模型评估的 2017 年河北省土壤污染对农业部门直接影响引起的整个经济系统产业关联间接经济损失为 45574.11 万元。

　　（3）2017 年河北省土壤污染问题带来的价值损失占当年地区生产总值的 0.06%，直接价值损失为 2061071.86 万元，间接价值损失为 45574.11 万元，总计 2106645.97 万元，其中，食品和烟草、化学产品、批发和零售、煤炭采选产品，以及金属制品、机械和设备修理服务等行业是受土壤污染影响的五个高敏感行业。从供给和需求影响来看，食品和烟草行业受农业部门的需求和供给损失影响最大，居民服务、修理和其他服务受影响相对最小。

第七章 基于数据挖掘的土壤污染损失支付意愿分析

通过从内容、时间、点赞数、评论数不同维度爬取土壤污染相关的微博数据，以居民对土壤污染的网络关注度衡量土壤污染程度，并匹配CGSS2017数据中的个人特征数据、家庭特征数据以及国家统计局收录的省级特征数据来表征居民的主观幸福感，采用有序的Probit模型估计主观土壤污染及收入对居民主观幸福感的影响，进而通过生活满意度评价法计算保持幸福效用不变时主观土壤污染和收入之间的边际替代率，对居民土壤污染治理的支付意愿进行定价分析。在此基础上探索不同个体特征居民对土壤污染治理支付意愿的异质性。

第一节 研究假说和定价机制

一 研究假说

随着社会经济的发展和人类活动对土壤等自然资源的扰动增加，各种重金属元素被排放到土壤中，导致土壤污染日益严峻。作为与日常生活密切相关的环境污染之一，土壤污染已经严重影响到居民的生活质量，对农产品质量和人体健康构成潜在威胁。在此背景下，主观幸福感作为居民对当前生活状态满意度和长期情感认知的综合性评价，在探究土壤污染对居民生活的影响研究中，通常被用作居民效用的有效度量指标。大量学者研究了客观土壤污染对居民主观幸福感的影响，如通过土壤污染物浓度、土壤污染物排放量等客观指标探索土壤污染对居民幸福感的影响。然而，对人们幸福感直接产生影响的是居民对土壤污染的感受，即主观土壤污染。主观土壤污染是居民根据自身对外界环境的感知而对客观土壤质量做出的判断，在反映土壤污染对居民主观幸福感的影响时，更加直接有效（Rehdanz and Maddison，2008）。

主观土壤污染主要从三个维度对居民幸福感产生影响。第一，居民通过环境质量的下降直观感受到土壤污染，并感到身体不适，从而对居住环境产生不满和担忧，主观幸福感减少；第二，土壤污染通过不健康食品、有毒气体等方式作用于居民身体，严重影响到居民的健康状况，进而降低居民的主观幸福感；第三，土壤污染极大地降低了农作物的产量，导致农民经济收入渠道受阻，无法在被污染的土地上进行生产活动而造成巨大的经济损失，从而造成居民的主观幸福感显著减少。主观土壤污染程度越高，居民心里便会越担忧当前或未来环境以及自身健康状况，从而降低主观幸福感。基于以上分析，本章提出假说1。

假说1：高程度的主观土壤污染会降低居民的主观幸福感。

美国经济学家伊斯特林最早从经济收入与幸福感的角度进行研究。通过相关实证研究，伊斯特林（Easterlin，1974）认为在一定区间内，财富较多的人相对于财富较少的人平均幸福程度更高。基于伊斯特林的研究，一些学者分析了居民幸福感的变化趋势，探讨了收入和居民幸福感之间的关系，得出了"收入是居民幸福感提升的重要因素"的结论（罗楚亮，2009；刘军强，2012）。斯沃（2008）通过对多个国家居民收入和幸福感数据进行分析，发现一个国家的收入水平和居民的主观幸福感之间存在正相关关系，收入对各国居民的主观幸福感有着完全积极的作用。邢占军（2011）和杨继东等（2014）通过对收入和居民幸福感的面板数据进行回归得出了相同的结论，即收入能够对幸福感产生积极影响。随着收入的增加，居民的生活水平得到了较大改善，拥有足够的财富去满足自身的物质需求和心理需求，有更多的能力去应对已知和未知的风险，主观幸福感也不断增加。根据以上研究，本章提出假说2。

假说2：收入的提高会增加居民的主观幸福感。

由于主观幸福感受到个体主观意识的影响，土壤污染对居民主观幸福感的影响可能会具有强烈的个体差异性。在面对相同的环境时，拥有不同个体特征（如收入水平、性别、地域差异等）的居民，感受到的土壤污染对其幸福感的影响可能会有所不同，对土壤污染治理的支付意愿也有所不同。首先，高收入居民对环境知识的掌握程度较高且对环境质量更为重视，因而对土壤污染的感知更加敏感（王勇等，2016）；而低收入居民因不具有足够的环境知识且更加追求物质生活的满足，对环境质量要求较低。因此，可以推断高收入居民对土壤污染治理的支付意愿高于低收入居民。其次，污染驱动假说认为居民对环境污染的感知和关注程度与居民的生活环境高度相关，聂伟（2014）通过研究证实了这一观点，即生活环境是影响居民对环境污染治理支付意愿的重要因素。与乡村相比，城区的土壤污染问题更为突出，更大的环境污染危害范围及更高的城镇居民对生活质量的关注度使得他们对土壤污染更加敏感，并愿意为了提高幸福感支付更多的货币用来改善土壤质量。对于农村居民而言，土壤质量直接影响到其物质保障和生命健康，由于担心生活来源受阻，农村居民对土壤污染更多的是持有担忧和害怕的情绪，但并没有足够的资金去应对土壤污染带来的危害，因此对土壤污染治理有心无力，对土壤污染治理的支付意愿较低。

此外，对基于地区差异、绝对收入差异和相对收入差异、家庭经济等级差异等众多特征变量划分的居民群体来说，土壤污染对其治理支付意愿的影响各不相同。如女性群体更加关心食品安全和家庭健康等因素，因此对土壤污染的关注度和对土壤污染治理的支付意愿高于男性（刘斌等，2012）；绝对收入对城镇居民支付意愿的影响小于对农村居民的影响；东部和中西部地区居民对改善环境质量的支付意愿不同（何凌云，2011）；机会不平等对居民支付意愿的影响受居民个人收入水平的影响（何立新，2011）。因此，假设不同群体居民对土壤污染治理支付意愿有所不同是十分有必要的，根据以上分析，本章提出假说3。

假说3：不同收入、不同受教育程度、不同性别、不同地区的居民的土壤污染治理支付意愿存在差异性。

二　定价机制

（一）土壤污染网络关注度对幸福感的影响

居民对环境问题的感知会影响居民个人的亲环境行为（Bell et al.，2016）。在感知到环境风险时，居民可能更加关心环境问题的缓解和环境质量的改善，同时居民感知到的威胁可能促使他们参与环境治理以降低这些风险（Franzen and Vogl，2013；Gattig and Hendrickx，2007）。此外，居民具有土壤污染风险感知时，会采取措施保护自己的利益不受损害，也会为防止经济损失而愿意为改善土壤质量付出货币代价。鉴于环境问题对居民身体健康和生产生活造成的深刻影响，环境风险与人们对环境问题的关注程度密切相关（Götz，2019）。居民对环境风险的感知越高，则对该环境问题的关注程度越高。土壤污染的关注度表达了居民主观上对土壤污染的风险感知,描述了居民对土壤污染危险程度的主观判断,对居民幸福感具有重要影响。

在信息化时代,居民对事件的关注度绝大多数来源于信息网络,通过网络搜索以及社交媒体软件来寻找和获取自己所关心的数据,因此网络关注度已经成为能够反映公众环境关心、衡量居民对环境污染风险感知的认识程度、体现居民主观环境污染的重要指标。目前,已有大量研究证实了网络搜索数据在反映公众关心方面的有效性和可靠性。在一定程度上,土壤污染网络关注度是现实世界中土壤污染发生情况以及居民参与度在虚拟网络中的映射,能够量化居民对土壤污染的风险感知,反映居民对参与环境治理的支持意愿和表达方式。土壤污染风险感知越强,居民对土壤污染的关注程度越高,则主观土壤污染程度越高,而居民主观土壤污染程度越高,居民心里便会产生对未来环境以及自身健康状况的担忧,从而降低其主观幸福感。

(二)收入对幸福感的影响

马斯洛需求层次理论认为,收入水平决定个体的具体需求层次,在最基本的生理需求得到满足后,居民将开始追求环境、健康、心理等更高层次的需求。王勇等(2018)指出,高收入者对环境质量的需求相比低收入者来说更高。这主要是由于低收入者的幸福感通常来源于最基本物质生活的满足,因此他们往往更关注工作报酬而忽视环境污染,自身的幸福感提升主要来源于收入;而高收入者对生活质量的需求更大,愿意支付更多的货币来改善环境质量,进而提升自身的幸福感。同时,不同收入的居民对环境污染的关注程度不同,对以环境治理换取幸福感所愿意支付的代价也不同,主要表现为高收入居民对环境污染治理的支付意愿更高,参与环境污染治理更加频繁(Levinson,2012;陈永伟,2013)。

(三)基于居民幸福感的土壤污染治理支付意愿定价机制

土壤作为一种难以替代而使用价值极高的自然资源,对居民幸福的影响深刻。由于土壤是公共物品,无法通过市场交易进行定价,土壤污染治理带来的价值无法被准确估计。在此基础上,生活满意度评价法(LSA)成为环境价值评估的新思路。这种方法将生活满意度作为居民效用的替代变量,考察环境质量对居民效用的影响。综上可知,土壤污染的增加会提升居民对土壤污染风险的感知,增加居民对土壤污染的关注度,降低居民幸福感;收入增加会使居民产生更多的生活需求,追求更高的环境质量,用于提升自身的幸福感。在居民意识到土壤污染产生危害,并为土壤污染的危害而担忧时,会产生改善土壤污染的意愿并愿意参与土壤污染治理,同时愿意为土壤污染治理付出一定的货币代价。因此,基于生活满意度评价法,居民对土壤污染治理的支付意愿便可通过主观幸福感,以及主观土壤污染和居民收入之间的边际替代率来进行测度。将居民主观幸福感和居民平均收入及主观土壤污染进行回归,假设影响居民主观幸福感的其他因素不变,当居民收入的增加带来的主观幸福感和主观土壤污染的增加降低的幸福感到达均衡点时,保持幸福效用不变,计算出主观土壤污染和收入之间的边际替代率,便可得出居民土壤污染治理的支付意愿。与传统环境价值评估方法相比,生活满意度方法并不要求均衡的市场和充分的市场交易信息,而是使居民的生活满意程度与环境质量数据紧密契合,从而在测算过程中,环境质量的作用能够充分展现。主观土壤污染的定价机制如图 7-1 所示。

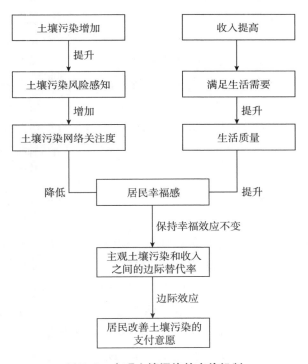

图 7-1 主观土壤污染的定价机制

第二节　模型构建与变量选取

一　模型构建

本章通过构建计量经济学模型验证上文提出的假说。首先，以居民的主观幸福感作为被解释变量，以居民对土壤污染网络关注度作为核心解释变量用以表示主观土壤污染程度，同时引入家庭人均年收入变量，探讨土壤污染和收入对居民主观幸福感的影响。其次，本章基于居民主观幸福感、土壤污染网络关注度以及家庭人均年收入的回归结果，根据生活满意度法，计算出保持幸福效用相同时，土壤污染网络关注度和居民家庭人均年收入之间的边际替代率，从而对居民土壤污染治理的支付意愿进行定价。

（一）土壤污染对居民主观幸福感的影响

由于居民的主观幸福感是可区分的有序分类变量，居民对幸福感的要求不同和现实情况不同，所以居民的主观幸福感差异难以具体量化。基于此，在研究主观土壤污染对居民主观幸福感影响时采用有序的 Probit 模型。作为对有序分类变量进行实证研究的重要模型，有序响应（Ordered Probit）回归模型已在居民主观幸福感和环境污染的研究中被一致认可。参照 Levinson（2012）对环境污染和幸福感的研究，本章构建了网络关注度和居民主观幸福感以及其他特征变量的计量模型，描述土壤污染关注度和居民主观幸福感之间的影响。

$$Happiness_i = \beta guanzhudu_i + \gamma Income_i + \theta X_i + \delta Y_i + \tau Z_i + \varepsilon_i \qquad (7-1)$$

式中，$Happiness_i$ 表示第 i 个居民的幸福感，是有序分类变量；$guanzhudu_i$ 代表第 i 个居民所在省份对土壤污染的网络关注度，衡量居民对土壤污染的关注程度；β 代表土壤污染对居民主观幸福感的影响；$Income_i$ 表示第 i 个居民家庭人均年收入的对数；X_i 表示第 i 个居民的个人特征变量，包括学历、健康、年龄等变量；Y_i 表示第 i 个居民的家庭特征变量，包括房产数、儿女数、汽车数等变量；Z_i 表示第 i 个居民所在省份的特征变量，包括 GDP 增长率、人均可支配收入增长率以及房价增长率等变量；ε_i 为随机误差项。

（二）居民土壤污染治理支付意愿的定价

为分析居民对土壤污染治理的支付意愿，本章基于生活满意度法，建立网络关注度与支付意愿的测度模型。将居民的主观幸福感和居民的平均收入、网络关注度进行回归，然后在保持幸福效用不变的条件下，计算土壤污染和居民主观幸福感之间的边际替代率，进而得出居民对环境污染治理的支付意愿。居民支付意愿的边际效用公式：

$$u_i = \alpha_1 \ln income_i + \alpha_2 guanzhudu_i + X_i\beta + \varepsilon_i \tag{7-2}$$

式中，$income_i$ 表示居民 i 的家庭人均年收入，$guanzhudu_i$ 表示居民 i 居住地的土壤污染的网络关注程度，X_i 是控制变量，ε_i 指其他对效用产生影响的因素。α_1、α_2 分别表示居民家庭人均年收入和土壤污染的网络关注度对居民效用的影响。居民的家庭人均年收入的提高在一定程度上增加了居民主观幸福感的边际效用，土壤污染降低居民主观幸福感的边际效用，故 $\alpha_1>0$、$\alpha_2<0$。对居民土壤污染治理的支付意愿进行测度时，限定影响居民边际幸福效用的其他因素不变，则 $\mathrm{d}X=0$。对 u_i 进行全微分可知：

$$\mathrm{d}u_i = \frac{\alpha_1}{income_i}\mathrm{d}income_i + \alpha_2 \mathrm{d}guanzhudu_i \tag{7-3}$$

假定居民的边际幸福效用保持不变，那么由此可知：

$$\frac{\mathrm{d}income_i}{\mathrm{d}guanzhudu_i}\bigg|_{\mathrm{d}u_i=0} = -income_i\frac{\alpha_2}{\alpha_1} \tag{7-4}$$

因此，式（7-4）表示土壤污染的网络关注度、家庭人均年收入之间的边际替代率。在此基础上，仅需知道效用函数 u_i 的表现形式，便可计算居民对土壤污染治理的边际意愿。其中 $\frac{\alpha_2}{\alpha_1}$ 代表居民对土壤污染治理支付意愿在居民家庭人均年收入中的占比。

由于居民效用是潜在变量，无法通过直接测量进行反映，因此使用居民的主观幸福感替代居民效用来推断幸福效用函数。将居民主观幸福感代入到式（7-2）中进行回归，得到 α_1 和 α_2 的估计值，再根据式（7-4）计算得出居民对土壤污染治理的边际支付意愿。根据回归可以得出居民对土壤污染的网络关注度、家庭人均年收入（对数）对主观幸福感的边际效用 β 和 γ，所以家庭人均年收入对主观幸福感的边际替代率为 $\frac{\gamma}{income}$。

居民对土壤污染治理的平均支付意愿为$-\dfrac{\beta}{\gamma}income$；居民对土壤污染治理的支付意愿占家庭人均年收入的比重为$-\dfrac{\beta}{\gamma}$。

二 变量选取

（一）主观幸福感

本章用主观幸福感来衡量居民的幸福程度，根据中国人民大学发布的 CGSS2017 数据，选取调查问卷中的问题"您认为目前的幸福状况如何？"，依据其回答用"非常不幸福""一般不幸福""说不上幸福不幸福""一般幸福""非常幸福"5 个量级作为衡量受访者主观幸福感的标准。

（二）土壤污染网络关注度

由于客观土壤污染数据的保密性和难获得性，通过爬取微博数据，获取网民发布的微博内容、时间、评论数、点赞数，构建指标体系，得出土壤污染网络关注度，用于衡量居民的主观土壤污染程度。

为对土壤污染网络关注度进行量化，将土壤污染关注度分为土壤污染来源关注指标、土壤污染危害关注指标、土壤污染防治关注指标三个分类指数，选用白色污染、化肥农药使用量、工业废水排放、地下水污染、重金属污染5、食品健康等 16 个公众比较熟知的与土壤污染高度相关的关键词作为基础指标。其中，土壤污染来源关注指标包括白色污染、化肥农药使用量、工业废水排放、地下水污染、重金属污染个关键词；土壤污染危害关注指标包括食品健康、粮食安全、健康状况、土壤污染、空气污染、水污染 6 个关键词；土壤污染防治关注指标包括土壤污染防治法、土壤保护法、土壤环境监测、土壤治理、土壤修复5 个关键词。

在对指标体系中的各个分类指标确定具体的权重时，德尔菲法、层次分析法是使用较多的主观评价方法，但由于其主观性较强，评价结果经常会存在较大偏差。相对来说，熵权法是一种客观全面的赋值方法，运用熵的思想，根据各项指标观测值所提供的信息的大小来确定指标权重，衡量指标的重要性，能够有效消除主观评价方法中个人对分类指标权重计算的主观性，评价结果更加精确，因此本章选取熵权法对各项指标进行赋权。对于某项指标，熵的值越大，代表指标所具有的信息量越大，指标的信息效用越大；熵的值越小，代表携带的信息越少，指标的信息效用越小。

根据爬取到的微博搜索数据中的内容、点赞数、评论数，运用熵权法计算得出，土壤污染来源关注的权重为 0.2820，其中基础指标白色污染为 0.1080，在土壤污染来源关注层面中所占权重最大；在土壤污染危害关注方面，粮食安全、健康状况、土壤污染所占比重较大，分别为0.0799、0.0953、0.0950；在土壤污染防治关注层面，基础指标土壤治理和土壤保护法分别为 0.0601、0.0678。最终指标体系结果如表 7-1 所示。

表 7-1　　　　　　　　土壤网络关注度的指标体系及指标权重

总指标	分类指数		基础指标	
	名称	权重	名称	权重
土壤污染网络关注度	土壤污染来源关注	0.2820	白色污染	0.1080
			化肥农药使用量	0.0460
			工业废水排放	0.0331
			地下水污染	0.0547
			重金属污染	0.0747
	土壤污染危害关注	0.3740	食品健康	0.0444
			粮食安全	0.0799
			健康状况	0.0953
			土壤污染	0.0950
			空气污染	0.0445
	土壤污染防治关注	0.3440	水污染	0.0501
			土壤污染防治法	0.0450
			土壤保护法	0.0678
			土壤环境监测	0.0566
			土壤治理	0.0601
			土壤修复	0.0448

各地区土壤污染网络关注度情况如表 7-2 所示，可以看出，我国土壤污染网络关注度最高的地区是北京市，超过了 1000。随着北京市地区经济的迅猛发展，土壤污染也越发严重，北京市居民相较于其他地区居民更为关注土壤污染。河南省和山东省居民对土壤污染的网络关注度紧

随其后。山东省耕地率在全国范围内最高，农业增加值长期稳居中国各省份第一位，土壤质量影响全省农业发展，因此山东省居民对土壤污染的网络关注度较高。相对来说，其他地区的土壤污染网络关注度较低，更多的是因为居民没有意识到土壤作为我们生存环境的物质基础来源，对我们生命健康和经济发展的重要性。

表 7-2 各地区土壤污染网络关注度

地区	网络关注度	地区	网络关注度
北京市	1064.645	山东省	972.627
天津市	411.069	河南省	824.955
上海市	386.782	湖北省	99.706
重庆市	154.466	湖南省	382.014
河北省	449.523	广东省	212.161
山西省	60.297	四川省	331.738
辽宁省	66.327	贵州省	136.212
吉林省	65.060	云南省	96.831
黑龙江省	97.236	陕西省	135.786
江苏省	158.163	甘肃省	75.774
浙江省	70.698	青海省	59.500
安徽省	216.585	内蒙古自治区	71.269
福建省	89.708	广西壮族自治区	46.785
江西省	568.557	宁夏回族自治区	94.575

（三）家庭人均年收入

收入是影响居民主观幸福感的重要因素。考虑到在使用幸福感数据进行环境物品定价时需要计算环境问题和收入对居民幸福感的影响，而以往研究表明，家庭人均收入对居民幸福感的影响程度更大，且更能反映居民整体经济状况，因此本章选取家庭人均年收入来衡量居民的收入状况。基于 CGSS2017 调查问卷中问题 1 "您家去年全年家庭总收入"和问题 2 "您家目前住在一起的通常有几人"两个问题，根据全年家庭总收入和家庭规模之比测算出各家庭的人均年收入。

（四）其他控制变量

由于土壤污染对居民主观幸福感的影响不仅与个人特征相关，还和家庭特征以及省级特征相关，所以在测度居民对土壤污染治理的支付意愿时，设定相应的个人特征变量（年龄、学历、健康情况等）、家庭特征变量（子女数、汽车数、房产数）以及省级特征变量（GDP、人均可支配收入和房价增长率）作为控制变量，具体变量名称和含义如表 7-3 所示。

表 7-3　　　　　　　　　　变量名称及含义

变量名称	变量含义	变量名称	变量含义
happiness	幸福感	allincome	家庭总收入
guanzhudu	土壤污染网络关注度	num_popu	人口数
lnaveincome	家庭人均年收入对数	aveincome	家庭人均年收入
gender	性别	lnpri_income	个人年收入对数
age	年龄	age2	年龄的平方
edu	受教育程度	political	政治面貌
income	个人总收入	gdp	国内生产总值
health	健康	Lngdp	国内生产总值对数
f_numhouse	房子数	Renjunshouru	人均可支配收入
f_car	汽车数	region	地区
num_son	儿子数	U_r	城乡
num_girl	女儿数	s_avesrfenzu	收入分组
spouse	婚姻状况	Pricehouse	房价增长率
s_fair	社会公平	—	—

对主要变量数据进行描述性统计，如表 7-4 所示。可以看出，不同居民的主观幸福感、收入及土壤污染网络关注度存在较大差异。最大网络关注度为 1064.6，而最小网络关注度仅为 46.8，二者相去甚远，说明我国居民对土壤污染的关注程度存在严重的地区差异，全国平均网络关注度为 383.92，远远小于全国每个省份的平均情况，体现出我国各地区对土壤污染的关注程度严重不足。全国的平均幸福感均值为 3.87，相较于 2015 年的幸福感 3.89 略微下降，即随着经济的发展和人均可支配收入

的提高，人们的幸福感并没有得到显著提高，可知有其他因素导致幸福感降低，而土壤污染作为环境污染的一种，正是能够影响人们幸福感的重要因素，因此探讨土壤污染和居民收入对幸福感的影响具有重要意义。

表 7-4　　　　　　　　　整体变量的描述性分析结果

变量名称	样本量（个）	均值	标准差	最小值	最大值
happiness	8162	3.87	0.83	1	5
guanzhudu	8162	339.99	305.57	46.8	1064.6
lnaveincome	8162	9.80	1.25	5	15
age2	8162	2928.54	1672.12	324	10609
edu	8162	2.49	0.93	1	4
health	8162	3.50	1.07	1	5
gender	8162	1.48	0.50	1	2
s_trust	8162	3.49	1.02	1	5
f_numhouse	8162	1.10	0.65	0	11
f_car	8162	0.29	0.45	0	1
num_son	8162	0.87	0.78	0	4
num_girl	8162	0.76	0.84	0	4
spouse	8162	0.81	0.40	0	1
age	8162	51.73	15.89	18	103
political	8162	1.43	1.02	1	4
s_fair	8162	3.13	1.05	1	5
lnpri_income	8162	9.96	1.30	5	14
aveincome	8162	37556.69	103085.4	100	4999998

资料来源：CGSS2017 综合调查数据。

第三节　数据获取与处理

一　微博数据的获取和处理

微博作为新生的网络应用形式，不仅更适合现代社会快速生活节奏的需要，也更方便用户在移动通信终端分享信息。由于其使用人群基数大、状态更新频繁、传播速度较快，微博数据能够客观地体现出居民对于土壤污染的网络关注度，进而为主观土壤污染的表征提供新的数据支撑。微博数据的获取和处理包括以下 5 个步骤。

第一，微博数据采集设计。由于微博数据量较大，需要编制爬虫程序，实现第三方平台的构建和数据采集。首先设计爬虫的流程，通过合理的设计，让爬取过程高效精确地实现。本章爬取微博数据的具体流程如图 7-2 所示，主要可分为输入 URL、模拟人工登录、输入关键词、输入 Xpath 寻找目标数据、以 Excel 的形式进行保存等步骤。

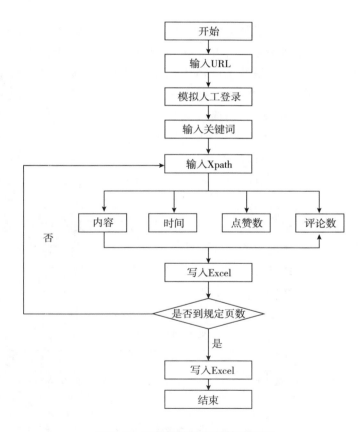

图 7-2　爬取微博数据的算法流程

第二，模拟人工登录。找到微博登录界面的 URL，通过源代码查询规律，使浏览器模仿人工输入登录页面的 URL，将 selenium 和谷歌驱动相结合模拟人工打开浏览器并自动跳转微博登录页面，对服务器返回的网页源代码进行解析，通过扫码登录微博。

第三，设置参数爬取数据。当登录微博成功后设置变量：搜索关键词、省份对应的数字、起始年、起始月、起始日、终点年、终点月、终点日、页码。当变量设置好之后，根据 Xpath 规则获取搜索内容、时间、点赞数、评论数的源代码，运用 request 函数根据 Xpath 获取的源代码爬取目标数据并过滤非目标数据，将爬取的数据按行排列的规则逐步写入 Excel 中，当到达搜索数据的最后一页或个人预期的页数时，自动停止爬取。

第四，保存数据。当对关键词的搜索数据爬取结束时，用 Excel 的形式对数据进行储存和保存，运用 close 函数自动退出浏览器。

通过 Python 3.7 对微博土壤污染相关信息进行爬取，搜索"白色污染""化肥农药使用量""工业废水排放""地下水污染""重金属污染""食品健康""粮食安全""健康状况""土壤污染"等 16 个与土壤污染相关的关键词，爬取 28 个省级地区居民的微博内容、时间、评论及点赞数量，共获取 110243 条有效数据。

第五，数据处理。将爬取的数据以 Excel 形式保存后，统计各地区的"白色污染""化肥农药使用量""工业废水排放""地下水污染""重金属污染""食品健康""土壤污染"等 16 个与土壤污染相关的关键词的词频，并将词频数、评论数和点赞数进行加总，最后通过熵权法对 16 个关键词赋予权重，得到土壤污染的网络关注度。由于爬取数据内容较长，在对爬取结果简单处理后，本章展示了部分结果，如表 7-5 所示。

表 7-5   爬取结果部分展示

地区	白色污染			化肥农药			废水排放		
	内容	评论数	点赞数	内容	评论数	点赞数	内容	评论数	点赞数
河北省	10	4	6	32	6	23	15	52	55
山西省	6	6	6	22	4	14	12	53	66
辽宁省	5	0	1	73	100	184	2	0	4
吉林省	3	9	6	8	1	10	11	8	9
黑龙江省	1	0	0	25	122	123	2	1	1

续表

地区	白色污染			化肥农药			废水排放		
	内容	评论数	点赞数	内容	评论数	点赞数	内容	评论数	点赞数
江苏省	5	0	1	16	2	8	15	2	11
浙江省	0	0	0	17	33	29	37	13	23
安徽省	3	0	5	32	46	44	8	6	21
福建省	3	1	12	11	7	17	7	1	4
江西省	108	2470	2169	9	4	9	8	6	5
山东省	47	291	238	41	81	160	67	102	102
河南省	13	143	287	24	377	396	6	15	6
湖北省	7	3	6	25	62	65	17	18	46
湖南省	18	8	3	22	33	29	14	90	85
广东省	13	15	35	26	6	17	35	41	66

二　CGSS2017 数据说明

CGSS2017 是 2017 年中国人民大学中国调查与数据中心对 28 个省级地区居民进行的综合调查数据。选取 CGSS2017 数据来探究主观土壤污染对居民幸福感影响的原因如下：第一，CGSS2017 问卷设计科学，数据来源具有权威性，其调查内容丰富，包含居民的个人特征、家庭特征、省级特征，调查结果符合我国的基本国情，全面反映了我国居民的整体生活状况。第二，CGSS2017 的问卷形式基本为选择题，减少了居民回答问卷时面对敏感性问题的心理压力，能够减少不回答和不愿回答的概率以及居民回答问题时的主观性，可有效减少误差。第三，CGSS2017 数据中样本量大，覆盖面广，包含除新疆、海南、西藏、香港、澳门、台湾之外的 28 个省级地区，有效样本量高达 11800 多份。

由于北京市和上海市样本中没有农村数据，为保证结果的稳定性，在进行城乡异质性分析时剔除该地区。对于涉及的自变量和因变量，问卷回答中出现"不知道""不适用"以及无回答情况的样本全部剔除，以减少估计误差。经过一系列的逻辑错误剔除及缺失数据删除后，最终得到有效样本 8162 份。

第四节 主观土壤污染对居民主观
幸福感的实证分析

一 主观土壤污染对居民主观幸福感的影响

运用有序的 Probit 模型拟合主观幸福感和土壤污染的网络关注度、收入之间的关系。被解释变量为居民主观幸福感，核心解释变量为居民对土壤污染的网络关注度和收入。为增加模型的稳定性和有效性，在式（7-1）的基础上，分别从个人、家庭、省级三个层面添加控制变量。个人特征变量主要包括健康、学历等，家庭经济特征变量主要包括子女数、房产数、汽车数等，省级特征变量包括人均可支配收入、GDP 和房价增长率。回归结果如表 7-6 所示。

表 7-6　　　　　　　　主观土壤污染对居民主观幸福感的影响

变量名称	模型	变量名称	模型	变量名称	模型
guanzhudu	−0. 00016 ** (0. 0001)	f_ car	0. 15552 *** (0. 0319)	s_ fair	0. 28388 *** (0. 0129)
lnaveincome	0. 04686 ** (0. 0168)	num_ son	0. 04141 ** (0. 0197)	lngdp	−0. 23244 *** (0. 0847)
age2	0. 00033 *** (0. 0001)	num_ girl	0. 06120 *** (0. 0174)	s_ avesrfenzu	−0. 14601 *** (0. 0441)
edu3	0. 09334 *** (0. 0247)	spouse	0. 30355 *** (0. 0358)	lnpri_ income	0. 03971 ** (0. 0166)
health	0. 22939 *** (0. 0135)	renjunshouru	0. 00002 *** (0. 0000)	num_ popu	0. 00001 (0. 00002)
gender	0. 16048 *** (0. 0262)	pricehouse	0. 73445 *** (0. 2089)	region	−0. 08192 *** (0. 0302)
s_ trust	0. 13093 *** (0. 0130)	age	−0. 02474 *** (0. 0053)	极大似然比	−8203
f_ numhouse	0. 12570 *** (0. 0205)	U_ r	0. 10232 *** (0. 0336)	—	—

注：其中括号的数据为估计标准误，** 表示 p<0. 05，*** 表示 p<0. 01。

　　从回归结果可以看出，在5%的显著性水平下，土壤污染的网络关注度对居民主观幸福感的影响显著为负，其影响系数为 -0.00016，即主观土壤污染程度越严重对居民主观幸福感造成的负向影响越大，这一结果验证了假说1。在1%的显著性水平下，家庭人均年收入对居民主观幸福感的影响显著为正。由此可知，家庭收入的增长会使家庭人员的主观幸福感上升，即家庭的人均年收入对居民主观幸福感存在正向影响，验证了假说2。

　　个人特征变量的回归结果显示：（1）性别变量对居民主观幸福感存在正向影响，表明在经济水平和主观土壤污染水平一致的情况下，女性的主观幸福感高于男性，且主观土壤污染对女性居民的影响大于男性，原因可能是男性在家庭中是主要的经济来源，需要获取更高的收入去满足家庭，以提高家庭整体幸福感。（2）年龄对居民主观幸福感产生了负向影响，居民的主观幸福感随着年龄的增加而减少，但年龄的平方项却对居民主观幸福感产生了正向影响，表明居民的年龄和主观幸福感之间的关系并非持续同向增加或者递减，而存在近似于正"U"形的相关关系，其原因可能是中年居民面临的生活压力较大，从而主观幸福感较小。（3）受教育程度变量对居民主观幸福感的影响显著为正，说明教育可在一定程度上增强居民应对环境风险能力，从而降低土壤污染对主观幸福感带来的负面影响。（4）居民的身心健康状况对主观幸福感有着正向影响，相较于亚健康和不健康的居民，身心健康的居民拥有更高的主观幸福感。（5）已婚对居民主观幸福感产生了正向影响，表明婚姻和家庭有利于提升居民主观幸福感。

　　家庭特征变量的回归结果显示，汽车拥有量和房产数都对居民主观幸福感有着显著的正向影响，说明房产和汽车是居民主观幸福感提升的重要影响因素，同样表明经济水平较高的家庭主观幸福感也较高。

　　省级经济特征变量同样是居民主观幸福感的重要影响因素。受传统观念影响，中国居民重视居住环境且注重住房价格，回归结果表明房价和居民主观幸福感同向增加，房价高的地区总体经济发展程度高，居民人均可支配收入高于低房价地区，因此居民主观幸福感较高。然而，GDP则对居民主观幸福感有着负向影响，其原因可能是GDP增长的同时物价也随之增高，降低了居民主观幸福感。

二 稳健性检验

为进一步验证实证结果的稳健性，本章在变量和样本量保持不变的条件下分别运用 OLS 模型和有序 Logit 模型进行回归，结果如表 7-7 所示。回归结果显示，在 5% 的显著性水平下土壤污染的网络关注度对居民主观幸福感的边际效应分别为 -0.00016、-0.00027、-0.00010，三种回归模型中土壤污染的网络关注度对居民主观幸福感的影响系数方向一致且系数相差较小，因此土壤污染的网络关注度对居民主观幸福感的影响显著为负，且具有较强的稳健性。其次，在 1% 的显著性水平下家庭人均年收入对居民主观幸福感的边际效应分别为 0.04686、0.08905、0.03428，因此家庭人均年收入对居民主观幸福感产生显著的正向影响，且结果稳健。同时，稳健性检验结果进一步验证了假说 1 与假说 2。

表 7-7 稳健性检验结果

	有序 Probit	有序 Logit	OLS
Guanzhudu	-0.00016** (0.0001)	-0.00027** (0.0001)	-0.00010** (0.0000408)
lnaveincome	0.04686** (0.0168)	0.08905*** (0.0301)	0.03428*** (0.0110)
个人特征变量	YES	YES	YES
家庭特征变量	YES	YES	YES
省级特征变量	YES	YES	YES
R^2	0.0984	0.0994	0.2061
极大似然比	-8214	-8200	—

注：其中括号内数据为估计标准误，** 表示 p<0.05，*** 表示 p<0.01。控制变量包括个人和家庭以及省份经济控制变量。

第五节 居民对土壤污染治理支付意愿的定价

一 支付意愿定价结果

居民对土壤污染治理的支付意愿能够体现出居民对土壤污染的认知程度以及对土壤污染的忍受程度，进一步可以观察到土壤污染的价值损失主观认识。根据回归结果，以网络关注度表征的主观土壤污染和以家庭人均年收入表征的居民收入均对居民主观幸福感产生显著影响，因此本章使用生活满意度方法（LSA）来评估居民对参与土壤污染治理的支付意愿。其主要原理为：评估主观土壤污染对居民主观幸福感的边际效用以及收入增加对居民主观幸福感的边际效用，依据边际效用的最大化理论，通过计算主观土壤污染和居民收入之间的边际替代率，计算出居民对土壤污染治理的支付意愿。

　　基于家庭人均年收入水平为37556.69元的8162份样本，通过生活满意度法计算出我国居民对土壤污染治理的平均支付意愿。据表7-8显示，土壤污染的网络关注度对居民主观幸福感的边际效应为 -0.00016，家庭人均年收入的边际效应为0.04686。对于样本家庭的居民而言，他们为减少1单位的土壤污染关注程度而愿意支付的价格约为128.24元，约占家庭人均年收入的0.34%。

　　分别用有序Logit模型和OLS模型的回归结果对居民土壤污染治理支付意愿进行定价测度，验证有序Probit模型测度结果的稳健性。结果显示，有序Logit模型和OLS模型下居民对土壤污染治理的支付意愿分别为113.87元、109.56元，三者的研究结果相近，表明居民对土壤污染的治理支付意愿测度结果稳健。

表7-8　　　　　　　　居民对土壤污染治理的支付意愿定价结果

	有序 Probit	有序 Logit	OLS
γ	-0.00016 ** （0.0001）	-0.00027 ** （0.0001）	-0.00010 ** （0.0000408）
β	0.04686 ** （0.0168）	0.08905 *** （0.0301）	0.03428 *** （0.0110）
$-\gamma/\beta$	-0.00341	-0.00303	-0.00292
边际支付意愿 WTP（元）	128.24	113.87	109.56
家庭人均年收入	37557	37557	37557
占家庭人均年收入的比例（%）	0.3414	0.3032	0.2917
极大似然比	-8214.5363	-8214.5363	—

　　注：其中括号内数据为估计标准误，** 表示 $p<0.05$，*** 表示 $p<0.01$。控制变量包括个人、家庭以及省份经济控制变量。

由于土壤污染数据的保密性和难获取性，目前对土壤污染价值损失的定价研究较少，因此本书将研究结果与国内外较为成熟的空气污染定价成果进行对比验证。从表7-9可以发现，我国居民对改善土壤污染治理的支付意愿仅为128元，为居民对空气污染支付意愿的1/10。与国外相比，我国居民对土壤污染的支付意愿仅为国外居民对空气污染支付意愿的1/50。由此可见，虽然我国作为农业大国，土壤是人们生存和发展的重要资源，但由于土壤污染不易被感知且具有滞后性等特点，居民对其关注度明显低于空气污染。尽管土壤污染的危害不断加大，对我国造成的经济损失越来越多，但人们对于土壤污染的关注程度仍旧远远小于空气污染，因此提升我国居民对土壤污染的关注程度势在必行，个人、政府以及社会应该更加高度重视土壤对我们健康生活的影响。

表7-9　　　　居民对土壤污染与空气污染支付意愿价格的对比

	污染类型	国家	估价方法	边际支付意愿（元）
本书	土壤污染	中国	有序Probit	128.24
杨继东（2014）	空气污染	中国	有序Probit	1144
Welsch（2006）	空气污染	欧盟	FE、RE	5144
Levinson（2012）	空气污染	美国	OLS	6031

资料来源：杨继东、章逸然：《空气污染的定价：基于幸福感数据的分析》，《世界经济》2014年第12期。

二　支付意愿定价异质性分析

土壤污染对居民主观幸福感及治理支付意愿的影响，往往会因居民学历、性别、收入水平、地区等特征的不同而表现出较大的异质性。不同特征的居民对土壤污染的风险感知程度不同，应对土壤污染风险的能力不同，对土壤污染治理的意愿不同，对土壤污染治理的支付水平也不同。本章主要从城乡差异、不同受教育程度、收入差异、性别差异等维度对居民土壤污染治理支付意愿的异质性进行分析。

（一）城乡差异

基于CGSS2017数据，按居住类型将居民划分为城镇居民和农村居民，探究居民主观幸福感及土壤污染治理支付意愿的城乡异质性。在获取的样本中，城市居民和农村居民占比分别为61.4%和38.6%。回归结果如表 7-10 所示，γ 表示土壤污染网络关注度对居民主观幸福感的边际效应，β 表示家庭人均年收入对居民主观幸福感的边际效应。可以看出，城市居民和农村居民的土壤污染网络关注度对主观幸福感的影响都显著为负，城镇居民的边际效应为 -0.0002533，农村居民的边际效应为 -0.0003190，说明土壤污染对农村居民主观幸福感的影响大于城市居民。这可能是由于农村居民主要以农业为收入来源，而土壤污染会直接导致粮食减产，使农村居民收入受到严重影响，因此农村居民对于土壤质量更为关注。相比较来说，土壤污染对城镇居民的影响大多通过食品、空气和水的质量等方式进行间接传播，使城镇居民主观幸福感对土壤污染的敏感程度较低。

表 7-10 中支付意愿的估计结果显示，城镇居民对减少 1 单位土壤污染的支付意愿为 227.588 元，而农村居民的支付意愿为 72.74 元，尽管土壤污染对城镇居民的影响小于农村居民，但城镇居民对土壤污染的支付意愿是农村居民的 3 倍多。这应该是由于城镇居民的网络使用普及度大于农村居民，且城镇居民的收入较高，因此城镇居民对生活质量的追求会高于农村居民，愿意花更大的代价去满足自身对生活环境的要求。农村居民相对收入较低，更多的需求为获取温饱以及维持正常生活，尽管土壤污染对其影响很大，因其收入较少，生活质量较差，对于环境的改变更可能表现为有心无力的现象。

表 7-10　　　　　　居民对土壤污染治理支付意愿的城乡差异

	城镇居民	农村居民
γ	-0.0002533** (0.0001)	-0.0003190** (0.0001)
β	0.050666** (0.0241)	0.0639175** (0.0252)
$-\gamma/\beta$	0.00500	0.00499
边际支付意愿（元）	227.588	72.74
家庭人均年收入	45523	14575
占家庭人均年收入比例（%）	0.005	0.005
极大似然比	-4344	-2870

注：其中括号内数据为估计标准误，** 表示 $p<0.05$。控制变量包括个人、家庭以及省份经济控制变量。

（二）不同受教育程度

基于 CGSS2017 中的问题"您目前的最高受教育程度是什么？"，将选项划分为初等教育（小学及以下）、中等教育（中学）、高等教育（大专及以上）三组。其中小学及以下包括没有受过任何教育、私塾、扫盲班以及小学；中学包括初中、普通高中、职业高中、中专和技校；大专及以上包括大学专科（成人高等教育）、大学专科（正规高等教育）、大学本科（成人高等教育）、大学本科（正规高等教育）、研究生及以上。初等教育、中等教育、高等教育学历居民在总体样本中的占比分别为 34.912%、46.895% 和 18.193%。

主观土壤污染对不同受教育程度居民的主观幸福感和支付意愿的影响如表 7-11 所示。结果显示，主观土壤污染对初等教育、中等教育和高等教育程度居民的影响系数分别为 -0.0002234、-0.000033、-0.0002414。主观土壤污染对高等教育居民主观幸福感的影响最大，其一是因为高学历的居民多为城镇居民，且收入相对较高，在满足了基本生活需求后，对身体健康和居住环境的关注使得他们对土壤污染更加敏感；其二是因为高学历居民对环境知识的掌握程度更高，使其更了解土壤污染造成危害的严重性，对土壤污染的风险感知和防治意识较强。主观土壤污染对初等教育居民主观幸福感的影响程度次之，其原因可能是学历较低的居民多为农村居民，主要以农业作为收入来源，土壤污染不仅使其生活环境变差，食物、水、空气质量受到影响，更将直接影响到低学历的收入来源，甚至危害到其温饱问题，从而严重影响到低学历居民的主观幸福感。

从表 7-11 中支付意愿的估计结果可以看出，不同受教育程度居民对土壤污染的支付意愿和主观土壤污染对其主观幸福感的影响方向基本一致。初等教育、中等教育和高等教育居民对土壤污染治理的支付意愿分别为 63.79 元、23.92 元、957.55 元，在家庭人均收入中的占比分别为 0.359%、0.074%、1.179%。高学历者对土壤污染造成危害的意识更加深入，有足够的能力且愿意花费更多的货币来支付土壤污染造成的损失，因此高学历居民对土壤污染治理的支付意愿最高。而对于低学历的居民来说，尽管土壤污染对其影响程度较大，但低学历的居民收入相对较低，土壤污染治理的支付意愿为 63.79 元，远小于高学历居民。

表 7-11　　　　不同受教育程度居民对土壤污染治理的支付意愿

	小学及以下	中学	大专及以上
γ	−0. 0002234 * （0. 0001195）	−0. 000033 （0. 0000874）	−0. 0002414 * （0. 0001）
β	0. 0622114 ** （0. 0254）	0. 0444086 * （0. 2667）	0. 0204664 ** （0. 0431）
−γ/β	−0. 0036	−0. 0007	−0. 0118
边际支付意愿（元）	63. 79	23. 92	957. 55
家庭人均收入	17764	32195	81183
占家庭人均年收入比例（%）	0. 359	0. 074	1. 179
极大似然比	−2786	−3919	−1463

注：其中括号内数据为估计标准误，＊表示 $p < 0.1$，＊＊表示 $p < 0.05$。控制变量包括个人和家庭以及省份经济控制变量。

（三）不同收入水平

参照杨继东（2014）对收入分组的方式，将总体样本分为低等收入者、中等收入者和高等收入者三组。对居民的个人收入从高到低进行排序，位于前 1/3 的居民被定义为高等收入组，年收入额为 40000 元以上；位于后 1/3 的居民被定义为低等收入组，年收入额低于 15600 元；余下为中等收入组，年收入额为 15600—40000 元。

表 7-12 是主观土壤污染对不同收入居民主观幸福感和支付意愿的影响结果。主观土壤污染对低等收入、中等收入、高等收入居民主观幸福感的影响系数分别为−0. 0003946、−0. 0000175、−0. 0002109。可以看出，主观土壤污染对低收入居民的主观幸福感的影响最大，且显著为负，原因是低等收入居民群体中大多是以农业收入为主的农村居民，对土壤污染的风险感知更强，若土壤受到污染，农业减产，会使农村居民收入受到严重影响，所以低等收入居民更在乎土壤质量。土壤污染对高等收入者的主观幸福感影响大于中等收入者，原因是高等收入者对健康的环境和生活质量要求更高，而中等收入者同样不以农业作为经济来源，却将收入更多地用于自身发展，对土壤污染的关注较少。中等收入者和高等收入者受土壤污染的影响多会通过食品和空气以及水质量的传播，从而影响城镇居民的健康，但对其收入影响较小，土壤污染对高等收入居民和中等收入居民的影响并没有对低等收入居民的危害直接和严重，因此

土壤污染对低等收入者影响最为严重，对高等收入者的影响次之，对中等收入者的影响为最后。

从表 7-12 支付意愿的估计结果可以看出，不同收入层次的居民对土壤污染治理的支付意愿不同，低等收入、中等收入、高等收入居民的支付意愿分别为 46.76 元、9.65 元、769.73 元，分别占家庭人均年收入比例的 0.424%、0.037%、1.079%。尽管土壤污染对低等收入居民的影响最大，然而由于低等收入居民的收入较少，愿意为土壤污染支付的货币较少。高等收入居民对土壤污染的支付意愿为 769.73 元，是低等收入居民的 15 倍左右，占家庭人均收入的比重也高于低收入居民和中等收入居民，表明高等收入的居民对土壤污染风险感知的敏感程度较高，若土壤污染加重，高等收入居民愿意为土壤污染治理支付更多的货币代价。低等收入居民和中等收入居民对土壤污染治理的支付意愿占他们家庭人均年收入的比例较为接近，说明对于低等收入和中等收入居民而言，经济收入仍然是影响他们支付意愿的重要因素。

表 7-12   不同收入的居民对土壤污染治理支付意愿差异

	低等收入	中等收入	高等收入
γ	−0.0003946*** (0.0001)	−0.0000175 (0.0001099)	−0.0002109* (0.0001)
β	0.0930138*** (0.0228873)	0.0476151 (0.0359801)	0.0195398** (0.0353453)
−γ/β	−0.0042	−0.0004	−0.0108
边际支付意愿（元）	46.76	9.65	769.73
家庭人均年收入	11021	26255	71315
占家庭人均年收入比例（%）	0.424	0.037	1.079
极大似然比	−2870	−2552	−2748

注：其中括号内数据为估计标准误，* 表示 p<0.1，** 表示 p<0.05，*** 表示 p<0.01。控制变量包括个人和家庭以及省份经济控制变量。

（四）不同性别

表 7-13 展示了主观土壤污染对不同性别的居民群体主观幸福感和支付意愿的影响结果，主观土壤污染对男性主观幸福感的影响系数为 −0.0001347，对女性主观幸福感的影响系数为 −0.0001822，说明土壤污

染对女性主观幸福感的影响比男性更大。此外，女性对土壤污染治理的支付意愿为 111.7 元，大于男性对土壤污染治理的支付意愿 96.3 元，且女性对土壤污染治理支付意愿在家庭人均年收入中的占比为 0.305%，高于男性占比 0.250%。在现代化进程中，女性对环境污染的关注程度随环境污染话题曝光率的提升而提高，同时对身心健康和家庭食品安全的关心和担忧也使女性对土壤污染风险感知的敏感程度更高，从而愿意为土壤污染的治理支付更多的货币。

表 7-13　　　　　不同性别居民对土壤污染治理的支付意愿差异

	男性	女性
γ	−0.0001347 * （0.00008）	−0.0001822 ** （0.0000836）
β	0.0537244 ** （0.0256）	0.0597579 ** （0.0257）
$-\gamma/\beta$	0.0025	0.0030
边际支付意愿（元）	96.3	111.7
家庭人均年收入	38401	36650
占家庭人均年收入比例（%）	0.250	0.305
极大似然比	−4282	−3924

注：其中括号内数据为估计标准误，* 表示 $p<0.1$，** 表示 $p<0.05$。控制变量包括个人和家庭以及省份经济控制变量。

第六节　小结

本章从土壤污染对居民生活造成巨大影响这一现实问题出发，探索了土壤污染网络关注度及收入对居民主观幸福感的影响，并基于生活满意度评价法对居民土壤污染治理的支付意愿进行测度，探讨不同个体特征居民对土壤污染治理支付意愿的异质性。具体来说，首先，本章运用 Python 3.72 爬取土壤污染相关的微博数据（内容、时间、点赞数、评论数），用于表征居民的主观土壤污染程度，并匹配 CGSS2017 数据中的个人特征、家庭特征以及国家统计局中收录的省级特征（GDP、房价增长率）数据，衡量居民的主观幸福感。其次，采用有序 Probit 模型估计土壤污染网络关注度、居民家庭人均年收入对居民主观幸福感的影响。最后，通过生活满意度评价法对居民土壤污染治理的支付意愿进行测度，并分析居民对土壤污染治理支付意愿的异质性。主要结论如下：

（1）本章运用有序 Probit 模型对居民主观幸福感、家庭人均年收入和土壤污染网络关注度进行回归，结果表明，主观土壤污染对居民主观幸福感产生了消极影响，即土壤污染加重会使居民主观幸福感降低；而家庭人均年收入对居民主观幸福感产生了显著的积极影响，即家庭人均年收入的提高会使居民主观幸福感增加。

（2）本章根据生活满意度评价方法对居民土壤污染治理的支付意愿进行定价分析。结果显示，在总体水平上，居民对土壤污染治理的支付意愿为 128 元，仅为我国居民改善空气污染支付意愿的 1/10。

（3）本章通过对总体样本进行分组，分析不同特征群体居民对土壤污染治理支付意愿的差异。结果表明：第一，虽然土壤污染对农村居民的影响程度大于城镇居民，但由于城镇居民的收入相对较高，城镇居民对土壤污染的支付意愿大于农村居民。第二，不同受教育程度的居民对土壤污染的支付意愿存在差异性，总体上受过高等教育的居民对土壤污染治理的支付意愿最高，且占家庭收入的比重最大。第三，高等收入的居民对土壤污染的敏感性高于低等收入和中等收入的居民，且高等收入居民的支付意愿高于中等收入和低等收入的居民。第四，土壤污染对女性主观幸福感的影响大于男性，且女性对土壤污染治理支付意愿高于男性。

第八章　结论与展望

第一节　主要结论

科学测度土壤污染价值损失是做好土壤污染防治工作的重要基础。本书分别以黄骅市、河北省为例,基于微观调研数据评价了县级和省级空间尺度上的土壤污染价值损失,为全国土壤污染价值损失评价提供了参考。主要内容包括:一是以黄骅市为例,厘定土壤污染损害基线,确定最优采样密度,分析土壤重金属污染的不确定性及空间格局,并基于耦合机器学习与复杂网络评估土壤重金属的污染风险,从价值损失的角度出发,测度黄骅市不同土壤重金属污染物产生的经济价值损失与生态价值损失;二是通过"过—张"模型对河北省土壤污染经济损失进行估算;三是基于生活满意度法评估居民对参与土壤污染治理的支付意愿,并通过边际替代的方法估算该支付意愿的价格。得到的主要结论包括以下内容。

一　土壤污染损害基线选择和不确定分析是开展土壤污染评估的关键环节

基于数据真实、方法优选和科学合理三大原则,在借鉴环境基线确定研究的基础上,使用包括线性回归、经过 Box-Cox 变换的线性回归、标准化以及稳健加权回归方法等多种方法计算了土壤污染损害基线。通过对比标准化方法及稳健加权回归方法得到的残差图,认为标准化方法的结果比稳健方法更合理。

基于河北省黄骅市实地采样的 539 个样点数据,运用标准化方法厘定的 Cu、Zn、Ni、Pb、Hg、Cd、Cr 和 As 的基线值分别为 22.819ug/g、72.646ug/g、40ug/g、23.071ug/g、23.96ng/g、0.15ug/g、65.873ug/g

和 11.452ug/g。用地累积指数法计算重金属元素地累积指数大小，结果表明 Pb 元素污染较为严重。比较了土壤重金属污染在不同预测方法、不同范围划定等方面的不确定性。一方面，分别使用反距离权重法和普通克里金插值法对黄骅市土壤中 Ni、Pb、Cr 元素的污染状况进行预测，对预测结果进行精度比较，并引入遗传算法对普通克里金插值法的预测精度进行验证，发现普通克里金插值法相较反距离权重法来说精度更高。

二 土壤污染空间格局分析及样点布设优化有助于降低土壤污染评价成本

在对样点数据进行探索性分析后，对最优采样数目进行研究。在探索性空间数据分析中，编号 1450 和 2537 的样点为全局异常值点，全局空间自相关结果显示 8 种土壤重金属元素都在空间上集聚分布，局部空间自相关结果显示，Pb 元素和 Hg 元素的热点区域和冷点区域的分布区域不集中，而其他元素的分布区域则较为集中。选择 Ni、Pb、Cr 3 种元素作为典型元素确定最优采样数量，首先进行随机采样，并采用普通克里金插值法、径向基函数法和反距离权重法对 Ni、Pb、Cr 元素含量进行插值预测，精度比较后发现最适宜的插值方法为径向基函数法。采用径向基函数法对 Ni、Pb、Cr 元素在不同采样密度下进行插值分析，通过对误差变化幅度测算以及污染的空间特征识别，对样点布设进行优化，从而有助于降低土壤污染评价成本。分析得到 Ni 元素最适宜的采样数目为全部样本，Pb 元素最适宜的采样数目为 50% 样本，而 Cr 元素最适宜的采样数目为 90% 样本。

不确定性分析发现，采用序贯高斯模拟方法对空间分布特征进行模拟，更能反映实测数据的统计特征。黄骅市土壤重金属污染在北部及东部区域污染超标的概率较大，西南部区域受重金属污染的概率相对较小。

三 机器学习和复杂网络可以提高土壤污染风险评价精度和智能化

基于机器学习和复杂网络优化了土壤污染风险评价方法，并且对河北省黄骅市土壤重金属污染的整体状况及风险进行了智能化的建模和分析。首先，提出了融合最小绝对收缩选择算子（LASSO）、遗传算法（GA）、支持向量回归（SVR）误差反向传播神经网络（BPNN）的两种混合人工智能模型，即 LASSO-SVR 模型和 LASSO-GA-BPNN 模型用于土壤重金属含量的估算。以包括遥感数据和实地采样数据在内的多源数据为基础构建数据集对黄骅市土壤重金属含量进行估算。其次，以无监督学习理论为基础，运用 K-Means 算法、Fuzzy C-Means 算法以及高斯混合模型算法对重金属含量的实地采样数据进行聚类分析，并将聚类结果进行融合以结合数据特征分析实现黄骅市疑似污染区域的识别。最后，将复杂系统理论和网络科学引入土壤污染评价方法中，以复杂网络方法和采样数据为基础构建样点共异常网络和元素共异常网络，分别用于识别黄骅市具有类似污染特征的区域和相似分布状况的元素。结果表明：3 种元素在黄骅市的空间分布均呈现南部含量比较低、北部含量比较高的分布特点，其中，3 种元素在吕桥镇、骅西街道、骅中街道的含量均较高，Pb 元素在南排河镇的含量较高，而 Cr 元素含量在官庄乡和滕庄子乡较高。复杂网络分析中的样点共异常网络显示，黄骅市北部重金属污染较为严重，且吕桥镇污染最为严重。

四　土壤污染价值损失空间尺度差异明显

基于数据的可获得性和土壤污染价值损失测得的应用性，运用土壤重金属污染经济损失模型，以全国土壤环境背景值的一半为本底浓度，构建了一套包含多空间尺度的土壤污染损失计算评价体系。

县域尺度方面，使用 2017 年实地采样获取的黄骅市 8 种土壤重金属污染物含量数据。首先，利用环境污染损失模型测度了黄骅市各项土壤重金属污染物的综合污染损失率，并在此基础上对黄骅市土壤重金属污染带来的经济价值损失展开估算；其次，利用哈肯森潜在生态风险评估法量化评价了黄骅市整体及各乡镇土壤重金属污染的潜在生态风险，并进一步引入科斯坦萨生态价值损失估算方法对黄骅市土壤金属污染带来的生态价值损失进行估算。研究表明：河北省黄骅市各有效样点的土壤重金属综合污染损失率总体平均水平为 10.44%，2017 年因土壤重金属污染造成的经济损失为 55451.02 万元，耕地、建成区和湿地的生态价值损失分别为 4180.93 万元、639.30 万元和 1572.00 万元。

省域尺度方面，基于调查数据、年鉴数据等，运用"过—张"模型与投入产出模型从经济影响、社会影响、环境影响维度测度河北省土壤污染价值损失。结果表明：2017 年河北省土壤污染直接经济损失为 46732.76 万元，社会层面损失为 798551.64 万元，环境层面损失为 1215787.64 万元；从间接经济损失来看，基于产业间关联的间接经济损失为 45574.11 万元。

五 公众意愿是土壤污染价值损失测度和土壤污染治理的重要抓手

基于网络爬虫对全国 28 个省（市、自治区）进行了支付意愿等相关研究。具体来说，通过爬取 28 个省（市、自治区）居民的微博内容、时间、评论及点赞数量，获取有效数据 110243 条，匹配 CGSS2017 数据中的个人特征、家庭特征以及国家统计局中收录的省级特征（GDP、房价增长率）数据，采用有序 Probit 模型估计土壤污染的网络关注度、居民家庭人均年收入对居民主观幸福感的影响，并通过边际替代的方法估算该支付意愿的价格。研究结果表明：主观土壤污染对居民主观幸福感产生了消极影响，即土壤污染加重会使居民主观幸福感降低；居民对土壤污染治理的支付意愿为 128 元，占家庭人均年收入的 0.34%，仅为我国居民改善空气污染支付意愿的 10%。异质性分析发现，个体特征、家庭特征对居民参与土壤污染治理意愿的影响存在广泛而显著的异质性。高等收入的居民对土壤污染的敏感性高于低等收入和中等收入的居民，对身体健康和居住环境的关注以及自身足够的能力使得他们愿意花费更多的货币来支付土壤污染造成的损失。

第二节 政策启示

一 融合机器学习与复杂网络，精准识别土壤污染风险

开拓新兴数据处理技术，设计融入多源数据的高精度机器学习模型，机器学习和遥感影像的结合能够实现土壤污染风险的精准评价。以遥感影像为代表的地理信息技术的发展为土壤污染监测奠定了客观多源数据基础。在实际的土壤污染风险评价中，可以将遥感影像和实地采样结合构建客观的多源数据集合，并以神经网络、支持向量回归、决策树等测度方法，构建融入多源数据的土壤污染风险监测评估的机器学习模型。融入多源数据的机器学习模型有强大的非线性预测功能，可以得出更加精准和客观的土壤污染风险测度结果，因此须将多源数据与机器学习的优势应用于土壤污染防治。

无监督学习算法在土壤污染评价中对于提高筛查效率同样能够取得较好的效果。无监督聚类算法能够依据样本特征对土壤污染数据进行自动聚类和异常值识别，克服了传统的异常值筛查方法和聚类方法存在的先验信息依赖严重、人工参数过多等缺陷，能够实现区域土壤污染空间分布模型的快速搭建和异常数据的快速提取，有效提高分析效率。

复杂网络的构建可以为土壤污染治理提供方法基础，可以通过网络测度指标和可视化，分别从全局和局部把握并识别区域共污染状况和源头共污染状况。对于具有类似土壤污染状况的区域，可以采用相同的土壤污染治理措施，这将有助于降低土壤污染防治成本，提高土壤污染治理效率。对于具有类似分布特征的污染物，采用针对性的措施实现多污染源共同治理，会降低土壤污染治理难度，提高土壤污染防护和治理的科学性和有效性。因此，根据不同的采样数据，构建适宜的土壤污染复杂网络，能够为分区域、分源头精准制定土壤污染治理措施提供政策参考，并为生态文明建设注入新的理论分析方法。

二 整合大数据与智能化，提升土壤污染治理能力

借助地理信息技术、物联网技术建设土壤环境监测网络平台，健全土壤污染防护和治理联动监管机制。提升土壤污染环境监测信息化水平，是实现土壤污染防护和治理能力现代化的关键。首先，需要完善土壤环境基础数据，构建数据共享平台。加强地理信息技术和物联网技术在土壤环境基础数据的收集中的应用，根据观测周期形成定时更新的土壤环境空间数据库。其次，需要建立土壤环境监测网络平台。以土壤环境空间数据库为基础，通过智能评价方法构建土壤污染安全预警系统，从而建成具有时效性的土壤环境监测网络平台。结合土壤环境监测网络平台和联动监管机制，对于亟须治理或防护的土壤，根据所在区域的不同，实现各地政府之间的协同联动防护和治理。同时建立数据公开系统，满足大众对土壤环境的知情权，实现监测平台的高度透明化和大众环保意识的提升。

借鉴大数据、人工智能、区块链等新兴数据处理技术，实现土壤污染治理的系统化、科学化、智能化。土壤资源是人类生产生活中最基本的自然资源，也是陆地生态系统的重要组成部分。将新型数据处理技术应用于土壤污染治理，是实现土壤资源合理利用与管理的基础。一方面，在实际应用中，发挥地理信息技术带来的高分辨率数据优势，如包含夜间灯光、高程、光谱等在内的高分辨率遥感影像，结合实地采样数据构建以多源数据为特征的大数据。另一方面，发挥机器学习的模型在预测方面的优势，构建高效且精准的土壤环境信息平台，并结合区块链的链式数据存储技术，提高该信息平台的安全性、共享性、互通性。因此，需要融合大数据思维、人工智能和区块链技术，构建以多源数据为特征的大数据和机器学习模型相结合，具备定量化、智能化、系统化等功能的土壤环境管理体系。

三 构建土壤价值保护体系，维护土壤自然资本

基于污染损失模型的土壤污染经济价值损失估算方法，克服了以往割裂污染程度与危害、损失关系的缺陷，对样本中超标较严重的污染因子有更强的分辨率，对土壤污染的相对严重性判断更精确。该方法适用于土壤环境质量评价，物理意义明确，计算过程简便，评价结果合理精确，并能够半定量或定量估算出重金属污染的经济损失量。生态价值损失测度作为全面开展土壤污染防治工作的前提之一，应与经济价值损失测度一样得到足够重视。为提高土壤污染防治工作效率，要综合考虑污染区不同土地类型的实际利用情况，确保重点治理区具有更高的治理优先度。

测度土壤污染价值损失使不同类型价值损失评估模型的计算结果具有可比性。在市场调节机制逐步成为土壤污染治理重要手段的背景下，量化土壤污染价值损失对于引导企业参与土壤污染治理、科学划定治理责任范围、建立土壤污染奖惩机制具有重要作用。此外，改善人居环境、提升社会福利是土壤污染价值损失测度的最终目的，构建土壤污染价值损失评估框架时不仅要考虑到农作物减产、生态功能破坏产生的损失，还需要考虑文旅损失、生态景观的美学价值损失等。

四 提高土壤污染防范意识，筑牢土壤资源安全体系

土壤污染的治理需要政府、企业、公众等不同社会力量的共同努力。长远来看，土壤污染治理能够提高生态环境质量，增加农业生产收益，进而提高人类福利水平。其中，居民是土壤污染危害的主要对象，因此政府应该将居民作为重要利益相关者，为居民参与土壤污染治理工作创造可行的途径。

一方面，激励居民参与土壤污染防护及治理，需要提高居民对土壤环境现状的认知水平。政府应该加大关于土壤污染治理知识的宣传力度，加强居民对生态可持续发展的观念培训，拓展和提升居民福利的认知水平和层次，以期在生态环境改善的基础上能够有效提高居民福利水平。同时，应及时公布土壤环境质量数据，正确引导环保舆论，使居民了解

更为全面、客观的土壤污染信息，感知土壤污染的危害，从而更加有效地引导与动员居民改变土壤污染观念、树立良好的日常生活和工作行为习惯，积极主动地参与土壤污染治理工作。另一方面，土壤污染是关系居民生产生活，关系社会发展的重要社会问题，良好的环境规制是解决土壤污染问题的有效途径。政府应强化社会力量参与土壤污染治理的政策支持，推行有效的土壤保护制度和相关措施，加快治污立法的进程。

鉴于不同个体特征对居民支付意愿的影响，有必要建立多元化土壤污染治理机制，区别引导居民环境行为良性改变。各地政府在土壤污染治理工作中应该仔细分析拒绝为土壤污染治理支付费用的居民群体特征，探索相应原因，结合居民人口统计特征，根据土壤污染治理目标对居民环境行为加以引导。

第三节　研究展望

土壤是一种重要的自然资源，是人类赖以生存的环境基础。土壤环境管理与保护是生态文明建设的关键。在经济快速发展过程中，密集的工农业活动导致了土壤环境污染，土壤环境面临的潜在生态风险逐渐上升。本书结合统计学、空间分析、地理信息系统、机器学习、网络科学等多个学科领域对土壤环境管理展开了全面研究。在未来将从以下两个方面不断丰富土壤环境管理研究方法和思路，以期能够进一步完善土壤污染价值损失评估的理论和方法。

一　在土壤价值测度中集成统计学和机器学习等方法

本研究集成了统计学和机器学习方法，深入展开了土壤污染风险评价和研究。以机器学习方法和统计理论为基础，使用算法优化技术构建了新的土壤污染风险评价模型，具有较强的精确性和泛化能力。在未来的研究中，将采用更前沿的人工智能领域的方法，尝试构建更加具有泛化能力的土壤污染风险评价模型。此外，本研究将空间分析、机器学习和网络分析方法纳入统一的分析框架，结合每种方法的优势对土壤污染展开多方面分析。在未来的研究中，将继续探索如何把各种方法的优势进行深度融合，提供更加完善的土壤损害与价值损失测度方法体系。

二 进一步研究土壤污染价值损失快速测度方法

本研究借鉴土壤污染经济价值损失理论和生态价值损失理论，测算了土壤污染造成的损失，并实现了损失的货币化。根据实地采样数据测算不同区域、不同用地类型中的损失时，需要对采样数据进行划分，进而计算经济或生态价值损失，降低了实际应用时的便捷度。在未来的研究中，将结合生态价值损失和经济价值损失理论，构建更加高效的土壤污染价值损失评估模型，以期建立土壤污染价值损失快速评估技术平台，提高计算效率。

此外，本研究实地采样区域是河北省黄骅市。在未来的研究中，将继续从多种渠道获取数据，扩大采样区范围，并在更宏观的层面展开深入探索。

参考文献

一　中文文献

艾孜提艾力·克依木、李新国:《基于连续小波变换的土壤重金属含量反演模型》,《环境科学与技术》2022 年第 1 期。

白亚林、孙文彬、黎宁等:《基于地统计的刁江流域土壤重金属元素空间分布及污染特征研究》,《矿业科学学报》2017 年第 5 期。

边茂新:《环境污染造成人体健康经济损失计算方法的探讨》,《四川环境》1987 年第 2 期。

蔡莹、张敬东:《某工业区土壤重金属污染及生态价值损失评估》,《环境科学与技术》2021 年第 11 期。

蔡苑乔、吴蕃蕤:《简述日本环境行政管理体系基本模式》,《广东科技》2010 年第 9 期。

曹彩虹、韩立岩:《雾霾带来的社会健康成本估算》,《统计研究》2015 年第 7 期。

曹东、齐霁:《环境损害鉴定评估的问题及破解路径》,《环境保护》2014 年第 17 期。

曹东、田超、於方等:《解析环境污染损害鉴定评估工作流程》,《环境保护》2012 年第 5 期。

曹建华、王红英、郭小鹏:《CVM 方法确定环境价值有效性的分析研究》,《中国人口·资源与环境》2005 年第 2 期。

常影、宁大同、郝芳华:《20 世纪末期我国农地退化的经济损失估值》,《中国人口·资源与环境》2003 年第 3 期。

陈怀满等:《德兴铜矿尾矿库植被重建后的土壤肥力状况和重金属污染初探》,《土壤学报》2005 年第 1 期。

陈家清、胡锦霞、刘次华:《基于 Stein 损失污染数据情形下刻度参数的经验贝叶斯估计》,《应用数学》2017 年第 3 期。

陈同斌、雷梅：《〈光明日报〉：从源头消除土壤污染对粮食安全的威胁》，《中国食品》2020 年第 19 期。

陈艺华、陈振杰、李飞雪等：《融合空间统计特征的长三角生态空间供需平衡研究》，《地域研究与开发》2022 年第 1 期。

陈永伟、陈立中：《为清洁空气定价：来自中国青岛的经验证据》，《世界经济》2012 年第 4 期。

陈永伟、史宇鹏：《幸福经济学视角下的空气质量定价——基于 CF-PS2010 年数据的研究》，《经济科学》2013 年第 6 期。

成杭新、李括、李敏等：《中国城市土壤化学元素的背景值与基准值》，《地学前缘》2014 年第 3 期。

程红光、杨志峰：《城市水污染损失的经济计量模型》，《环境科学学报》2001 年第 3 期。

储德银、何鹏飞、梁若冰：《主观空气污染与居民幸福感——基于断点回归设计下的微观数据验证》，《经济学动态》2017 年第 2 期。

崔小红、陈大志、王缔：《基于模糊综合评判方法的土壤重金属污染度研究》，《高等数学研究》2016 年第 1 期。

丁镭、方雪娟、陈昆仑：《中国 PM2.5 污染对居民健康的影响及经济损失核算》，《经济地理》2021 年第 7 期。

董春、张继贤、刘纪平等：《高精度地理数据空间统计分析模型与方法》，《遥感信息》2016 年第 1 期。

董战峰、璩爱玉：《土壤污染修复与治理的经济政策机制创新》，《环境保护》2018 年第 9 期。

樊娜娜：《城镇化、公共服务水平与居民幸福感》，《经济问题探索》2017 年第 9 期。

范丹、叶昱圻、王维国：《空气污染治理与公众健康——来自"大气十条"政策的证据》，《统计研究》2021 年第 9 期。

范凤岩、王洪飞、樊礼军：《京津冀地区空气污染的健康经济损失评估》，《生态经济》2019 年第 9 期。

费坤、汪甜甜、邹文嵩等：《土壤重金属污染空间插值及其验证方法研究综述》，《环境监测管理与技术》2022 年第 2 期。

［法］弗朗索瓦·魁奈：《魁奈〈经济表〉及著作选》，晏智杰译，华夏出版社 2006 年版。

高秉博、郝朝展、李发东等：《面向土壤环境质量等级划分的统计推断与加密采样优化方法研究综述》，《农业环境科学学报》2021年第4期。

高奇、师学义、李牧等：《复垦村庄土壤重金属污染损失评价》，《水土保持学报》2014年第2期。

龚子同、陈鸿昭、张甘霖：《寂静的土壤》，科学出版社2015年版。

苟艺铭：《环境污染对居民主观幸福感的影响及其传导机制》，硕士学位论文，吉林大学，2017年。

官皓：《收入对幸福感的影响研究：绝对水平和相对地位》，《南开经济研究》2010年第5期。

郭巧玲、苏宁、杨云松：《基于CVM的煤炭矿区流域生态环境改善支付意愿及生态恢复价值评估——以窟野河为例》，《人民珠江》2016年第3期。

郭晓东、郝晨、王蓓：《空间视角下湖北省环境绩效评估及影响因素分析》，《中国环境科学》2019年第10期。

郭之涛：《土壤污染致人体健康损害事实的认定》，硕士学位论文，华中科技大学，2019年。

国家环保局课题组：《公元2000年中国环境预测与对策研究》，清华大学出版社1990年版。

韩晓丹：《基于复杂网络的表层土壤元素分布及土壤污染研究》，硕士学位论文，中国地质大学（北京），2019年。

何昌华、陈丹、李天国等：《基于空间统计和多元统计的耕地影响因素及回归模型研究——以重庆市石柱县为例》，《水土保持通报》2017年第2期。

何宇、梁晓曦、潘润西：《国内土壤环境污染防治进程及展望》，《中国农学通报》2020年第28期。

何玉梅、吴莎莎：《基于资源价值损失法的绿色GDP核算体系构建》，《统计与决策》2017年第17期。

胡楠、薛付婧、王昊楠：《管理者短视主义影响企业长期投资吗？——基于文本分析和机器学习》，《管理世界》2021年第5期。

胡文友、陶婷婷、田康等：《中国农田土壤环境质量管理现状与展望》，《土壤学报》2021年第5期。

黄国鑫、朱守信、王夏晖等：《基于自然语言处理和机器学习的疑似土壤污染企业识别》，《环境工程学报》2020 年第 11 期。

黄涛、刘晶岚、唐宁等：《价值观、景区政策对游客环境责任行为的影响——基于 TPB 的拓展模型》，《干旱区资源与环境》2018 年第 10 期。

黄永明、何凌云：《城市化、环境污染与居民主观幸福感——来自中国的经验证据》，《中国软科学》2013 年第 12 期。

黄有光：《快乐应是人人与所有公共政策的终极目的》，《经济学家茶座》2008 第 5 期。

［美］詹姆斯、R R 李：《水资源规划经济学》，常锡厚等译，水利电力出版社 1984 年版。

接玉梅、葛颜祥：《居民生态补偿支付意愿与支付水平影响因素分析——以黄河下游为例》，《华东经济管理》2014 年第 4 期。

克鲁蒂拉、费舍尔等：《自然环境经济学：商品性和舒适性资源价值研究》，中国展望出版社 1989 年版。

［美］克尼斯：《环境保护的费用—效益分析》，章子中等译，中国展望出版社 1989 年版。

孔晴：《中国环境污染综合指数的构建及其收敛性研究》，《统计与决策》2019 年第 21 期。

［美］蕾切尔·卡森（Rachel Carson）：《寂静的春天》，马绍博译，天津人民出版社 2017 年版。

李贵春、邱建军、尹昌斌：《中国农田退化价值损失计量研究》，《中国农学通报》2009 年第 3 期。

李国柱、马树才：《经济体制转轨与环境质量研究》，《浙江工商大学学报》2007 年第 3 期。

李金昌：《要重视森林资源价值的计量和应用》，《林业资源管理》1999 年第 5 期。

李静、沈梦兰、王彦伟：《内蒙古环境污染损失价值的动态变化》，《内蒙古科技与经济》2018 年第 21 期。

李磊、刘斌：《预期对我国城镇居民主观幸福感的影响》，《南开经济研究》2012 年第 4 期。

李梦程、王成新、薛明月等：《新冠肺炎疫情网络关注度的时空演变特征及其影响因素分析》，《人文地理》2021 年第 2 期。

李梦洁：《环境污染、政府规制与居民幸福感——基于 CGSS（2008）微观调查数据的经验分析》，《当代经济科学》2015 年第 5 期。

李树、陈刚：《政府如何能够让人幸福？——政府质量影响居民幸福感的实证研究》，《管理世界》2012 年第 8 期。

李小平、徐长林、刘献宇等：《宝鸡城市土壤重金属生物活性与环境风险》，《环境科学学报》2015 年第 4 期。

李小秋：《工作压力、性格优势、工作满意度与主观幸福感的关系》，硕士学位论文，山东师范大学，2017 年。

李晓岚、高秉博、周艳兵等：《基于时空不确定性分析的北京市农田土壤重金属镉含量等级划分》，《农业环境科学学报》2019 年第 2 期。

李欣、杨朝远、曹建华：《网络舆论有助于缓解雾霾污染吗？——兼论雾霾污染的空间溢出效应》，《经济学动态》2017 年第 6 期。

李月娥、赵童心、吴雨等：《环境规制、土地资源错配与环境污染》，《统计与决策》2022 年第 3 期。

李芸：《基于爬虫和文本聚类分析的网络舆情分析系统设计与实现》，硕士学位论文，电子科技大学，2014 年。

李志洪、赵兰坡、窦森：《土壤学》，化学工业出版社 2005 年版。

李子阳、李恒凯：《场地重金属污染与风险评价方法研究进展》，《环境污染与防治》2021 年第 9 期。

刘聪、李鑫：《空气污染与城乡收入差距——基于健康视角的检验》，《统计与决策》2021 年第 4 期。

刘佳斌、郜允兵、李永涛等：《基于高斯混合模型的土壤环境质量分区研究》，《农业环境科学学报》2021 年第 8 期。

刘静、黄标、孙维侠等：《基于污染损失率法的土壤重金属污染评价及经济损失估算》，《农业环境科学学报》2011 年第 6 期。

刘军强、熊谋林、苏阳：《经济增长时期的国民幸福感——基于 CGSS 数据的追踪研究》，《中国社会科学》2012 年第 12 期。

刘明杰、徐卓揆、郜允兵等：《基于机器学习的稀疏样本下的土壤有机质估算方法》，《地球信息科学学报》2020 年第 9 期。

刘珊、廖磊、曹磊等：《基于经济损失函数法的城市水环境污染损失分析》，《安全与环境学报》2022 年第 1 期。

刘田原：《粤港澳大湾区土壤污染治理的现实考察与优化进路——兼

议美国和日本土壤污染的治理经验》，《地方治理研究》2021 年第 1 期。

刘伟、郜允兵、周艳兵等：《农田土壤重金属空间变异多尺度分析——以北京顺义土壤 Cd 为例》，《农业环境科学学报》2019 年第 1 期。

刘星：《对疑似污染地块土壤环境管理的思考——基于重点行业企业用地土壤污染状况调查》，《中国环境管理》2021 年第 6 期。

刘雪松、王雨山、尹德超等：《白洋淀内不同土地利用类型土壤重金属分布特征与污染评价》，《土壤通报》2022 年第 3 期。

刘亚萍、金建湘、周武生等：《环境价值评估中的 WTP 值和 WTA 值测算与非对称性——以广西北部湾经济区滨海生态环境保护为例》，《生态学报》2015 第 9 期。

刘岩、李艳红、张小萌：《新疆乌苏市四棵树煤矿区生态补偿核算》，《中州煤炭》2016 年第 10 期。

刘毅：《基于三角模糊数的网络舆情预警指标体系构建》，《统计与决策》2012 年第 2 期。

鲁元平、王韬：《收入不平等、社会犯罪与国民幸福感——来自中国的经验证据》，《经济学（季刊）》2011 年第 4 期。

鲁元平、张克中：《经济增长、亲贫式支出与国民幸福——基于中国幸福数据的实证研究》，《经济学家》2010 年第 11 期。

陆杰华、孙晓琳：《环境污染对我国居民幸福感的影响机理探析》，《江苏行政学院学报》2017 年第 4 期。

路兴：《公众环境关心指标体系构建——基于网络搜索数据》，《调研世界》2017 年第 6 期。

罗楚亮：《城乡分割、就业状况与主观幸福感差异》，《经济学（季刊）》2006 年第 3 期。

罗晖霞、曲晓玲：《基于网络舆情的 K－Means 算法的改进研究》，《电脑开发与应用》2010 年第 8 期。

马晓君、王常欣、张紫嫣：《环境"二维化"视角下的居民幸福感量化研究：来自中国 CGSS 数据的新证据》，《统计研究》2019 年第 9 期。

苗利军、冯旭：《基于文献计量方法的我国 30 年土壤污染研究》，《无线互联科技》2020 年第 2 期。

牛坤玉、金书秦：《成本效益分析视角的土壤修复方案筛选——英国经验及启示》，《环境保护》2018 年第 18 期。

牛坤玉、於方、张红振等:《自然资源损害评估在美国:法律、程序以及评估思路》,《中国人口·资源与环境》2014 年第 S1 期。

齐杏杏、高秉博、潘瑜春等:《基于地理探测器的土壤重金属污染影响因素分析》,《农业环境科学学报》2019 年第 11 期。

秦炳涛、葛力铭:《我国区域工业经济与环境污染的实证分析》,《统计与决策》2019 年第 4 期。

秦旭芝、郑涵文、何瑞成等:《农用地土壤重金属污染调查最优网格尺度及布点优化方法》,《环境工程技术学报》2021 年第 5 期。

屈小娥:《1990–2009 年中国省际环境污染综合评价》,《中国人口·资源与环境》2012 年第 5 期。

屈小娥、李国平:《陕北煤炭资源开发中的环境价值损失评估研究——基于 CVM 的问卷调查与分析》,《干旱区资源与环境》2012 年第 4 期。

阮俊华:《区域环境污染经济损失评估》,硕士学位论文,浙江大学,2001 年。

阮俊华、张志剑、陈英旭等:《受污染土壤的农业损失评估法初探》,《农业环境保护》2002 年第 2 期。

阮文佳、虞虎、宋学俊:《基于扩展计划行为理论的国际游客在雾霾威胁下的行为意向研究——以北京国际游客为例》,《干旱区资源与环境》2019 年第 7 期。

［美］塞尼卡 J J、陶西格等:《环境经济学》,广西人民出版社 1986 年版。

［英］瑟尔沃 A P:《发展经济学》,郭熙保、崔文俊译,中国人民大学出版社 2015 年版。

申俊、孙涵、成金华:《空气污染对公众健康的空间效应分析》,《统计与决策》2018 年第 18 期。

沈惠雅、李晓岚、潘瑜春等:《土壤重金属数据异常识别方法——以北京农田区样点数据为例》,《江苏农业科学》2021 年第 8 期。

生延超、吴昕阳:《游客满意度的网络关注度演变及空间差异》,《经济地理》2019 年第 2 期。

史亚东:《公众环境关心、中央环保督察与地方环保支出——采用空间双重差分模型的实证分析》,《西部论坛》2022 年第 1 期。

宋迎曦：《雾霾污染的治理意愿及其经济效应研究》，硕士学位论文，南京信息工程大学，2017年。

苏县龙、姜志德：《我国农田土壤污染的环境成本分析》，《安徽农业科学》2008年第10期。

苏晓红、李卫东：《北京雾霾关注度与实际雾霾指数分析》，《合作经济与科技》2017年第4期。

孙宁、张岩坤、刘锋平等：《深入打好"十四五"土壤污染综合防治攻坚战的思考》，《中国环境管理》2021年第3期。

孙智君、张雅晴：《中国高技术制造业集聚水平的时空演变特征——基于空间统计标准差椭圆方法的实证研究》，《科技进步与对策》2018年第9期。

汤洁、林晓晟、张楠：《基于生态经济学的土地资源空间统计与结构变异特性研究》，《统计与决策》2015年第3期。

唐柜彪、朱庆伟、董士伟等：《农业用地土壤重金属样点数据精化方法——以北京市顺义区为例》，《农业环境科学学报》2020年第10期。

唐琳：《基于机器学习的土壤——水稻系统重金属污染分析与风险评估研究》，博士学位论文，湖南农业大学，2020年。

王桂芝、都娟、曹杰等：《基于SEM的气象服务公众满意度测评模型》，《数理统计与管理》2011年第3期。

王会、宋璨江、赵昭等：《北京市居民改善空气质量的支付意愿及其影响因素分析》，《干旱区资源与环境》2018年第8期。

王静、孟秀祥：《生态系统服务价值的核算与实证》，《统计与决策》2019年第19期。

王立婷、刘仁志：《土壤污染风险评价研究进展》，《中国环境管理》2020年第2期。

王丽智、吴攀：《贵州兴仁煤矿废水灌溉区的土壤重金属污染评价及经济损失估算》，《北方环境》2012年第2期。

王琳、王娇娇、曾辉祥：《交易成本视角下日本土壤污染防治策略与启示》，《浙江农业学报》2022年第4期。

王思楠、李瑞平、吴英杰等：《基于环境变量和机器学习的土壤水分反演模型研究》，《农业机械学报》2022年第5期。

王夏晖、黄国鑫、朱文会等：《大数据支持场地污染风险管控的总体技术策略》，《环境保护》2020 年第 19 期。

王晓飞、尹娟、邓超冰等：《农用地土壤污染治理与修复成效评估方法及实证研究》，《数学的实践与认识》2019 年第 5 期。

王鑫、于东升、马利霞等：《基于万维网大数据的农药场地土壤污染快速预测方法研究（9）》，《土壤学报》2022 年第 6 期。

王怡蓉、朱庆伟、董士伟等：《耦合样点和遥感数据的土壤重金属空间制图》，《环境科学与技术》2020 年第 4 期。

王玉君、韩冬临：《经济发展、环境污染与公众环保行为——基于中国 CGSS2013 数据的多层分析》，《中国人民大学学报》2016 年第 2 期。

魏复盛、陈静生、吴燕玉等：《中国土壤环境背景值研究》，《环境科学》1991 年第 4 期。

魏媛：《贵州环境污染损失价值评估——绿色发展的视角》，《社会科学家》2017 年第 1 期。

吴彩容、林奕琪、潘美霞等：《居民对土壤污染的支付意愿及支付水平分析——基于较发达地区佛山市的调研》，《佛山科学技术学院学报》（社会科学版）2015 年第 1 期。

吴迪梅、张从、孟凡乔：《河北省污水灌溉农业环境污染经济损失评估》，《中国生态农业学报》2004 年第 2 期。

吴若冰、马念谊：《政府质量：国家治理现代化评价的结构性替代指标》，《社会科学家》2015 年第 1 期。

吴绍华、虞燕娜、朱江等：《土壤生态系统服务的概念、量化及其对城市化的响应》，《土壤学报》2015 年第 5 期。

吴运金、周艳、杨敏等：《国内外土壤环境背景值应用现状分析及对策建议》，《生态与农村环境学报》2021 年第 12 期。

习文强、杜世宏、杜守基：《多时相耕地覆盖提取和变化分析：一种结合遥感和空间统计的时空上下文方法》，《地球信息科学学报》2022 年第 2 期。

席增雷：《土壤自然资本价值计量研究》，人民出版社 2017 年版。

夏家淇、骆永明：《关于土壤污染的概念和 3 类评价指标的探讨》，《生态与农村环境学报》2006 年第 1 期。

项斌：《网络舆情监测系统设计与实现》，硕士学位论文，电子科技大学，2010 年。

肖权、方时姣：《收入差距、环境污染对居民健康影响的实证分析》，《统计与决策》2021 年第 7 期。

徐安琪：《经济因素对家庭幸福感的影响机制初探》，《江苏社会科学》2012 年第 2 期。

徐佳、刘峰、吴华勇等：《基于人工神经网络和随机森林学习模型从土壤属性推测关键成土环境要素的研究》，《土壤通报》2021 年第 2 期。

徐嵩龄：《生态资源破坏经济损失计量中概念和方法的规范化》，《自然资源学报》1997 年第 2 期。

徐嵩龄：《中国环境破坏的经济损失计量》，中国环境科学出版社 1998 年版。

徐嵩龄：《中国环境破坏的经济损失研究：它的意义、方法、成果及研究建议（上）》，《中国软科学》1997 年第 11 期。

徐嵩龄：《中国环境破坏的经济损失研究：它的意义、方法、成果及研究建议（下）》，《中国软科学》1997 年第 12 期。

徐映梅、高一铭：《基于互联网大数据的 CPI 舆情指数构建与应用——以百度指数为例》，《数量经济技术经济研究》2017 年第 1 期。

徐圆：《源于社会压力的非正式性环境规制是否约束了中国的工业污染?》，《财贸研究》2014 年第 2 期。

许志华、曾贤刚、虞慧怡等：《公众幸福感视角下环境污染的影响及定价研究》，《重庆大学学报》（社会科学版）2018 年第 4 期。

鄢文苗、任东、黄应平等：《基于 SVM 土壤重金属污染评价的训练数据集构建》，《武汉大学学报》（理学版）2019 年第 3 期。

颜夕生：《江苏省农业环境污染造成的经济损失估算》，《农业环境科学学报》1993 年第 4 期。

杨丹辉、李红莉：《基于损害和成本的环境污染损失核算——以山东省为例》，《中国工业经济》2010 年第 7 期。

杨继东、章逸然：《空气污染的定价：基于幸福感数据的分析》，《世界经济》2014 年第 12 期。

杨涛：《教育如何影响居民幸福感?》，硕士学位论文，浙江财经大学，2018 年。

杨炜明、李勇：《基于 Copula 函数的空间统计模型估计与应用》，《统计与决策》2016 年第 10 期。

杨亚芳、何杰、杨昊鑫等：《土壤空间分布及质量评价系统设计与实现》，《现代电子技术》2021年第6期。

杨振、刘会敏、余斌：《土地非农化生态价值损失估算》，《中国人口·资源与环境》2013年第10期。

杨志安、汤旖瑢、姚明明：《分税制背景下中国居民主观幸福感研究》，《贵州财经大学学报》2015年第1期。

杨志新、郑大玮、冯圣东：《北京农田污水灌溉正负效应价值评价研究》，《中国生态农业学报》2007年第5期。

杨志新、郑大玮、冯圣东：《北京市农田生产的负外部效应价值评价》，《中国环境科学》2007年第1期。

杨志新、郑大玮、冯圣东：《京郊农田污水灌溉的环境影响损失分析》，《华北农学报》2007年第S1期。

杨志新、郑大玮、靳乐山：《京郊农用地膜残留污染土壤的价值损失研究》，《生态经济》（学术版）2007年第2期。

叶菲菲、杨隆浩、王应明：《大气污染治理效率评价方法与实证》，《统计与决策》2021年第10期。

叶林祥、张尉：《主观空气污染、收入水平与居民幸福感》，《财经研究》2020年第1期。

曾先锋、王天琼、李印：《基于损害的西安市大气污染经济损失研究》，《中国人口·资源与环境》2009年第19期。

张多、赵金成、曾以禹等：《欧美污染类生态灾害损失评估实践经验及其对我国的启示》，《林业经济》2016年第9期。

张富贵、成晓梦、马宏宏等：《科学构建土壤重金属高背景区生态风险评价方法的探讨》，《浙江大学学报》（农业与生命科学版）2022年第1期。

张梁梁、杨俊：《社会资本与居民幸福感：基于中国式分权的视角》，《经济科学》2015年第6期。

张林波、曹洪法、沈英娃等：《苏、浙、皖、闽、湘、鄂、赣7省酸沉降农业危害——农业损失估算》，《中国环境科学》1997年第6期。

张强：《地下空间土壤污染持久程度评价模型研究》，《环境科学与管理》2022年第2期。

张秋垒、黄国鑫、王夏晖等：《基于案例推理和机器学习的场地污染风险管控与修复方案推荐系统构建技术》,《环境工程技术学报》2020 年第 6 期。

张伟、刘宇、姜玲等:《基于多区域 CGE 模型的水污染间接经济损失评估》,《中国环境科学》2016 年第 9 期。

张义、王爱君、黄寰:《环境污染、公众健康与经济增长》,《统计与决策》2020 年第 23 期。

张振华、丁建丽、王敬哲等:《集成土壤——环境关系与机器学习的干旱区土壤属性数字制图》,《中国农业科学》2020 年第 3 期。

赵丽江、李鹏红:《政策工具视角下中国土壤污染治理研究——基于47 份政策文件的文本分析》,《福建行政学院学报》2019 年第 5 期。

赵新宇、范欣、姜扬:《收入、预期与公众主观幸福感——基于中国问卷调查数据的实证研究》,《经济学家》2013 年第 9 期。

赵彦云:《经济社会公共数据空间标准化与空间统计应用研究》,清华大学出版社 2015 年版。

赵作权:《空间格局统计与空间经济分析》,科学出版社 2016 年版。

郑君君、刘璨、李诚志:《环境污染对中国居民幸福感的影响——基于 CGSS 的实证分析》,《武汉大学学报》(哲学社会科学版)2015 年第4 期。

郑思齐、万广华、孙伟增等:《公众诉求与城市环境治理》,《管理世界》2013 年第 6 期。

朱燕、李宏伟、丁振兴等:《基于位置点统计的时空异常检测与分析》,《测绘科学技术学报》2017 年第 3 期。

左炳昕、查元源:《基于机器学习方法的土壤转换函数模型比较》,《灌溉排水学报》2021 年第 5 期。

二 英文文献

Aitkenhead M J, Albanito F, Jones M B, "Development and Testing of a Process-based Model for Simulating Soil Processes, Functions and Ecosystem Services", *Ecological Modeling*, Vol. 222, No. 9, 2011, pp. 3795-3810.

Brower, James E, *Field and Laboratory Methods for General Ecology*, W. C. Brown Publishers, 1984.

Ce Jiang, Yahui Miao, Zenglei Xi, "A New Method of Extracting Built-up Area Based on Multi-source Remote Sensing Data: A Case Study of Baoding

Central City China", *Geocarto International*, Vol. 37, No. 20, 2022, pp. 6072-6086.

Chay K Y, Greenstone M, "Does Air Quality Matter? Evidence from the Housing Market", *Journal of Political Economy*, 2005, p. 113.

Chenxi Li, Zenglei Xi, "Social Stability Risk Assessment of Land Expropriation: Lessons from the Chinese Case", *International Journal of Environmental Research and Public Health*, Vol. 16, No. 20, 2019, p. 3952.

Chong Won Kim, Tim T Phipps, Luc Anselin, "Measuring the Benefits of Air Quality Improvement: A Spatial Hedonic Approach", *Journal of Environmental Economics and Management*, Vol. 45, No. 1, 2003, pp. 26-34.

Cowell D, Apsimon H, "Estimating the Cost of Damage to Buildings by Acidifying Atmospheric Pollution in Europe", *Atmospheric Environment*, Vol. 30, No. 17, 1996, pp. 2959-2968.

Cunado J, Fernando P G, "Environment and Happiness: New Evidence for Spain", *Social Indicators Research*, Vol. 112, No. 3, 2013, pp. 549-567.

Dean J M, "Does Trade Liberalization Harm the Environment? A New Test", *Canadian Journal of Economics*, Vol. 34, No. 4, 2002, pp. 109-123.

Delucchi M A, Murphy J J, Mccbbin D R, "The Health and Visibility Cost of Air Pollution: a Comparison of Estimation Method", *Journal of Environmental Management*, Vol. 64, No. 2, 2002, pp. 130-152.

Dominati E, Patterson M, Mackay A, "A Framework for Classifying and Quantifying the Natural Capital and Ecosystem Services of Soils", *Ecological Economics*, Vol. 69, No. 9, 2010, pp. 1858-1868.

Easterlin R A, Morgan R, Switek M, et al., "China's Life Satisfaction, 1990-2010", *Proceedings of the National Academy of Sciences of the United States of America*, Vol. 109, No. 25, 2012, pp. 9775-9780.

Easterlin R, "Does Economic Growth Improve the Human Lot? Some Empirical Evidence", in P. David and M. Reder (ed.), *Nations and Households in Economic Growth*, New York: Academic Press, 1974.

Estelle Dominati, Murray Patterson, Alec Mackay, "A Framework for Classifying and Quantifying the Natural Capital and Ecosystem Services of Soils", *Ecological Economics*, Vol. 69, No. 9, 2010, pp. 1858-1868.

Euston Quah, "The Economic Cost of Particulate Air Pollution on Health in Singapore", *Journal of Asian Economics*, Vol. , 14, No. 1, 2003.

Ferreira F H G, Messina J, Rigolini J, et al. , "Economic Mobility and the Rise of the Latin American Middle Class", *Renos Vakis*, Vol. 92, No. 3, 2013, pp. 177-177.

Ferreira S and M Moro, "On the Use of Subjective Well-being Data for Environmental Valuation", *Environmental and Resource Economics*, Vol. 46, No. 3, 2010, pp. 249-273.

Ferrer-i-Carbonell A, Gowdy J M, "Environmental Degradation and Happiness", *Ecological Economics*, Vol. 60, No. 3, 2007, pp. 509-516.

Ganasri B P, Ramesh H, "Assessment of Soil Erosion by RUSLE Model Using Remote Sensing and GIS-A Case Study of Nethravathi Basin", *Geoscience Frontiers*, Vol. 7, No. 6, 2016, pp. 953-961.

Haslmayr H P, Geitner C, Sutor G, et al. , "Soil Function Evaluation in Austria—Development, Concepts and Examples", *Geoderma*, Vol. 264, No. 2, 2016, pp. 379-387.

Hawkes N, "Happiness is a U-Shaped Curve, Highest in the Teens and 70s, Survey Shows", *Bmj British Medical Journal*, No. 3, 2012.

Helliwell J F, "Globalization and Well-being", *International Journal*, Vol. 59, No. 4, 2003.

Kate A Berry, Sue Jackson, Laurel Saito, et al. , "Reconceptualising Water Quality Governance to Incorporate Knowledge and Values: Case Studies from Australian and Brazilian Indigenous Communities", *Water Alternatives*, Vol. 11, No. 1, 2018, pp. 40-60.

Lawrence P G, Roper W, Thomas F, et al. , "Guiding Soil Sampling Strategies Using Classical and Spatial Statistics: A Review", *Agronomy Journal*, Vol. 112, No. 1, 2020, pp. 493-510.

Lee Jae-hyuck, "Setting the Governance of a Participatory Ecosystem Service Assessment Based on Text Mining the Language of Stakeholders' Opinions", *Journal of Environmental Management*, Vol. 284, 2021.

Levinson A, "Valuing Public Goods Using Happiness Data: The Case of Air Quality", *Journal of Public Economics*, Vol. 96, No. 9-10, 2012, pp.

869-880.

Levinson A, "Environmental Regulatory Competition: A Status Report and some New Evidence", *National Tax Journal*, Vol. 56, 2003, pp. 91-106.

Li H J, Su M X, An P L, "Spatial Network Analysis of Surface Soil Pollution from Heavy Metals and Some Other Elements: a Case Study of the Baotou Region of China", *Journal of Soils and Sediments*, Vol. 19, No. 2, 2019, pp. 629-640.

Li R, Liu W, Peng Y, et al., "GLC-statistics: A Web-based Spatial Statistics System for Global Land Cover Data", *ISPRS Annals of the Photogrammetry*, *Remote Sensing and Spatial Information Sciences*, Vol. V, No. 4, 2022, pp. 57-65.

Li Z, Folmer H, Xue J, "To What Extent does Air Pollution Affect Happiness? The Case of the Jinchuan Mining Area, China", *Ecological Economics*, Vol. 99, No. 23, 2014, pp. 88-99.

Ligthart T N, Van Harmelen T, "Estimation of Shadow Prices of Soil Organic Carbon Depletion and Freshwater Depletion for Use in LCA", *International Journal of Life Cycle Assessment*, Vol. 24, No. 9, 2019, pp. 1602-1619.

Liou J L, Randall A, Wu P I, et al., "Monetarizing Spillover Effects of Soil and Groundwater Contaminated Sites in Taiwan: How Much More Will People Pay for Housing to Avoid Contamination?", *Asian Economic Journal*, Vol. 33, No. 1, 2019, pp. 67-86.

Luechinger S, "Valuing Air Quality Using the Life Satisfaction Approach", *The Economic Journal*, Vol. 119, No. 536, 2009, pp. 482-515.

Mackerron G, Mourato S, "Life Satisfaction and Air Quality in London", *Ecological Economics*, Vol. 68, No. 5, 2009, pp. 1441-1453.

Marsh G P, Man And Nature, New York: Charles Scribner, 1864.

M E Kahn, J K Matthew, "Business Cycle Effects on Concern about Climate Change: The Chilling Effect of Recession", *Climate Change Economics*, Vol. 2, No. 3, 2011, pp. 257-273.

Nali C, Puccciariello C, Lorenzini G, "Ozone Distribution in Central Italy and its Effect on Crop Productivity", *Agriculture, Ecosystems and Environment*, Vol. 90, No. 3, 2002, pp. 277-289.

Oswald A J, "Happiness and Economic Performance", *Economic Journal*, 1997, p. 107.

Pakpour A H, Zeidi I M, Emamjomeh M M, et al. , "Household Waste Behaviours Among a Community Sample in Iran: An Application of the Theory of Planned Behavior", *Waste Management*, Vol. 34, No. 6, 2014, pp. 980-986.

Perl A, Pattersan J, Perez M, "Pricing Aircraft Emissions at Lyon-Satolas Airport", *Transportion Research Part D: Transport and Environment*, Vol. 2, No. 2, 1997, pp. 89-105.

Pires-Marques E, Chaves C, Costa Pinto L M, "Biophysical and Monetary Quantification of Ecosystem Services in A Mountain Region: The Case of Avoided Soil Erosion", *Environment Development and Sustainability*, Vol. 23, No. 8, 2021, pp. 382-405.

Rabl A, "Air Pollution and Buildings: An Estimation of Damage Costs in France", *Environment Impact Assessment Review*, Vol. 19, No. 4, 1999, pp. 361-385.

Rehdanz K, Maddison D, "Local Environmental Quality and Life-satisfaction in Germany", *Ecological Economics*, Vol. 64, No. 4, 2018, pp. 787-797.

Rosen S, "Hedonic Prices and Implicit Markets: Product Differentiation in Pure Competition", *Journal of Political Economy*, Vol. 82, No. 1, 1974, pp. 35-55.

Smyth R, Mishra V, Qian X L, "The Environment and Well-being in Urban China", *Ecological Economics*, Vol. 68, No. 1-2, 2008, pp. 547-555.

Thunis P, Degraeuwe B, Pisoni E, et al. , "On the Design and Assessment of Regional Air Quality Plans: The SHERPA Approach", *Journal of Environmental Management*, Vol. 183, No. Pt 3, 2016, pp. 952-958.

Van den Bergh J C J M, "Ecological Economics: Themes, Approaches, and Differences with Environmental Economics", *Regional Environmental Change*, Vol. 2, No. 1, 2001, pp. 13-23.

Welsch H, "Environment and Happiness: Valuation of Air Pollution Using Life Satisfaction Data", *Ecological Economics*, Vol. 58, No. 4, 2006, pp.

801-813.

Welsch H, "Preferences over Prosperity and Pollution: Environmental Valuation Based on Happiness Surveys, *Kyklos*, Vol. 55, No. 4, 2002, pp. 473-494.

Went F, Carson R, "Silent Spring", *AIBS Bulletin*, Vol. 13, No. 1, 1963, pp. 41.

Wu X, Zhu M L, "Research on the Loss of Water Resources Pollution in Typical Arid Area Based on the Perspective of Ecological Civilization —Taking Xinjiang as an Example", *Water Resources and Hydropower Engineering*, Vol. 50, No. 12, 2019, pp. 164-169.

Zhang W Q, Wang H Y, Hou M Y, et al., "An Analysis of Willingness to Pay of Soil Pollution Control", *International Journal of Environmental Science and Technology*, Vol. 20, No. 8, 2023, pp. 8839-8848.

Zhang Weiqiang, Xi Zenglei, "Application of Delphi Method in Screening of Indexes for Measuring Soil Pollution Value Evaluation", *Environmental Science and Pollution Research*, Vol. 28, No. 6, 2020, pp. 6561-6571.